普通高等教育"十一五"国家级规划教材

21世纪大学本科计算机专业系列教材

国 家 精 品 课 程 教 材

程序设计导引及在线实践
（第2版）

李文新　郭炜　余华山　编著

清华大学出版社

北京

内 容 简 介

本书是北京大学"程序设计实习"课程的内容和"北京大学程序在线评测系统"(POJ)的紧密结合,具有极强的实践性。本书的例题和习题精选自POJ题库,并且在叙述中穿插了许多精心编写的思考题,总结了学生在程序设计中易犯的错误。本书的作者均有丰富的工程软件开发经验和教学经验,因此本书中的程序代码均保持良好的风格。

本书可以作为高等学校理工科相关专业程序设计类课程的教材,也可作为以 ACM/ICPC 为代表的大学生程序设计竞赛的培训教材,还可供对程序设计感兴趣的读者学习参考。

图书在版编目(CIP)数据

程序设计导引及在线实践/李文新,郭炜,余华山编著. —2 版. —北京:清华大学出版社,2017(2021.2重印)
(21 世纪大学本科计算机专业系列教材)
ISBN 978-7-302-45234-8

Ⅰ. ①程… Ⅱ. ①李… ②郭… ③余… Ⅲ. ①C 语言-程序设计-高等学校-教材 Ⅳ. ①TP312

中国版本图书馆 CIP 数据核字(2016)第 264024 号

责任编辑:张瑞庆
责任校对:李建庄
责任印制:吴佳雯

出版发行:清华大学出版社
　　　　网　　　址:http://www.tup.com.cn,http://www.wqbook.com
　　　　地　　　址:北京清华大学学研大厦 A 座　　　　　　邮　　编:100084
　　　　社 总 机:010-62770175　　　　　　　　　　　　　　邮　　购:010-83470235
　　　　投稿与读者服务:010-62776969,c-service@tup.tsinghua.edu.cn
　　　　质量反馈:010-62772015,zhiliang@tup.tsinghua.edu.cn
　　　　课件下载:http://www.tup.com.cn,010-83470236
印 装 者:三河市君旺印务有限公司
经　　销:全国新华书店
开　　本:185mm×260mm　　印　　张:18　　字　　数:433 千字
版　　次:2007 年 11 月第 1 版　　2017 年 1 月第 2 版　　印　　次:2021 年 2 月第 6 次印刷
定　　价:39.90 元

产品编号:068170-02

本 书 序

本书是一本与众不同的程序设计入门教材,实践性极强,不论对于高等学校计算机专业的学生,还是非计算机专业的学生,都非常适用。

目前绝大部分程序设计入门教材的主要内容就是详细介绍一门程序设计语言,这对于高等学校计算机专业的学生是远远不够的;对于非计算机专业的学生也略显肤浅。许多大学本科计算机专业的课程设置,在程序设计语言和数据结构这两门课之间,并无空间进行基础算法的教学,这就容易导致学生由于基本技能缺失而在学习数据结构课程时产生困难,或难以学精。对于非计算机专业的学生来说,如果仅掌握一门程序设计语言的语法规则,写几个打印由星号组成的三角形之类的"玩具"程序,而对计算机科学的基础与灵魂——算法一无所知,不明白计算机到底是怎么解决问题的,那么在日后的工作中,不但不可能自己编写实用程序,甚至不能敏感地及时意识到哪些问题适合用计算机处理,可以交给计算机专业人士来做。本书将程序设计语言和最基本的算法思想相结合,能够有效避免上述现象。

本书的最大特点是和"北京大学程序在线评测系统"紧密结合,具有极强的实践性。"北京大学程序在线评测系统"(Peking University Online Judge System,POJ)是一个免费的公益性网上程序设计题库,网址为 http://acm.pku.edu.cn/JudgeOnline(注意这里的网址区分大小写)。它包含 2000 多道饶有趣味的程序设计题目,题目大部分来自 ACM/ICPC 国际大学生程序设计竞赛,很多题目就反映工作和生活中的实际问题。这些题目有易有难,比如最简单的题 A+B Problem 就是给出两个数,输出它们的和。用户可以针对某个题目编写程序并提交,POJ 会自动判定程序的对错。本书的所有例题和课后习题大都精选自 POJ 题库,难度较低,学生做习题时可以将自己的程序提交给 POJ,几秒钟之内即可知道是对还是错。作为教学支持,每位学生在 POJ 上可以建立自己的账号,教师在 POJ 上一眼就能看到学生是否已经完成布置的习题,这几乎将教师评判学生作业的工作量减少到零。POJ 对于程序的正确性评判是极为严格的,学生的程序根据 POJ 给出的输入数据进行计算并输出结果,POJ 在服务器端编译、运行学生提交的程序,取得输出结果和标准答案对比,必须一个字节都不差,程序才能够通过。这对于培养严谨、周密的程序设计作风极为有效,学生必须考虑到每一个细节和特殊边界条件,而不是大体上正确就能够通过。传统的人工评判是难以做到这一点的。

本书的另一特点是在叙述中穿插了许多精心编制的思考题,特别适合教师进行启发式教学。思考题没有答案,以便教师引导学生进行讨论。

IV

  本书还有一个亮点，就是在许多例题后都会总结学生在完成该题时容易犯的典型错误，让学生少走弯路。 这些错误都总结自学生在 POJ 上提交的程序，因而具有典型性。

  本书中代码的风格也很值得一提。 许多程序设计教程，其编写者虽有丰富的教学经验，但却不一定具有实际的软件开发经历，因而书中的例子程序往往在变量命名、代码效率等程序设计风格方面不是很在意，只求正确即可，教学代码的痕迹明显。而本书的作者除了具有多年的教学经验以外，还从事过多年的软件开发。李文新教授是国内第一个自主研制的地理信息系统开发环境 Geo-Union 的主要设计者和核心代码编写者之一，曾经担任过图原空间信息技术有限公司和长天科技有限公司的总工程师。她目前是中国计算机学会信息学奥林匹克竞赛科学委员会的科学委员，是 ACM/ICPC 竞赛北京大学代表队的原任教练和现任领队。余华山副教授多年来一直从事支持高性能计算的程序开发与运行环境的研究工作，是集群并行程序开发与运行平台 P_HPF 系统的主要研制者之一，主持开发了计算网格协同平台 Harmonia 系统。在中国教育科研网格 China Grid 公共软件支撑平台 CGSP 的研制过程中，他是总体设计的主要负责人之一，并负责 CGSP 信息服务系统的设计和实现。郭炜老师的专业研究方向是计算机辅助教学，他独立开发了《我爱背单词》等系列著名英语学习软件，同时还担任教练，和李文新教授一起率领北京大学 ACM/ICPC 国际大学生程序设计竞赛队在国际竞赛中取得了较好名次。本书中的例子程序的代码风格优美、注释完备、可读性强，以此作为范例，对培养良好的程序设计风格，日后在团队开发中赢得同事的信任和喜爱十分有益。

  在这个提倡创新的年代，本书是特别富有创意的，希望并相信读者能够喜欢。

北京大学教授
原教育部高等学校计算机科学与技术教学指导委员会副主任
21 世纪大学本科计算机专业系列教材编委会主任

　　计算机程序是通过在计算机内存中开辟一块存储空间，并用一个语句序列不断修改这块存储空间上的内容，最终得到问题的答案的方法来解决实际问题的。计算机程序一般需要用一种具体的程序设计语言表达出来。一种计算机语言通过定义变量的形式给出了申请内存的方式，并通过表达式和赋值语句给出了对内存中的数据进行运算和修改的方法，通过分支和循环语句提供了用不同方式安排语句序列的能力。大部分计算机语言还提供了基础函数库来完成一些常用的计算和数据处理的功能。

　　使用计算机程序解决实际问题，首先要能够将一个具体问题抽象成一个可计算的问题，并找出可行的计算过程；其次是掌握一门程序设计语言，将设计的计算过程写成具体的代码在机器上运行。

　　作者总结了多年计算机程序设计类课程的教学经验，认为在程序设计课程的教学中应该把握 5 个基本的教学环节：第一，让学生充分理解计算机程序在内存中的运行原理和过程。在程序运行过程中任意时刻都清楚语句运行到了哪里，以及当前存储数据的内存区的内容是什么。只有清楚这些，才能在程序调试过程中及时地找到出错位置，并修改错误，最终让程序按照设计者的意图执行。第二，以一门高级程序设计语言为例，让学生了解该设计语言使用哪些语句定义变量，哪些语句修改变量，变量有哪些基本类型，每种类型的变量占多大的存储空间，不同类型的变量可以进行哪些运算，哪些语句用来控制语句序列的分支和循环，如何用简单变量组合出复杂变量（如数组或结构体），如何控制复杂的计算过程（如通过函数实现分而治之），有哪些库函数是可用的，等等。第三，讲授一些常用的、基本的计算过程，使得学生在解决复杂问题之前，手上有一些可用的基本方法。例如，如何通过分支和循环语句模拟一个手工计算的过程，进行不同数制转换时可以选定一个共同的基数进行转换，字符串处理的问题应该多使用库函数，处理日期问题时可以用一个数组来存储每个月的天数，这样可以很方便地处理不规则的数据，等等。第四，围绕一些具体的问题实例，让学生学会通过分析问题抽象出数学模型，从而设计出计算过程和中间数据的存储方式，最终实现代码并调试成功。学生只有通过这样一个完整的程序设计过程的训练，才能充分理解写程序是要干什么，并且学会判断什么样的问题适合用计算机来解决。第五，学生学习效果的检验方式直接决定了最终的教学效果。如果想让学生真正学会独立动手写出正确的程序，就必须采取上机考查的方式，要求学生针对实际问题写出最终可以正确运行并能解决问题的程序。

　　本书的内容安排充分体现了上述的教学理念。为了方便理解例题中的代码，本书先用

1/3 的篇幅简明扼要地介绍 C/C++ 语言的基本语法,包括变量的定义,变量的值的修改,基本的变量类型,用基本类型的变量构造数组、结构体等复杂的数据类型,定义表达式,控制语句序列,以及常用的 C 语言标准库函数。

之后所有的内容都采用以问题为中心的讲述方式。首先用近 1/3 的篇幅讲述面对不同类型的常见问题,应该如何抽象计算过程,并将计算过程写成具体代码。这些问题包括简单计算问题、数制转换问题、字符串处理问题、日期和时间处理问题、计算过程模拟问题等。

接着用近 1/4 的篇幅讲述了计算机程序设计中常用的但不同于数学计算方法的三种算法思想:枚举、递归和动态规划。

本书的最后两章讲述了如何用基本的数据类型构造一些稍微复杂的数据结构:链表和二叉树,作为本书向数据结构递进的序曲。

配合本书的教学,我们使用了北京大学在线评测系统,书中所有的例题和练习题都在该系统上,学生可以随时针对某一题目编写程序并提交给系统,几秒钟内就可以获得正确与否的回答。我们也利用该系统进行学生的期中、期末考试,学生必须现场在给定的时间内完成从问题分析到代码实现的全部过程才能通过考试。为了测试程序在不同数据输入下的正确性,该系统中的题目大部分采用输入多组测试数据的形式,所以在书中会看到每个程序都要读入多组数据进行处理。这些测试数据是彼此独立的,可以读入一组,处理一组并输出结果,然后再读入下一组。

本书作者分工如下:李文新编写第 1 章中的 1.1、1.2、1.4、1.7、1.8、1.9 节,第 2 章,第 5 章,第 9 章中的 9.3、9.4、9.6、9.10 节,以及附录 A 和附录 B。郭炜编写第 1 章中的 1.3、1.5、1.6、1.10~1.19 节,第 6 章,第 7 章,第 9 章中的 9.1、9.2、9.5、9.7、9.8 和 9.9 节,以及第 10 章。余华山编写第 3 章、第 4 章、第 8 章、第 11 章和第 12 章。

由于水平和精力所限,书中难免存在不当之处,恳请专家和读者批评指正。

作　者
2016 年 9 月于燕园

目　录

CONTENTS

第 1 章

C/C++ 语言概述

本书将介绍 C/C++ 语言的基本语法，但由于篇幅所限，不涉及面向对象的内容。本书中的所有程序，都没有使用面向对象的编程方法，但都应保存为 .cpp 文件，按 C++ 的语法进行编译。实际上，如果不涉及面向对象的部分，那么 C++ 语言和 C 语言的语法 90% 以上是一样的，只不过略有扩充，用起来更为方便而已。因此，当提及的某项语法特性在 C 语言和 C++ 语言中都适用时，我们就会说："在 C/C++ 语言中……"。

本书提到的 C/C++ 语言特性，以目前流行的 32 位计算机和操作系统上的情况为准。

本书的重点是通过一些编程实例介绍程序设计中常用的思想方法和实现手段，不侧重介绍某种高级程序设计语言的语法细节。本章对将要使用的 C/C++ 语言的相关内容作概要介绍，主要包括变量、常量、表达式、赋值语句、分支语句、循环语句、数组、指针和函数等内容。

每个程序都描述了一个计算过程，计算过程的输入数据、中间结果和最终结果都存储在程序的变量中。计算的每一步用一个表达式来描述，即用运算符对一些变量的值、常量进行处理。这种运算符可以是加、减、乘、除等算术运算；也可以是大于、小于、等于等关系运算；或者是与、或、非等逻辑运算符。表达式的结果可以存储在变量中。一个程序的基本组成单位是语句。连续的多个语句可以构成一个语句组。最基本的语句有变量定义语句和变量赋值语句。在程序执行过程中，语句按其出现的先后被顺序执行。分支语句可以根据不同的情况执行不同的语句组，而循环语句可以重复执行同一个语句组。当一个程序由很多语句组成时，可以将其中与某个功能相关的一组语句抽象出来定义成函数，并用函数名来代替原来的多个语句，这样可以隐蔽程序中的一些细节，使得程序逻辑更简单清晰。

1.1 程序的基本框架

下面以简单程序 Hello World 为例说明程序的基本框架。此程序在屏幕上输出一行 "Hello World!"：

```
#include<stdio.h>
void main(){
    printf("Hello World!\n");
}
```

这段程序包括以下两个部分。

(1) #include<stdio.h>

#include 是 C 语言的保留字,表示要把另一个文件中的内容包含在本文件中。<stdio.h>是被包含的文件的文件名。C 语言中提供了一些可以被直接拿来使用、能够完成某些特定功能的库函数,分别声明于不同的头文件中。例如,stdio.h 中定义了一些与输入输出有关的函数。printf 就是一个能往屏幕上输出一串字符的库函数。

(2) void main(){
```
    printf("Hello World!\n");
}
```

程序的主函数。每个程序都必须包含这个 main()函数。程序运行时,从 void main(){⋯}的第一个语句开始执行。用户编写的程序的主要框架写在 main 函数里。

```
printf("Hello World!\n");
```

这条语句的作用是在屏幕上输出一串字符"Hello Word!"然后换行。其中的\n 的作用就是换行。换行后,如果以后再用 printf 语句来输出,那么输出的内容就会出现在屏幕的下一行。

1.2 变 量

变量是内存中的一块区域,在程序运行过程中可以修改这块区域中存放的数值。变量由两个要素构成:变量的名称和变量的类型。变量的名称是这个内存区域的唯一标识。变量的类型决定了这个内存区域的大小、对所存储数值的类型要求。在程序中,有三种与变量有关的语句:变量的定义、变量的赋值和变量的引用。

1.2.1 变量的定义

如下的语句定义了一个变量:

```
int number;
```

这里 number 是变量名,int 代表该变量是整数类型的变量,分号(;)表示定义语句结束。

在目前流行的机器配置下,整型变量一般占 4 个字节的内存空间。变量的名字是由编写程序的人确定的,它一般是一个单词或用下划线连接起来的一个词组,用于说明变量的用途。在 C/C++ 语言中,变量名是满足如下规定的一个符号序列:①由字母、数字或(和)下划线组成;②第一个符号为字母或下划线。需要指出的是,同一个字母的大写和小写是两个不同的符号。所以,team 和 TEAM 是两个不同的变量名。

定义变量时,也可以给它指定一个初始值。例如:

```
int numberOfStudents=80;
```

对于没有指定初始值的变量,它里面的内容可能是任意一个数值。

变量一定要先定义,然后才能使用。

1.2.2 变量的赋值

给变量指定一个新值的过程称为变量的赋值,通过赋值语句完成。例如:

```
number=36;
```

表示把 36 写入变量 number 中。

下面给出一些变量赋值语句的例子:

```
int temp;
int count;
temp=15;
count=temp;
count=count+1;
temp=count;
```

1.2.3 变量的引用

变量里存储的数据可以参与表达式的运算,或者赋值给其他变量。这一过程称为变量的引用。例如:

```
int total=0;
int p1=5000;
int p2=300;
int p3=1000;
int p4=1000;
total=p1+p2+p3+p4;
```

最后一个赋值语句表示把变量 p1、p2、p3 和 p4 的值取出来相加,得到的和赋给变量 total。最后一句执行后,total 的值变为 7300。

1.3　C/C++ 语言的数据类型

前面介绍了变量的定义语句:

```
int nNumber;
```

此处的 int 表示了变量 nNumber 的"数据类型",它说明 nNumber 是一个"整型变量",即 nNumber 中存放的是一个整数。"数据类型"能够说明一个变量表示什么样的数据(整数、浮点数或字符等)。不同数据类型的变量,占用的存储空间大小不同。除了 int 以外,C/C++ 中还有其他一些基本的数据类型,下面列举其中几个。

int:整型。int 型变量表示一个整数,其范围是 $-2^{31} \sim 2^{31}-1$,占用 4 个字节。

long:长整型。和 int 类型一样,也占用 4 个字节。

short:短整型。short 型变量表示一个整数,但它占用 2 个字节,因而能表示的数的范围是 $-2^{15} \sim 2^{15}-1$。

4

unsigned int:无符号整型。unsigned int 类型的变量表示一个非负整数,占用 4 个字节,能表示的数的范围是 $0 \sim 2^{32}-1$。

unsigned long:无符号长整型。其变量类型及占用存储空间大小和 unsigned int 一样。

unsigned short:无符号短整型。unsigned short 类型的变量表示一个非负整数,占用 2 个字节,能表示的数的范围是 $0 \sim 2^{16}-1$。

本书中将上面几种类型统称为"整数类型"。

char:字符型。char 类型的变量表示一个字符,如'a'和'0'等。占用 1 个字节。字符型变量存放的实际上是字符的 ASCII 码。例如,'a'的 ASCII 码是 97,即十六进制的 0x61,那么如果有

```
char c='a';
```

则实际上 c 中就存放着十六进制数 0x61,或二进制数 01100001。

unsigned char:无符号字符型。unsigned char 类型的变量表示一个字符,占用 1 个字节。

float:单精度浮点型。float 类型的变量表示一个浮点数(实数),占用 4 个字节。

double:双精度浮点型。double 类型的变量也表示一个浮点数,但它占用 8 个字节,因而精度比 float 类型高。

以上的 int、double、short、unsigned char 等标识符,都是"类型名"。C++ 中的"类型名"可以由用户定义,本书 1.15 节会进一步阐述。

在赋值语句中,如果等号左边的变量类型为 T1,等号右边的变量或常量类型为 T2,T1 和 T2 不相同,那么编译器会将等号右边的变量或常量的值自动转换为一个 T1 类型的值,再将此值赋给等号左边的变量,这个过程称为"自动类型转换"。自动类型转换不会改变等号右边的变量。能进行自动类型转换的前提是:T1 和 T2 是两个兼容的类型。上面提到的所有类型正好都是两两互相兼容的,但是后面会碰到一些类型,比如指针类型、结构类型,它们和上述所有的类型都不兼容。如果等号左边是一个整型变量,等号右边是一个"结构类型"的变量,这样的赋值语句在编译的时候就会报错。

下面以一个程序来说明上述数据类型之间的自动转换:

```
1.   #include<stdio.h>
2.   int main()
3.   {
4.       int n1=1378;
5.       short n2;
6.       char c='a';
7.       double d1=7.809;
8.       double d2;
9.       n2=c;           //n2变为97
10.      printf("c=%c,n2=%d\n", c, n2);
11.      c=n1;           //c变为 'b'
12.      printf("c=%c,n1=%d\n", c, n1);
13.      n1=d1;          //n1变为 7
14.      printf("n1=%d\n", n1);
```

```
15.        d2=n1;              //d2变为 7
16.        printf("d2=%f", d2);
17.        return 0;
18.   }
```

上面程序的输出结果是：

```
c=a,n2=97
c=b,n1=1378
n1=7
d2=7.000000
```

上述程序中 printf 语句的用法比较复杂，请参看 1.10.1 节有关 printf 语句的详细说明。

执行语句 9 时，由于变量 c 内存放的是字符'a'的 ASCII 码，即十进制整数 97，因此本条赋值语句使得 n2 的值变为 97。

语句 11 中，等号左边是 char 类型的变量，等号右边是 int 类型的变量。语句执行时，先将右边的 int 值自动转换成一个 char 类型的值，再赋值给 c。由于 char 类型的变量只要 1 个字节，所以自动转换的过程就是丢弃 n1 的高 3 个字节，只取 n1 中最低的那个字节赋值给 c。n1 的值是 1378，表示成十六进制是 562，最低的字节是 0x62。本条语句执行完毕后，c 的值就是 0x62，换算成十进制就是 98。98 是字母'b'的 ASCII 码，因此，本语句执行后，c 中就存放着字母'b'。需要指出的是，本语句的自动转换过程不会改变 n1 的值。

语句 13 执行时，需将浮点数值 7.809 自动转换成一个整型值，再赋给 n1。在 C/C++ 中，浮点数自动转换成整数的规则是去掉小数部分，因此 n1 的值变为 7，d1 的值不改变。

思考题：假定 char 类型的变量 c 中存放着一个'w'之前的小写字母，请写一条赋值语句，使得 c 变为其后的第 4 个字母（如将 c 从'a'变成'e'）。

提示：小写字母的 ASCII 码是连续的。

1.4　常　　量

常量是程序需要访问的一个数据，它在程序的运行过程中不发生改变。常量有两种表现形式：①直接写出值；②用 #define 语句为数据定义一个由符号组成的标识符，标识符的命名规则与变量的命名规则相同。不同的数据类型有不同形式的常量。例如，123、−56、0、38、−1 是整数类型的常量，1.5、23.6、0.0、−0.6789、100.456 是浮点类型的常量，'a'、'p'、'0'、'￥'、'#'是字符类型的常量，"abc"、"definitely"、"1234"、"0.6"、"AE4％（Ap)"是字符串类型的常量。这些都是直接给出数据值的常量，它们的类型可以很容易地从数据形式上判断。另一种是用 #define 语句为需要访问的数据指定一个容易理解的名字（标识符），例如：

```
#define MAPLENGTH   100
#define MAPWIDTH   80
void main(){
    int mapSize;
    mapSize=MAPLENGTH * MAPWIDTH;
```

```
        printf("The map size is %d\n", mapSize);
}
```

这段代码中,MAPLENGTH 是一个整数类型的常量,它的值是 100。在定义语句之后,所有出现符号 MAPLENGTH 的地方,都等效于出现数值 100。同样地,MAPWIDTH 也是一个整数类型的常量,它的值是 80。这段程序的运行结果是输出一个整数 8000。

C/C++ 语言中,整数类型常量还可以有八进制、十六进制的写法。

八进制常量以数字"0"开头。例如,0123 就是八进制的 123。而 0987 是不合法的常量,因为以 0 开头代表是八进制数,而八进制数中是不能出现数字 8 和 9 的。

十六进制常量以"0x"开头。例如,0x12 就是十六进制的 12,换算成十进制就是 18。0xfd0678、0xff44f 都是合法的十六进制常量。十六进制表示法中,用 a 代表 10、b 代表 11、c 代表 12、d 代表 13、e 代表 14、f 代表 15,这几个字母大写、小写均可。由于十六进制中的每一位正好对应于二进制的 4 位,因此,十六进制常量用起来十分方便,也非常有用。

有一些字符常量的写法比较特殊,例如,单引号'应写为'\'',反斜杠\应写为'\\'。

思考题:什么样的常量在程序运行期间会像变量一样,需要用一片内存空间来存放?什么样的常量不需要用一片内存空间存放?

1.5 运算符和表达式

C/C++ 语言中的＋、－、＊、/等符号表示加、减、乘、除等运算,这些表示数据运算的符号称为"运算符"。运算符所用到的操作数个数,称为运算符的"目数"。例如,＋运算符需要两个操作数,因此它是双目运算符。

将变量、常量等用运算符连接在一起就构成了"表达式"。例如,"n＋5"、"4－3＋1"。实际上,单个的变量、常量也可以称为"表达式"。表达式的计算结果称为"表达式的值"。例如,表达式"4－3＋1"的值就是 2,是整型的。如果 f 是一个浮点型变量,那么表达式"f"的值就是变量 f 的值,其类型是浮点型。

C/C++ 语言的运算符有赋值运算符、算术运算符、逻辑运算符、位运算符等多种。下面介绍常用的运算符。

1.5.1 算术运算符

算术运算符用于数值运算,包括加(＋)、减(－)、乘(＊)、除(/)、求余数(％)、自增(＋＋)、自减(－－)7 种。现部分介绍如下。

1. 求余数运算符

求余数的运算符(％)也称为模运算符。它是双目运算符,两个操作数都是整数类型的。a％b 的值就是 a 除以 b 的余数。

2. 除法运算符

C/C++ 的除法运算符(/)有一些特殊之处,即如果 a、b 是两个整数类型的变量或者常量,那么 a/b 的值是 a 除以 b 的商。例如,表达式"5/2"的值是 2,而不是 2.5。请看下面的程序片断:

```
1.    int main()
2.    {
3.        int a=10;
4.        int b=3;
5.        double d=a/b;
6.        printf("%f\n", d);
7.        d=5/2;
8.        printf("%f\n", d);
9.        d=5/2.0;
10.       printf("%f\n", d);
11.       d=(double)a/b;
12.       printf("%f\n", d);
13.       return 0;
14.   }
```

上面程序的输出结果是：

```
3.000000
2.000000
2.500000
3.333333
```

　　语句 5 中,由于 a、b 都是整型,所以表达式"a/b"的值也是整型,其值是 3,因此 d 的值就变成 3.0。

　　语句 7 和语句 5 类似,执行后 d 的值变为 2.0。

　　语句 9 中,要求 5 除以 2 的精确值,为此要将 5 或 2 表示成浮点数。除法运算中,如果有一个操作数是浮点数,那么结果也会是较为精确的浮点数。因此表达式"5/2.0"的值是 2.5。

　　语句 11 求 a 除以 b 的较为精确的小数形式的值。"(double)"是一个"强制类型转换运算符",它是一个单目运算符,能将其右边的操作数强制转换成 double 类型。用此运算符先将 a 的值转换成一个浮点数值,然后再除以 b,此时算出来的结果就是较为精确的浮点型的了。

　　3. 自增、自减运算符

　　自增运算符(＋＋)用于将整型或浮点型变量的值加 1。只有一个操作数,是单目运算符。它有以下两种用法。

用法 1:

变量名++;

用法 2:

++变量名;

这两种用法都能使得变量的值加 1,但它们是有区别的,例如:

```
1.   #include<stdio.h>
2.   main()
```

```
3.    {
4.        int n1, n2=5;
5.        n2++;
6.        ++n2;
7.        n1=n2++;
8.        n1=++n2;
9.    }
```

语句 5 执行后,n2 的值是 6。

语句 6 执行后,n2 的值是 7。

语句 7 执行过程,是先将 n2 的值赋给 n1,然后再增加 n2 的值。因此,语句 7 执行后,n1 的值是 7,n2 的值是 8。也可以说,表达式"n2++"的值就是 n2 加 1 以前的值。

语句 8 的执行过程,先将 n2 的值加 1,然后再将 n2 的新值赋给 n1。因此语句 8 执行后,n1 的值是 9,n2 的值也是 9。也可以说,表达式"++n2"的值就是 n2 加 1 以后的值。

语句 7 和语句 8 体现了++写在变量前面和后面的不同。

自减运算符(--)用于将整型或浮点型变量的值减 1,其用法和++相同,不再赘述。

1.5.2　赋值运算符

赋值运算符用于对变量进行赋值,分为简单赋值(=)、复合算术赋值(+=、-=、*=、/=、%=)和复合位运算赋值(&=、|=、^=、>>=、<<=)三类共 11 种。

表达式"a=b"的值就是 a,类型和 a 的类型一样。因此,可以写成:

```
int a, b;
a=b=5;
```

上面的语句先将 b 的值赋为 5;然后求得 b=5 这个表达式的值 5,再赋值给 a。

a+=b 等效于 a=a+b,但是前者执行速度比后者快。

-=、*=、/=、%=的用法和+=类似。

1.5.3　关系运算符

关系运算符用于数值的大小比较,包括大于(>)、小于(<)、等于(==)、大于等于(>=)、小于等于(<=)和不等于(!=)6 种。它们都是双目运算符。

关系运算符运算的结果是整型,值只有两种:0 或非 0。0 代表关系不成立,非 0 代表关系成立。

例如,表达式"3>5"的值就是 0,代表该关系不成立,即运算结果为假;表达式"3==3"的值就是非 0,代表该关系成立,即运算结果为真。至于这个非 0 值到底是多少,C/C++ 语言没有规定,编程的时候也不需要关心这一点。C/C++ 语言中,总是用 0 代表"假",用非 0 代表"真",在后面的 1.7 节会看到其用法。

请看下面的例子:

```
main()
{
    int n1=4, n2=5, n3;
```

```
    n3=n1>n2;              //n3 的值变为 0
    n3=n1<n2;              //n3 的值变为某非 0 值
    n3=n1==4;              //n3 的值变为某非 0 值
    n3=n1!=4;              //n3 的值变为 0
    n3=n1==5;              //n3 的值变为 0
}
```

1.5.4 逻辑运算符

逻辑运算符用于数值的逻辑操作,包括与(&&)、或(||)、非(!)三种。前两种是双目运算符,第三种是单目运算符。其运算规则如下:

当且仅当表达式 exp1 和表达式 exp2 的值都为真(非 0)时,"exp1 && exp2"的值为真;其他情况,"exp1 && exp2"的值均为假。例如,如果 n=4,那么"n>4 && n<5"的值就是假,"n>=2 && n<5"的值就是真。

当且仅当表达式 exp1 和表达式 exp2 的值都为假(就是 0)时,"exp1||exp2"的值为假;其他情况,"exp1||exp2"的值均为真。例如,如果 n=4,那么"n>4||n<5"的值就是真,"n<=2||n>5"的值就是假。

如果表达式 exp 的值为真,那么"!exp"的值就是假;如果 exp 的值为假,那么"!exp"的值就是真。例如,表达式"!(4<5)"的值就是假。

1.5.5 位运算符

有时需要对某个整数类型变量中的某一位(bit)进行操作。例如,判断某一位是否为 1,或只改变其中某一位,而保持其他位都不变。C/C++ 语言提供了"位运算"的操作,实现类似的操作。C/C++ 语言提供了以下 6 种位运算符来进行位运算操作:

&	按位与
	按位或
^	按位异或
~	取反
<<	左移
>>	右移

位运算的操作数是整数类型(包括 long、int、short、unsigned int 等)或字符型的,位运算的结果是无符号整数类型的。

1. 按位与运算符

按位与运算符(&)是双目运算符。其功能是,将参与运算的两操作数各对应的二进制位进行与操作。只有对应的两个二进位均为 1 时,结果的对应二进制位才为 1,否则为 0。

例如,表达式"21 & 18"的计算结果是 16(即二进制数 10000),因为:

21 用二进制表示是   0000 0000 0000 0000 0000 0000 0001 0101

18 用二进制表示是   0000 0000 0000 0000 0000 0000 0001 0010

所以二者按位与所得结果是 0000 0000 0000 0000 0000 0000 0001 0000

按位与运算通常用来将某变量中的某些位清 0 或保留某些位不变。例如,如果需要将

int 型变量 n 的低 8 位全清为 0,而其余位不变,则可以执行:

```
n=n & 0xffffff00;
```

也可以写成:

```
n &=0xffffff00;
```

如果 n 是 short 类型的,则只需执行:

```
n &=0xff00;
```

如果要判断一个 int 型变量 n 的第 7 位(从右往左,从 0 开始数)是否是 1,则只需看表达式 "n & 0x80" 的值是否等于 0x80 即可。

2. 按位或运算符

按位或运算符(|)是双目运算符,其功能是将参与运算的两个操作数各对应的二进制位进行或操作。只有对应的两个二进位都为 0 时,结果的对应二进制位才为 0,否则为 1。

例如,表达式 "21|18" 的值是 23(即二进制数 10111)。

按位或运算通常用来将变量中的某些位置为 1 或保留某些位不变。例如,如果需要将 int 型变量 n 的低 8 位全置成 1,而其余位不变,则可以执行:

```
n|=0xff;
```

3. 按位异或运算符

按位异或运算符(^)是双目运算符。其功能是将参与运算的两个操作数各对应的二进制位进行异或操作。只有对应的两个二进位不相同时,结果的对应二进制位才是 1,否则为 0。

例如,表达式 "21^18" 的值是 7(即二进制数 111)。

异或运算的特点是:如果 a^b=c,那么就有 c^b==a 以及 c^a==b。此规律可以用来进行最简单的快速加密和解密。

思考题: 如何用异或运算对一串文字进行加密和解密?如果只使用一个字符作为密钥恐怕太容易被破解,那么如何改进?

4. 按位非运算符

按位非运算符(~)是单目运算符,其功能是将操作数中的二进制位 0 变成 1,1 变成 0。例如,表达式 "~21" 的值是无符号整型数 0xffffffea,下面的语句:

```
printf("%d,%u,%x", ~21, ~21, ~21);
```

的输出结果是:

```
-22,4294967274,ffffffea
```

5. 左移运算符

左移运算符(<<)是双目运算符,其计算结果是将左操作数的各个二进位全部左移若干位后所得到的值,右操作数指明了要左移的位数。左移时,高位丢弃,左边低位补 0。左移运算符不会改变左操作数的值。

例如,常数 9 有 32 位,其二进制表示是:

0000 0000 0000 0000 0000 0000 0000 1001

表达式"9<<4"就是将上面的二进制数左移 4 位,得到:

0000 0000 0000 0000 0000 0000 1001 0000

即为十进制的 144。

实际上,左移 1 位就等于是乘以 2,左移 n 位,就等于是乘以 2^n。而左移操作比乘法操作快得多。

请看下面的程序:

```
1. #include<stdio.h>
2. main()
3. {
4.     int n1=15;
5.     short n2=15;
6.     unsigned short n3=15;
7.     unsigned char c=15;
8.     n1<<=15;
9.     n2<<=15;
10.    n3<<=15;
11.    c<<=6;
12.    printf("n1=%x,n2=%d,n3=%d,c=%x,c<<4=%d", n1, n2, n3, c, c<<4);
13. }
```

上面程序的输出结果是:

n1=78000,n2=-32768,n3=32768,c=c0,c<<4=3072

语句 12 中 printf 的用法比较复杂,请参看 1.10.1 节关于 printf 函数的说明。

语句 8 对 n1 左移 15 位。将 32 位的 n1 用二进制表示出来后,即可得知新的 n1 值是 0x78000。

语句 9 将 n2 左移 15 位。注意,n2 是 short 类型的,只有 16 位,表示为二进制就是 0000 0000 0000 1111,因此左移 15 位后,一共从左边移出去了(丢弃了)3 个 1,左移后 n2 中存放的二进制数就是 1000 0000 0000 0000。由于 n2 是 short 类型,此时 n2 的最高位是 1,因此 n2 实际上表示的是负数,所以在语句 12 中输出为-32768。

语句 10 将 n3 左移 15 位。左移后 n3 内存放的二进制数也是 1000 0000 0000 0000,但由于 n3 是无符号的,表示的值总是非负数,所以在语句 12 中,n3 输出为 32768。

语句 11 将 c 左移 6 位。由于 c 是 unsigned char 类型的,一共只有 8 位,其二进制表示就是 0000 1111,因此左移 6 位后,就变为 1100 0000,在语句 12 中以十六进制输出为 c0。

语句 12 中,表达式"c<<4"的计算过程是首先将 c 转换成一个 int 类型的临时变量(32 位,用十六进制表示就是 0000 0000 0000 00c0),然后将该临时变量左移 4 位,得到的结果是十六进制的 0000 0000 0000 0c00,换算成十进制就是 3072。

表达式"c<<4"的求值过程不会改变 c 的值,就像表达式"c+4"的求值过程不会改变 c 的值一样。

6. 右移运算符

右移运算符(＞＞)是双目运算符,其计算结果是把＞＞的左操作数的各二进位全部右移若干位后所得到的值,要移动的位数就是＞＞的右操作数。移出最右边的位被丢弃。

对于有符号数,如 long、int、short、char 类型变量,在右移时,符号位(即最高位)将一起移动,并且大多数 C/C++ 编译器规定,如果原符号位为 1,则右移时右边高位就补充 1,原符号位为 0,则右移时高位就补充 0。

对于无符号数,如 unsigned long、unsigned int、unsigned short、unsigned char 类型的变量,右移时高位总是补充 0。

右移运算符不会改变左操作数的值。

请看下面的程序:

```
1.    #include<stdio.h>
2.    main()
3.    {
4.        int n1=15;
5.        short n2=-15;
6.        unsigned short n3=0xffe0;
7.        unsigned char c=15;
8.        n1=n1>>2;
9.        n2>>=3;
10.       n3>>=4;
11.       c>>=3;
12.       printf("n1=%x,n2=%d,n3=%x,c=%x", n1, n2, n3, c);
13.   }
```

上面程序的输出结果是:

n1=3,n2=-2,n3=ffe,c=1

语句 8 中,n1 的值是 0xf,右移 2 位后,变成 0x3。

语句 9 中,n2 是有符号 16 位整数,而且原来值为负数,表示成二进制是 1111 1111 1111 0001。由于最高位(符号位)是 1,右移时仍然在高位补充 1,所以右移完成后其二进制形式是 1111 1111 1111 1110,对于一个有符号 16 位整数来说,这个二进制形式就代表-2。

语句 10 中,n3 是无符号的 16 位整数,原来其值为 0xffe0。尽管最高位是 1,但由于它是无符号整数,所以右移时在高位补充 0,因此右移 4 位后,n3 的值变为 0xffe。

语句 11,c 是无符号的,原来值为 0xf,右移动 3 位后自然就变成 1。

实际上,右移 n 位,就相当于左操作数除以 2^n,并且将结果往小里取整。

思考题:有两个 int 型的变量 a 和 $n(0 \leqslant n \leqslant 31)$,要求写一个表达式,使该表达式的值和 a 的第 n 位相同。

1.5.6 sizeof 运算符

sizeof 是 C/C++ 语言中的保留字,也是一个运算符。它的作用是求某一个变量占用内存的字节数,有两种用法:

第一种用法：

```
sizeof(变量名)
```

例如，表达式 sizeof(n) 的值是 n 这个变量所占用的内存字节数。如果 n 是 short 类型的变量，那么 sizeof(n) 的值就是 2。

第二种用法：

```
sizeof(类型名)
```

例如，sizeof(int) 的值是 4，因为一个 int 类型的变量占用 4 个字节。

1.5.7 类型强制转换运算符

强制类型转换运算符的形式是：

```
(类型名)
```

例如，(int)、(double)、(char) 都是强制类型转换运算符。强制类型运算符是单目运算符，其功能是将右边的操作数的值转换得到一个类型为"类型名"的值，它不改变操作数的值。

例如：

```
1. double f=9.14
2. int n=(int) f;
3. f=n/2;
4. f=(double) n/2;
```

上面的语句 2 将 f 的值 9.14 强制转换成一个 int 型的值，即转换成 9，然后赋值给 n。这条语句中是否使用(int)运算符结果都一样，因为编译器会自动转换。但是，有时需要在类型不兼容的变量之间互相赋值，这时就需要在赋值时对等号右边的变量、常量或表达式进行强制类型转换，转换成和等号左边的变量类型相同的一个值。

语句 3 执行后，f 的值是 4.0，因为表达式 n/2 的值是整型的，为 4。

而语句 4 使用强制转换运算符(double)将 n 的值转换为一个浮点数，然后再除以 2，那么得到的值就是一个浮点数。因此，语句 4 执行后，f 的值为 4.5。1.5.1 节中除法运算符例子程序的语句 11，也说明了强制转换运算符的这种用法。

1.5.8 运算符的优先级

一个表达式中可以有多个、多种运算符。不同的运算符优先级不同，优先级决定了表达式应该先算哪部分、后算哪部分。

例如，表达式"4&2+5"由于运算符＋的优先级高于运算符 &，所以这个表达式是先算"2+5"，再算"4&7"，结果是 4。

可以用括号来规定表达式的计算顺序。例如，"(4&2)+5"的值是 5，须先算"4&2"。

表 1-1 列出了大部分运算符的优先级。

表 1-1　运算符的优先级

优 先 级	描　述	运　算　符
1	最高优先级	. [ ] ( )
2	单目运算	− ～ ! ++ −− 强制类型转换 sizeof
3	算术乘除运算	* / %
4	算术加减运算	+ −
5	移位运算	>> << >>= <<=
6	大小关系运算	< <= > >=
7	相等关系运算	== !=
8	按位与	&
9	按位异或	^
10	按位或	|
11	逻辑与	&&
12	逻辑或	||
13	赋值	=

1.6　注　释

有时需要在程序中用自然语言写一段话,用来提醒自己或者告诉别人:某些变量代表什么,某段程序的逻辑是怎么回事,某几行代码的作用是什么,等等。当然,这部分内容不能被编译,不属于程序的一部分。这样的内容称为"注释"。

C++的注释有两种写法。

第一种注释:

注释可以是多行的,以/ * 开头,以 * /结尾。例如:

```
/ * mp3 解码程序
    author: Guo Wei
    programed on 2004.5.18
* /
main() {
    int nBitrate;           / * 比特率,以 kbps 为单位 * /
    int nSize;              / * 以 KB 为单位 * /
     ⋮
}
```

注释可以出现在任何地方,注释里的内容是不会被编译的,因此随便写什么都行。

第二种注释:

注释是单行的。写法是使用两个斜杠//。从//开始直到行末的内容都算是注释的内容。例如：

```
main() {
    int nBitrate;          //比特率,以 kbps 为单位
    int nSize;             //以 KB 为单位
    ⋮
}
```

注释非常重要。它的主要功能是帮助理解程序。一定不要认为程序是自己写的,自己当然能理解。只要程序稍长一些或者变量名不够直观,那么写程序时能理解,并不意味着一个星期后自己还能理解。更何况软件开发是团队工作,没有人希望在看别人的程序的时候如读天书,恨不得自己重新写一个程序。所以,在程序中加入足够的、清晰易懂的注释是程序员的基本修养。

1.7 分 支 语 句

在 C/C++ 语言中,语句以分号(;)结束。某些情况下,一组语句在一起共同完成某一特定的功能,可以将它们用大括号括起来,称为语句组。语句组可以出现在任何单个语句出现的地方。一般情况下,语句的出现顺序就是其执行顺序。但是在某些情况下,需要根据不同的运行情况而执行不同的语句组。这时可以选用分支语句。下面介绍两种分支语句：if 语句和 switch 语句。

1.7.1 if 语句

if 语句有三种形式。

if 语句的第一种形式为：

```
if(表达式)
    语句/语句组
```

如果表达式的值为真(非零),则其后的语句/语句组被执行。如果表达式的值为假(等于零),则其后的语句/语句组被忽略。例如：

```
if(i>0) {
    x=i;
    y=-x;
}
```

在这个例子中,i、x、y 是变量。如果 i 的值大于 0,则 x 被赋值为 i,y 被赋值为 -x。当 if 语句后面只有一个语句时,可以不用大括号将其括起来。例如：

```
if(i>0)
    y=x/i;
```

if 语句的第二种形式是：

```
if(表达式)
```

```
    语句/语句组 1
else
    语句/语句组 2
```

如果表达式 的值为真(非零),则其后的语句/语句组 1 被执行,而语句/语句组 2 被忽略;如果表达式的值为假(等于零),则其后的语句/语句组 1 被忽略,而语句/语句组 2 被执行。

if 语句可以嵌套使用。在没有大括号来标识的情况下,else 语句被解释成与它最近的 if 语句共同构成一句。例如:

```
if(i>0)         /*没有大括号*/
    if(j>i)
        x=j;
    else    //如果 j<=i
        x=i;
```

如果想让上面的例子中 else 与第一个 if 配对的,则应该写成如下格式:

```
if(i>0) {       /*加上括号*/
    if(j>i)
        x=j;
}
else    //如果 i<=0
        x=i;
```

if 语句的第三种形式为:

```
if(表达式 1)
    语句/语句组 1
else if(表达式 2)
    语句/语句组 2
else if(表达式 3)
    语句/语句组 3
    ⋮
else
    语句/语句组 N
```

此种形式的 if 语句执行时,从上至下依次对表达式求值,碰到哪个表达式的值为真,就执行该表达式后的语句/语句组,其他所有语句/语句组都不会被执行,其表达式后面的所有表达式也不再求值。如果没有表达式的值为真,则执行最后的 else 后面的语句/语句组。else if 可以有任意多个,也可以没有 else。

例如:

```
1.  #include<stdio.h>
2.  main()
3.  {
4.      int y,x,i;
5.      scanf("%d",&i);
6.      if(i>=0 && i<=5)
```

```
7.            x=y=i;
8.          else if(i>5 && i<=10) {
9.            x=2*i;
10.           y=2*x;
11.         }
12.         else if(i>10) {
13.           x=3*i;
14.           y=3*x;
15.         }
16.         else
17.           y=x=0;
18.         printf("%d,%d",x,y);
19.     }
```

在上面的例子中：

如果输入 4,则语句 7 被执行,输出结果是 4,4。

如果输入 7,则语句 9 和语句 10 被执行,输出结果是 14,28。

如果输入 20,则语句 13 和语句 14 被执行,输出结果是 60,180。

如果输入−2,则语句 17 被执行,输出结果是 0,0。

1.7.2　switch 语句

switch 和 case 语句用来控制比较复杂的条件分支操作。switch 语句的语法表示如下：

```
switch ( 表达式 ){
case 常量表达式 1: 语句/语句组 1
case 常量表达式 2: 语句/语句组 2
⋮
default: 语句/语句组 n
}
```

switch 语句可以包含任意数目的 case 条件,但是不能有两个 case 后面的常量表达式完全相同。进入 switch 语句后,首先表达式的值被计算,并与 case 后面的常量表达式逐一匹配,当与某一条 case 分支的常量表达式匹配成功时,则开始执行它后面的语句/语句组,然后顺序执行之后的所有语句,直到遇见一个整个 switch 语句结束,或者遇到一个 break 语句(break 语句后面将会介绍)。如果表达式的值与所有的常量表达式都不相同,则从 default 后面的语句开始执行,直到 switch 语句结束。

各 case 分支后的"常量表达式"必须是整数类型或字符型的。

如果各个 case 分支后面的语句/语句组彼此独立,即在执行完某个 case 后面的语句/语句组后,不需要顺序执行下面的语句,可以用 break 语句将这些分支完全隔开。在 switch 语句中,如果遇到 break 语句,则整个 switch 语句结束。例如：

```
switch(表达式){
    case 常量表达式 1: 语句/语句组 1; break;
    case 常量表达式 2: 语句/语句组 2; break;
    ⋮
```

```
        default: 语句/语句组 n
}
```

default 分支处理除了明确列出的所有常量表达式以外的情况。switch 语句中只能有一个 default 分支,它不必只出现在最后,事实上它可以出现在任何 case 出现的地方。switch 后面的表达式与 case 后面的常量表达式必须类型相同。像 if 语句一样,case 语句也可以嵌套使用。

下面是 switch 语句的例子:

```
switch(c) {
    case 'A':
        capa++;
    case 'a':
        lettera++;
    default:
        total++;
}
```

因为没有 break 语句,如果 c 的值等于'A',则 switch 语句中的全部三条语句都被执行;如果 c 的值等于'a',则 lettera 和 total 的值加 1。如果 c 的值不等于'a'或'A',则只有 total 的值加 1。下面是加入 break 语句的例子:

```
switch(i) {
    case-1:
        n++;
        break;
    case 0:
        z++;
        break;
    case 1:
        p++;
        break;
}
```

在这个例子中,每个分支都加入一个 break 语句,使得每种情况处理完之后就结束 switch 语句。如果 i 等于−1,只有 n 加 1;如果 i 等于 0,只有 z 加 1;如果 i 等于 1,只有 p 加 1。最后一个 break 不是必须的,因为程序已经执行到了最后,保留它只是为了形式上的统一。

如果有多种情况要执行的任务相同,可以用如下的方式表达:

```
case 'a':
case 'b':
case 'c':
case 'd':
case 'e':
case 'f':
```

```
    x++;
```

在这个例子中,无论表达式取值是在'a'~'f'之间的哪个值,x 的值都加 1。

1.8　循 环 语 句

在有些程序中需要反复执行某些语句。将 n 条相同的语句简单地复制会使程序变得不合理的冗长,因此高级语言中提供了支持程序重复执行某一段程序的循环控制语句,相关的语句有 for、while、do while、break 和 continue 等。

1.8.1　for 语句

for 语句可以控制一个语句或语句组重复执行限定的次数。for 语句的语句体可以执行零次或多次,直到给定的条件不被满足。可以在 for 语句开始时设定初始条件,并在语句的每次循环中改变一些变量的值。for 语句的语法表示如下:

for(初始条件表达式; 循环控制表达式; 循环操作表达式) 语句/语句组

执行一个 for 语句包括如下操作:

(1) 初始条件表达式被分析执行。这个条件可以为空。

(2) 循环控制表达式被分析执行。这一项也可以为空。循环控制表达式一定是一个数值表达式。在每次循环开始时,它的值都会被计算。计算结果有三种可能:

① 如果循环控制表达式为真(非零),则语句/语句组被执行;然后循环操作表达式被执行。循环操作表达式在每次循环结束时都会被执行。下面就是下一次循环开始,循环操作表达式被执行。

② 如果循环控制表达式被省略,它的值定义为真。一个 for 循环语句如果没有循环控制表达式,它只有遇到 break 或 return 语句时才会结束。

③ 如果循环控制表达式为假(零),则 for 循环结束,程序顺序执行它后面的语句。

break、goto 或 return 语句都可以结束 for 语句。continue 语句可以直接控制转移至 for 循环的循环控制表达式。当用 break 语句结束 for 循环时,循环控制表达式不再被执行。下面的语句经常被用来构造一个无限循环,只有 break 或 return 语句可以从这个循环中跳出来。

```
for(;;);
```

下面是 for 循环语句的例子:

```
for(i=n2=n3=0; i<=100; i++) {
    if(i%2==0)
        n2++;
else if(i%3==0)
        n3++;
}
```

这个例子计算 0~100 的整数中,有多少个数是偶数(包括 0 在内),有多少个数是 3 的整数倍。最开始 i、n2 和 n3 被初始化成 0。然后将 i 与 100 进行比较,之后 for 内部的语句被执行。根据 i 的不同取值,n2 被加 1,或者 n3 被加 1,或者两者都不加。然后,i＋＋被执行。接下来将 i 与 100 进行比较,之后 for 内部的语句被执行。如此往复,直到 i 的值大于 100。

1.8.2　while 语句

while 语句重复执行一个语句或语句组,直到某个特定的条件表达式的值为假。while 语句的语法表示如下:

```
while(表达式)　语句/语句组
```

其中的表达式必须是数值表达式。

while 语句的执行过程如下:

(1) 表达式被计算。

(2) 如果表达式的值为假,while 下面的语句被忽略,程序直接转到 while 后面的语句执行。

(3) 如果表达式的值为真(非零),则语句/语句组被执行。之后程序控制转向步骤(1)。

下面是 while 语句的例子:

```
int i=100;
int sum=0;
while(i>0) {
    sum=sum+i*i;
    i--;
}
```

上面的例子计算 1～100 的平方和,结果保存在 sum 中。循环每次判断 i 是否大于 0,如果 i 大于 0,则进入循环,在 sum 上累加 i 的平方,将 i 的值减 1,到此次循环结束。下一步重新判断 i 是否大于 0。当某次判断 i 不大于 0 时,则 while 语句结束。

1.8.3　do-while 语句

do-while 语句重复执行一个语句或语句组,直到某个特定的条件表达式的值为假。do-while 语句的语法表示如下:

```
do 语句/语句组 while(表达式);
```

在 do-while 语句中,表达式是在语句/语句组被执行之后计算的,所以 do 后面的语句/语句组至少被执行一次。其中的表达式必须是一个数值表达式。

do-while 语句的执行过程如下:

(1) do 后面的语句/语句组被执行。

(2) 表达式被计算。如果其值为假,则 do-while 语句结束,程序继续执行它后面的语句。如果表达式的值为真(非零),则跳转回步骤(1)重复执行 do-while 语句。

do-while 语句同样可以通过 break、goto 或 return 语句结束。

下面是 do-while 语句的例子:

```
int i=100;
int sum=0;
do {
    sum=sum+i * i;
    i--;
} while(i>0);
```

这个 do-while 语句完成了跟上面的 while 语句相同的功能,即计算 1～100 的平方和。前面两句定义了两个整型变量 i 和 sum。在进入 do-while 语句后,i 的平方被累加到 sum 中,之后 i 的值被减 1。接下来判定 i 是否大于 0,如果 i 大于 0,则重复 do 后面的语句,否则 do-while 语句结束。

1.8.4 break 语句

break 语句用来结束离它最近的 do、for、switch 或 while 语句,其语法表示如下:

```
break;
```

下面是 break 语句的例子:

```
for(i=0; i<10; i++){     /* Execution returns here when
                            break statement is executed*/
    for(j=1; j<=5; j++) {
        if((i+j)%5==0) {
            printf("i=%d j=%d\n", i, j);
            break;
        }
    }
}
```

这个例子中,i 从 0 循环到 9,每次 j 从 1 循环到 5,如果有某个 j 值使得 i+j 是 5 的整数倍,则输出 i 和 j 的值,并跳出 j 循环,开始下一轮的 i 循环。

程序的输出结果如下:

```
1 4
2 3
3 2
4 1
5 5
6 4
7 3
8 2
9 1
```

1.8.5 continue 语句

在 do、for 或 while 语句中,continue 语句使得其后的语句被忽略,直接回到循环的顶

部,开始下一轮的循环。continue 语句的语法表示如下:

```
continue;
```

do、for 或 while 语句的下一轮循环用如下方法确定:

(1) 对于 do 或 while 语句,下一轮循环从计算条件表达式的值开始。

(2) 对于 for 语句,下一轮循环从计算第一个循环控制条件表达式的值开始。

下面是 continue 语句的例子:

```
int i=100;
int x=0;
int y=0;
while(i>0) {
i--;
    x=i %8;
    if(x==1)
        continue;
    y=y+x;
}
```

这段程序计算 i 从 99 开始到 0 为止,累加除了 8 的倍数加 1 以外的所有数模 8 而得到的值。每次 while 循环开始,判断 i 的值是否大于 0,如果 i 大于 0,则进入循环体,先将 i 的值减 1,然后将 i 模 8 的值赋给 x。下面的 if 语句判断 x 是否等于 1,如果 x 等于 1,则回到 while 语句的开始,判断 i 是否大于 0;如果 x 不等于 1,则将 x 的值累加到 y 中。循环在 x 等于 0 时结束。

1.9 函　　数

函数是 C/C++ 语言中的一种程序组件单位。一个函数通常代表了一种数据处理的功能,由函数体和函数原型两部分组成。函数原型为这个数据处理功能指定一个标识符号(函数的名称),说明被处理数据的组成及其类型,以及处理结果的类型;函数体由一组语句组成,具体实现数据处理的功能。这也称为函数的定义。在某段程序中,一个函数可以被当作一个表达式来运行,称为函数的调用。函数的定义并不执行函数体中的语句,只是声明该函数包含这些语句以及这些语句的运行顺序。函数在被调用之前,必须说明它的原型。被函数处理的数据一般作为函数的参数,在函数调用时确定它们的值。但是,在函数体的语句中,可以直接访问函数的参数。函数运行后可以把它的结果返回给调用它的程序。

如果一个程序代码中需要多次实现同一种数据处理功能,通常将这个数据处理功能定义成一个函数,开发成一个单独程序组件。使得整个程序看起来更简洁。此外,当一个程序代码段实现的功能很复杂时,也常常将这个功能分解成若干个相对简单的子功能。每个子功能分别作为一个函数,用一个程序组件实现。

1.9.1　函数的定义

函数的定义形式如下:

```
返回值类型 函数名 ([参数 1 类型 参数名 1, 参数 2 类型 参数名 2,…]) {
    语句 1;              //语句可能与参数有关
    语句 2;              //语句可能与参数有关
    ⋮
    return 返回值;       //如果返回值类型为 void,则不用返回语句
}
```

其中,返回值类型说明该函数如果被调用,它执行完之后向调用它的程序所返回的值的数据类型。函数名是程序员自己定义的、能够表明函数用途的标识符号,命名规则与变量的命名规则相同。参数是可选的,有些函数没有参数,有些可以有一个至多个参数。每个参数都应说明其类型,以便调用它的程序可以填入正确的参数值。小括号和大括号是必需有的。语句中可以把参数当作变量来使用。下面是函数定义的例子:

```
int add(int x, int y){
    return x+y;
}
```

这个函数的函数名是 add,它有两个参数分别是整数类型的 x 和整数类型的 y;它的返回值类型也是整型,功能是计算两个整数的和,执行的结果是将计算出来的和返回给调用它的程序。两个参数 x 和 y 的值是调用它的函数给定的。

函数定义也可以分成两部分,即函数原型说明和函数体。函数原型说明必须在函数调用之前;函数体可以紧跟着函数原型说明,也可以放在程序中间的位置。例如:

```
int multiple(int x, int y);              //函数说明
void main(){
    int a=0, b=0;
    scanf("%d %d", &a, &b);
    printf("%d\n", multiple(a, b));      //函数调用
}
int multiple(int x, int y){              //函数体
    return x * y;
}
```

1.9.2 函数的调用

在一段程序中引用一个已经定义过的函数称为函数的调用。在调用函数时要给出每个参数的取值。如果函数有返回值,可以定义一个与返回值类型相同的变量,存储函数的返回值。下面是函数调用的例子:

```
int add(int x, int y){
    return x+y;
}
void main(){
    int n1=5, n2=6, n3;
    n3=add(n1, n2);
    printf("%d\n", n3);
```

　　}

　　这段程序,调用函数 add 计算 n1 加 n2 的值,并将计算结果存入 n3,最后输出 n3 的值。这里要注意的是:如果函数的返回值是整型的,则函数调用表达式本身可以视为一个整数,它可以出现在任何整数可以出现的地方。其他类型的返回值也是一样。

　　有返回值的函数调用可以出现在表达式中,例如 n3＝add(n1,n2)＋7;也是合法的语句。

1.9.3　参数传递和返回值

　　函数调用可以看作是在程序组件 A 的执行过程中,跳出 A 的代码段,转去执行另外一段代码 B,等 B 执行完之后,再回到 A 中函数调用的位置,继续执行后面的语句。在函数调用的过程中,程序组件 A 可以通过参数向程序组件 B 传送信息;程序组件 B 结束后,可以通过返回值将其执行结果传回程序组件 A。

　　1. 参数传递

　　参数作为数值传递给被调用的函数,在函数内部等同于内部变量。

　　下面是参数传递的例子。

```
int max(int a, int b){
    if(a>=b) return a;
    else return b;
}
void main(){
    int x=0, y=0, z=0;
    x=20;
    y=45;
    int z=max(x, y);
      ⋮
}
```

　　在主函数开始执行之前系统为它分配了空间存放变量 x、y、z。第一条赋值语句结束后,x 的值修改为 20;第二条赋值语句结束后,y 的值修改为 45;执行到第三条赋值语句时,＝号右边是函数调用,于是装入函数 max 的代码。max 函数所在的程序段,系统为参数 a 和 b 分配了空间(注意,参数的名字是独立于调用它的程序的),并将调用时的参数值填入分配的空间。也就是说,调用函数时,将数值 45 和 20 传给被调用的函数,这时 main 暂时停止执行,max 开始执行,执行的结果是将参数 b 的值 45 通过 return 语句返回给 main。main 接收到 max 返回的 45,并且把它赋值给变量 z,此时 z 变量的内容修改为 45,程序继续执行。这里需要注意的是:在 max 函数中对 a 和 b 的任何操作都不影响 x 和 y 的值。

　　2. 返回值

　　函数执行完以后可以向调用它的程序返回一个值,表明函数运行的状况。很多函数的功能就是对参数进行某种运算,之后通过函数返回值给出运算结果。函数的返回值可以有不同的类型,返回值类型在函数定义时说明。下面是一些函数定义的例子:

```
int min(int x, int y);          //返回值类型为 int,有两个整型参数,函数名为 min
```

```
double calculate(int a, double b);
//返回值类型为 double,有一个整型参数,一个 double 型参数,函数名为 calculate
char judge(void);                //返回值类型为 char,没有参数,函数名为 judge
void doit(int times);
//返回值类型为 void,表示不返回任何值,有一个整型参数,函数名为 doit
```

1.9.4　库函数和头文件

C/C++ 语言标准中,规定了完成某些特定功能的一些函数,这些函数是不同厂商的 C/C++ 语言编译器都会提供的,并且在用 C/C++ 语言编程时可以直接调用。这样的函数统称为 C/C++ 标准库函数。例如,前面看到的 printf 函数就是一例。

函数必须先声明原型,然后才能调用。C/C++ 语言规定,不同功能的库函数,在不同的头文件里进行声明。头文件就是编译器提供的,包含许多库函数的声明以及其他内容(如用 #define 语句定义一系列标识符)的文件。头文件的后缀名是. h。编程时若要使用某个库函数,就需要用 #include 语句将包含该库函数原型声明的头文件包含到程序中,否则编译器就会认为该函数没有定义。例如,printf 函数就是在 stdio. h 头文件中声明的,因此若要使用该函数,那么就要在程序开头加入:

```
#include<stdio.h>
```

1.10　标准输入输出

在 C/C++ 语言中,有一类库函数称为标准输入输出函数,可以用来从键盘读取输入的字符,以及将字符在屏幕上输出。这些函数的声明都包含在头文件 stdio. h 中。本节介绍两个主要的标准输入输出函数:printf 和 scanf。

1.10.1　printf 函数(标准输出函数)

printf 函数的作用是将一个或多个字符按照指定的格式输出到屏幕上。printf 函数调用的一般形式为:

```
printf("格式控制字符串",待输出项 1,待输出项 2,…)
```

其中,格式控制字符串用于指定输出格式,并用一对双引号括起来。

例如:

```
printf("x=%d", 50);
```

上面这条语句中,格式控制字符串是"x=%d",待输出项是 50。其输出结果是:

```
x=50
```

像%d 这样由一个%和其后一个(或多个)字符组成的字符串,称为格式控制符。它说明待输出项的类型、输出形式(如以十进制还是二进制输出,小数点后面保留几位等)。%d 表示其对应的待输出项是整型。

%和特定的一些字符组合在一起,构成格式控制符。常见的格式控制符如下:

%d:要输出一个整数;

%c:要输出一个字符;

%s:要输出一个字符串;

%x:要输出一个十六进制整数;

%u:要输出一个无符号整数(正整数);

%f:要输出一个浮点数。

在格式控制字符串中,格式控制符的个数应该和待输出项的个数相等,并且类型必须一一对应。格式控制字符串中非格式控制符的部分,则原样输出。例如:

```
printf("Name is %s, Age=%d, weight=%f kg, 性别:%c, code=%x",
        "Tom", 32, 71.5, 'M', 32);
```

输出结果是:

```
Name is Tom, Age=32, weight=71.500000 kg, 性别:M, code=20
```

最后的待输出项 32 对应的输出结果是 20。因为它对应的输出控制符是%x,这就导致十进制数 32 被以十六进制的形式输出为 20。

如果就是想输出"a%d"这样一个字符串,怎么办呢? 做法是,想输出一个"%",就要连写两个"%"。例如:

```
printf("a%%d");
```

输出结果是:

```
a%d
```

如果想让输出换行,则需输出一个换行符\n。例如:

```
printf("What's up?\nGreat!\nLet's go!");
```

输出结果是:

```
What's up?
Great!
Let's go!
```

1.10.2 scanf 函数(标准输入函数)

scanf 函数的一般形式为:

```
scanf("格式控制字符串",变量地址 1, 变量地址 2,…);
```

scanf 函数的作用是从键盘接受输入,并将输入数据存放到变量中。变量地址的表示方法是在变量前面加字符 &。格式控制字符串说明要输入的内容有几项,以及这几项分别是什么类型的。函数执行完后,输入内容的每一项分别被存放到各个变量中。例如:

```
#include<stdio.h>
```

```
main()
{
    char c;
    int n;
    scanf("%c%d",&c, &n);
    printf("%c,%d", c, n);
}
```

scanf 语句中的"％c％d"说明待输入的数据有两项,第一项是一个字符,第二项是一个整数。这两项之间可以用空格或换行进行分隔,也可以不分隔。scanf 函数会等待用户从键盘输入数据,用户输完后必须再按一下回车键,这样 scanf 函数才能继续执行,将两项输入数据存放到变量 c 和 n 中。上面的程序,不论输入"t456 回车",还是"t 空格 456 回车"还是"t 回车 456 回车",结果都是一样的。输出结果为:

t,456

即字符't'被读入,存放在变量 c 中,456 被读入,存放于变量 n 中。

如果要输入的是两个整数,那么这两个整数输入的时候必须用空格或回车分隔。

下面的程序提示用户输入矩形的高和宽,然后输出其面积。

```
#include<stdio.h>
main()
{
    int nHeight, nWidth;
    printf("Please enter the height:\n");
    scanf("%d",& nHeight);
    printf("Please enter the width:\n");
    scanf("%d",& nWidth);
    printf("The area is: %d", nHeight * nWidth);
}
```

试着运行一下,看一看结果。

1.11　全局变量和局部变量

定义变量时,可以将变量写在一个函数内部,这样的变量称为局部变量;也可以将变量写在所有函数的外面,这样的变量称为全局变量。全局变量在所有函数中均可以使用,局部变量只能在定义它的函数内部使用。请看下面的例子程序。

例程 1.11.cpp

```
1.  int n1=5, n2=10;
2.  void Function1()
3.  {
4.      int n3=4;
5.      n2=3;
6.  }
```

```
7.  void Function2()
8.  {
9.      int n4;
10.     n1=4;
11.     n3=5;                  //编译出错
12. }
13. int main()
14. {
15.     int n5;
16.     int n2;
17.     if(n1==5) {
18.         int n6;
19.         n6=8;
20.     }
21.     n1=6;
22.     n4=1;                  //编译出错
23.     n6=9;                  //编译出错
24.     n2=7;
25.     return 0;
26. }
```

上面的程序中,n1、n2 是全局变量,所以在所有的函数中均能访问,如语句 5、10、21;n3 是在函数 Function1 里定义的,在其他函数中不能访问,因此语句 11 会导致“变量没定义”的编译错误;语句 22 也是一样。

一个局部变量起作用的范围称为作用域,其作用域就是从定义该变量的语句开始,到包含该变量定义语句的第一个右大括号为止,因此语句 19 定义的变量 n6,其作用域就是从语句 19 开始直到语句 20 的位置。在语句 23 中试图访问 n6,导致“变量没定义”的编译错误。

如果某局部变量和某个全局变量的名字一样,那么在该局部变量的作用域中,起作用的是局部变量,全局变量不起作用。例如,语句 16 定义的局部变量 n2 和全局变量 n2 同名,那么语句 24 改变的就是局部变量 n2 的值,不会影响全局变量 n2。

1.12 数　　组

1.12.1 一维数组

考虑如何编写下面的程序:

接收从键盘输入的 100 个整数,然后将它们按从小到大的顺序输出。

要编写这个程序,首先要解决的问题就是如何存放这 100 个整数。直观的想法是定义 100 个 int 型变量:n1,n2,n3,…,n100,用来存放这 100 个整数。可这样的想法真让人受不了。

幸好 C/C++ 语言中“数组”的概念为我们解决上述问题提供了很好的办法。实际上,几乎所有的程序设计语言都支持数组,用来表达同类型数据元素的集合。在 C/C++ 中,数组的定义方法如下:

```
类型名 数组名[元素个数];
```

其中，"元素个数"必须是常数或常量表达式，不能是变量，而且其值必须是正整数；元素个数也称为"数组的长度"。例如：

```
int an[100];
```

语句定义了一个名字为 an 的数组，它有 100 个元素，每个元素都是一个 int 型变量。可以用 an 这个数组来存放上述程序所需要存储的 100 个整数。

一般地，如果写：

```
T array[N];        //此处 T 可以是任何类型名，如 char、double、int 等。N 是一个正整数，
                   //或值为正整数的常量表达式
```

那么就定义了一个数组，这个数组的名字是 array。array 数组里有 N 个元素，每个元素都是一个类型为 T 的变量。这 N 个元素在内存里是一个接一个连续存放的。array 数组占用了一片连续的、大小为 N×sizeof(T)字节的存储空间。

如何访问数组中的元素呢？实际上，每个数组元素都是一个变量，数组元素可以表示为以下形式：

```
数组名[下标]
```

其中，下标可以是任何值为整型的表达式，该表达式里可以包含变量、函数调用。下标若为小数时，编译器将自动去尾取整。例如，如果 array 是一个数组的名字，i、j 都是 int 型变量，那么

```
array[5]
array[i+j]
array[i++]
```

都是合法的数组元素。

在 C/C++ 语言中，数组的下标是从 0 开始的。也就是说，如果有数组：

```
T array[N];
```

那么 array[N]中的 N 个元素，按地址从小到大的顺序，依次是 array[0]，array[1]，array[2]，…，array[N−1]。array[i]（i 为整数）就是一个 T 类型的变量。如果 array[0]存放在地址 n，那么 array[i]就被存放在地址 n+i×sizeof(T)。

下面介绍如何编写程序，接收键盘输入的 100 个整数，并按从小到大顺序排序后输出。先将 100 个整数输入到一个数组中，然后对该数组进行排序，最后遍历整个数组，逐个输出其元素。对数组排序有很多种方法，这里采用一种最直观的方法，称为"选择排序"，其基本思想是：如果有 N 个元素需要排序，那么首先从 N 个元素中找到最小的那个（称为第 0 小的）放在第 0 个位子上，然后再从剩下的 N−1 个元素中找到最小的放在第 1 个位子上，然后再从剩下的 N−2 个元素中找到最小的放在第 2 个位子上……直到所有的元素都就位。

例程 1.12.1.cpp

```
1.  #include<stdio.h>
```

```
2.    #define MAX_NUM 100
3.    int main()
4.    {
5.        int i, j;
6.        int an[MAX_NUM];
7.        //下面两行输入 100 个整数
8.        for(i=0;i<MAX_NUM;i++)
9.            scanf("%d", & an[i]);
10.       //下面对整个数组进行从小到大排序
11.       for(i=0; i<MAX_NUM-1; i++) { //第i次循环后就将第i小的数组元素放好
12.           int nTmpMin=i;     //用来记录从第i到第MAX_NUM-1个元素中最小的元素的下标
13.           for(j=i; j<MAX_NUM; j++) {
14.               if(an[j]<an[nTmpMin])
15.                   nTmpMin=j;
16.           }
17.
18.           //将第i小的元素放在第i个位子上,并将原来占着第i个位子的元素挪到后面
19.           int nTmp=an[i];
20.           an[i]=an[nTmpMin];
21.           an[nTmpMin]=nTmp;
22.       }
23.       //下面两行将排序好的 100 个元素输出
24.       for(i=0;i<MAX_NUM;i++)
25.           printf("%d\n", an[i]);
26.       return 0;
27.   }
```

思考题:考虑如何用另外一种算法来编写排序程序。

本节中提到的数组,其元素都是用数组名加一个下标就能表示出来。这样的数组称为一维数组。实际上,C/C++还支持二维数组乃至多维数组。二维数组中的每个元素,需要用两个下标才能表示。

1.12.2 二维数组

如果需要存储一个矩阵,并且希望只要给定行号和列号就能立即访问到矩阵中的元素,那么应该怎么办? 一个直观的想法是矩阵的每一行都用一个一维数组来存放,那么矩阵有几行就需要定义几个一维数组。这个办法显然很麻烦。C/C++语言支持"二维数组",能很好地解决这个问题。

如果写:

```
T array[N][M];              //此处T可以是任何类型名,如 char、double、int 等。M、N 都是
                            //正整数,或值为正整数的常量表达式
```

那么就定义了一个二维数组,这个数组的名字是 array。array 数组里有 N×M 个元素,每个元素都是一个类型为 T 的变量。这 N×M 个元素在内存里是一个挨一个连续存放的。array 数组占用了一片连续的、大小总共为 N×M×sizeof(T)字节的存储空间。

array 数组中的每个元素都可以表示为：

数组名[行下标][列下标]

其中，行下标和列下标都是从 0 开始的。

上面的二维数组 array 也可以称是 N 行 M 列的。其每一行都有 M 个元素，第 i 行的元素依次是 array[i][0]，array[i][1]，…，array[i][M−1]。同一行的元素，在内存中是连续存放的；而第 j 列的元素的元素依次是 array[0][j]，array[1][j]，…，array[N−1][j]。

array[0][0]是数组中地址最小的元素。如果 array[0][0]存放在地址 n，那么 array[i][j]（i,j 为整数）存放的地址就是 n+i * M * sizeof(T)+j * sizeof(T)。

图 1-1 显示了二维数组 int a[2][3] 在内存中的存放方式。假设 a[0][0]存放的地址是100，那么 a[0][1]的地址就是 104，依此类推。

100	104	108	112	116	120
a[0][0]	a[0][1]	a[0][2]	a[1][0]	a[1][1]	a[1][2]

图 1-1　二维数组的一行

从图 1-1 可以看出，二维数组的每一行，实际上都是一个一维数组。对上面的数组 int a[2][3]来说，a[0]和 a[1]都可以看作一个一维数组的名字，不需要另外声明就能直接使用。

二维数组用于存放矩阵特别合适。一个 N 行 M 列的矩阵，恰好可以用一个 N 行 M 列的二维数组进行存放。

遍历一个二维数组，将其所有元素依次输出的代码如下：

```
#define ROW 20
#define COL 30
int a[ROW][COL];
for(int i=0; i<ROW-1; i++) {
    for(int j=0; j<COL-1; j++)
        printf("%d ", a[i][j]);
    printf("\n");
}
```

上面的代码将数组 a 的元素按行依次输出，即先输第 0 行的元素，然后再输出第 1 行的元素、第 2 行的元素……。

思考题：如果要将数组 a 的元素按列依次输出，即先输出第 0 列，再输出第 1 列、第 2列……，该如何编写程序？

1.12.3　数组的初始化

在定义一个一维数组的同时，就可以给数组中的元素赋初值。具体的写法是：

类型名 数组名[常量表达式]={值,值,…,值};

其中，在{ }中的各数据值即为各元素的初值，值之间用逗号间隔。

例如：

```
int a[10]={ 0,1,2,3,4,5,6,7,8,9 };
```

相当于

```
a[0]=0;a[1]=1;a[2]=2;…;a[9]=9;
```

数组初始化时,{ }中值的个数可以少于元素个数。此时,相当于只给前面的部分元素赋值,而后面的元素,其存储空间里的每个字节都被写入二进制数 0。

例如:

```
int a[10]={0,1,2,3,4};
```

表示只给 a[0]~a[4]这 5 个元素赋值,而后 5 个元素 a[5]~a[10]都自动赋 0 值。

在定义数组的时候,如果给全部元素赋值,则可以不给出数组元素的个数。

例如:

```
int a[]={1,2,3,4,5};
```

是合法的,a 就是一个有 5 个元素的数组。

二维数组也可以进行初始化。例如,对于数组 int a[5][3],可用如下方式初始化:

```
int a[5][3]={{80,75,92},{61,65,71},{59,63,70},{85,90},{76,77,85}};
```

其中,每个内层的{}为初始化数组中的一行。例如,{80,75,92}就对数组第 0 行的元素进行初始化,结果使得 a[0][0]=80,a[0][1]=75,a[0][2]=92。

1.12.4　数组越界

数组元素的下标,可以是任意整数,可以是负数,也可以大于数组的元素个数。如果出现这种情况,编译的时候是不会出错的。例如:

```
1. int an[10];
2. an[-2]=5;
3. an[200]=10;
4. an[10]=20;
5. int m=an[30];
```

上述语句的语法都没有问题,编译的时候都不会出错。语句 2 an[-2]是什么含义呢?如果数组 an 的起始地址是 n,那么 an[-2]就代表位于地址 n+(-2)×size(int)处的一个 int 型变量。即位于地址 n-8 处的一个 int 型变量。编译器就是这样理解的。因此,语句 2 的作用就是往地址 n-8 处写入数值 5(写入 4 个字节)。地址 n-8 处有可能存放的是其他变量,也有可能存放的是指令,往该处写入数据就有可能意外更改了其他变量的值,甚至更改了程序的指令,程序继续运行就可能会出错。有时,n-8 处的地址可能是操作系统不允许程序进行写操作的,碰到这种情况,程序执行到语句 2 就会立即出错。因此,语句 2 是不安全的。

像语句 2 这样,要访问的数组元素并不在数组的存储空间内,这种现象就称为数组越界。

语句 3、4、5 都会导致数组越界。要特别注意,an 有 10 个元素,有效的元素是 an[0]~an[9],an[10]已经不在数组 an 的地址空间内了。这是初学者经常会忽略的。语句 5 会导致 m 被赋予了一个不可预料的值。在有的操作系统中,程序的某些内存区域是不能读取的,如果 an[30] 正好位于这样的区域,执行到语句 5 就会立即引发错误。

除非有特殊的目的,一般我们不会写出像 an[−2]=5 这样明显越界的语句。但是,我们经常会用含有变量的表达式作为数组元素的下标使用,该表达式的值有可能会变成负数,或大于等于数组的长度,这就会导致数组越界。

数组越界是实际编程中常见的错误,而且这类错误往往难以捕捉。因为越界语句本身并不一定导致程序立即出错,但是它埋下的隐患可能在程序运行一段时间后才开始发作。甚至,运气好的话,虽然由于数组越界,意外改写了别的变量或者指令,但是在程序后续沿某个分支运行时并没有用到这些错误的变量或指令,那么程序就不会出错。

如果在跟踪调试程序的时候,发现某个变量变成了一个不正确的值,然而却想不出为什么这个变量会变成该值,就要考虑是否是由于某处的数组越界,导致该变量的值被意外修改了,尤其是定义该变量的附近也定义了数组的时候,因为在一起定义的一些变量的储存空间一般也是相邻的。

如果由于数组越界导致指令被修改,甚至会发生在调试器里调试的时候,程序不按照正确的次序运行的怪现象。例如,单步调试程序的时候,明明碰到一个条件为真的 if 语句却就是不执行为真的那个分支。

1.13 字 符 串

在 C/C++ 中,字符串有两种形式。

第一种形式就是字符串常量,如"CHINA"、"C program"。

第二种形式的字符串,存放于字符数组中。该字符数组中包含一个'\0'字符,代表字符串的结尾。我们不妨将用来存放字符串的字符数组称为"字符串变量"。

C/C++ 中有许多用于处理字符串的函数,它们都可以用字符串常量或字符数组的名字作为参数,可参见 1.17.3 节"字符串和内存操作函数"。

1.13.1 字符串常量

字符串常量是由一对双引号括起的字符序列。例如,"CHINA"、"C program"、"＄12.5"、"a"等都是合法的字符串常量。

一个字符串常量占据的内存字节数等于字符串中字符数目加 1。多出来的那个字节位于字符串的尾部,存放的是字符'\0'。字符'\0'的 ASCII 码是二进制数 0。C/C++ 中的字符串,都是以'\0'结尾的。

例如,字符串"C program"在内存中的布局如图 1-2 所示。

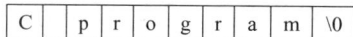

C	p	r	o	g	r	a	m	\0

图 1-2　字符串"C program"在内存中的布局

"" 也是合法的字符串常量。该字符串里没有字符,称为"空串",但是仍然会占据一个字节的存储空间,就是用来存放代表结束位置的'\0'。

如果字符串常量中包含双引号,则双引号应写为\"。而\字符在字符串中出现时必须连写两次,变成\\。例如:

```
printf("He said: \"I am a stu\\dent.\"");
```

该语句的输出结果是:

```
He said: "I am a stu\dent."
```

1.13.2 用字符数组存放的字符串

字符数组的形式与前面介绍的整型数组相同。
例如:

```
char szString[10];
```

字符数组的每个元素占据一个字节。可以用字符数组来存放字符串,此时数组中必须包含一个'\0'字符来表示字符串的结尾。因而字符数组的元素个数,应该不少于被存储字符串的字符数目加1。前面提到,不妨将存储字符串的数组称为字符串变量,那么字符串变量的值,可以在初始化时设定,也可以用一些 C/C++ 库函数进行修改,还可以用对数组元素赋值的办法任意改变其中的某个字符。

下面通过一个例子程序来说明字符串变量的用法。

例程 1.13.2.cpp

```
1.  #include<stdio.h>
2.  #include<string.h>
3.  int main() {
4.      char szTitle[]="Prison Break";
5.      char szHero[100]="Michael Scofield";
6.      char szPrisonName[100];
7.      char szResponse[100];
8.      printf("What's the name of the prison in %s? \n", szTitle);
9.      scanf("%s", szPrisonName);
10.     if(strcmp(szPrisonName, "Fox-River")==0) {
11.         printf("Yeah! Do you love %s? \n", szHero);
12.     }
13.     else {
14.         strcpy(szResponse, "It seems you haven't watched it!\n");
15.         printf(szResponse);
16.     }
17.     szTitle[0]='t';
18.     szTitle[3]=0;      //等效于 szTitle[3]='\0';
19.     printf(szTitle);
20.     return 0;
21. }
```

语句 4 定义了一个字符数组 szTitle,并进行初始化,使得其长度自动为 13(字符串

"Prison Break"中的字符个数再加上结尾的'\0')。初始化后 szTitle 的内存布局如图 1-3 所示。

| P | r | i | s | o | n | | B | r | e | a | k | \0 |

图 1-3　初始化后 szTitle 的内存布局

语句 5 定义了一个有 100 个元素的字符数组 szHero,并初始化其前 17 个元素 ("Micheal Scofield"再加上结尾的'\0')。

语句 8 输出一串字符:

What's the name of the prison in Prison Break?

语句 9 等待用户输入监狱的名字,并将用户的输入存放到 szPrisonName 数组中,在输入字符串的末尾自动加上'\0'。如果用户的输入超过了 99 个字符,那么加上'\0'后,就会发生数组越界。scanf 函数的格式字符串中,"％s"表示要输入的是一个字符串。注意,用 scanf 输入字符串时,输入的字符串中不能有空格,否则被读入的只是空格前面的那部分。例如,如果在本程序运行时输入"Fox River"再按回车键,那么 szPrisonName 中就会存入 "Fox"而不是"Fox River"。

如果想要将用户输入的包含一个乃至多个空格的一整行,都当作一个字符串读入到 szPrisonName 中,那么语句 9 应改成:

gets(szPrisonName);

此时如果用户输入"Fox River"然后按回车键,则 szPrisonName 中就会存放着"Fox River"。

gets 是一个标准库函数,它的原型是:

char * gets(char * s);

gets 函数的功能就是将用户键盘输入的一整行,当作一个字符串读入到 s 中。当然,会自动在 s 后面添加'\0'。

语句 10 调用 string.h 中声明的字符串比较库函数 strcmp 和标准答案进行比较,如果该函数返回值为 0,则说明比较结果一致。

语句 11 输出字符串:

Yeah! Do you love Michael Scofield?

语句 14 调用字符串拷贝库函数 strcpy 将字符串"It seems you haven't watched it!"复制到数组 szResponse 中。使用字符串复制函数的时候一定要看看,数组是否能装得下要复制的字符串。要特别注意,该字符串拷贝函数会在数组中自动多加一个表示结尾的'\0'。

语句 15 输出字符串:

It seems you haven't watched it!

语句 17、18 执行后,szTitle 的内存布局变成图 1-4 所示的布局。

语句 19,由于在 C/C++ 中对字符串进行处理时,碰到'\0'就认为字符串结束了,因此本

| t | r | i | \0 | o | n | B | r | e | a | k | \0 |

图 1-4 执行语句 17、18 后 szTitle 的内存布局

条语句输出:

tri

上面说的是用一维字符数组来存放字符串。实际上,二维字符数组也可以用来存放字符串。例如:

char szFriends [6] [30] = { "Joey", "Phoebe", "Monica", "Chandler", "Ross", "Rachel" };

则打印语句

printf(szFriends[0]);

会输出:

Joey

而打印语句

printf(szFriends[5]);

会输出:

Rachel

思考题: 编写一个函数

int MyItoa(char * s);

其功能是将 s 中以字符串形式存放的非负整数转换成相应的整数数值返回。例如,如果 s 中存放字符串"1234",则该函数的返回值就是 1234。假设 s 中的字符全是数字,且不考虑 s 是空串或 s 太长的情况。

1.14 指 针

1.14.1 指针的基本概念

程序运行时,每个变量都存放在从某个内存地址开始的若干个字节中。所谓"指针",也称为"指针变量",是一种大小为 4 个字节的变量,其内容代表一个内存地址。内存地址的编排是以字节为单位的。通过一个指针,能够对该指针所代表的内存地址开始的若干个字节进行读写。指针的定义方法如下:

类型名 * 指针变量名;

例如:

```
int * p;               //p 是一个指针,变量 p 的类型是 int *
```

又如:

```
char * pc;             //pc 是一个指针,变量 pc 的类型是 char *
```

再如:

```
float * pf;            //pf 是一个指针,变量 pf 的类型是 float *
```

下面的语句经过强制类型转换,将数值 10000 赋值给一个指针:

```
int * p=(int * ) 10000;
```

此时,p 这个指针的内容就代表内存地址 10000。也可以说,p 指向内存地址 10000。

注意: 在后文中,为了描述方便,如果 p 是一个指针,那么我们将"p 指向的内存地址"简称为"地址 p"。上面的语句执行后,如果我们想对内存地址 10000 起始的若干个字节进行读写,就可以通过表达式" * p"来进行,因为表达式" * p"就代表地址 p 开始的若干字节。请看下面连续执行的两条语句:

```
 * p=5000;   //往内存地址 10000 处起始的若干个字节的内存空间里写入数值 5000
int n= * p;  //将内存地址 10000 处起始的若干字节的内容赋值给 n,实际效果是 n=5000
```

显然,从"等号两边的表达式类型应该兼容"可以推想出,表达式" * p"的类型应该是 int。

前面的几行文字多次提到了若干字节,这个"若干字节"到底是多少字节呢? 具体到 int * p 的这个例子,这个"若干字节"就是 4 个字节,因为 sizeof(int)=4。

总结一般的规律如下。

如果有定义

```
T * p;     //T 可以是任何类型的名字,如 int、double、char 等,下文中的 T 也都是这个意思
```

那么变量 p 就是一个"指针变量"(简称"指针"),p 的类型是 T * ,表达式" * p"的类型是 T。而通过表达式" * p",我们就可以读写从地址 p 开始的 sizeof(T)个字节。

通俗地说,就是可以认为,表达式" * p"等价于存放在地址 p 处的一个 T 类型的变量。表达式" * p"中的 * 称为"间接引用运算符"。

需要记住的是,不论 T 表示什么类型,sizeof(T *)的值都是 4。也就是说,所有指针变量,不论它是什么类型的,其占用的空间都是 4 个字节。因为,指针表示的是地址,而当前流行的 CPU 的内存寻址范围一般都是 4GB,即 2^{32},所以一个地址正好用 32 位,即 4 个字节来表示。也许当 64 位的计算机普及后,新的 C/C++ 编译器会将指针处理成 8 个字节。

在实际编程中,极少需要像前面的"int * p=(int *)10000"那样,直接给指针赋予一个常数地址值。实际上直接读写某个常数地址处的内容常常会导致程序出错,如 10000 这个地址里存放的是什么,谁也不知道,往 10000 这个地址里写数据也许会造成一些破坏。指针的通常用法是: 将一个 T 类型的变量 x 的地址,赋值给一个类型为 T * 的指针 p(俗称"让 p 指向 x"),此后表达式" * p"即代表 p 所指向的变量(即 x),通过" * p"就能读取或修改变量 x 的值。请看下面的程序片段:

```
1. char ch1='A';
2. char * pc=&ch1;            //使得 pc 指向变量 ch1
3. * pc='B';                  //执行效果是使得 ch1='B'
4. char ch2= * pc;            //执行效果是使得 ch2=ch1
5. pc=& ch2;                  //使得 pc 指向变量 ch2
                             //同一指针在不同时刻可以指向不同变量
6. * pc='D';                  //执行效果是使得 ch2='D'
```

语句 2 所做的操作是将变量 ch1 的地址写入指针 pc 中,通俗的说法是让指针 pc 指向变量 ch1。符号 & 在此处称为"取地址运算符",功能是取得其操作数的地址。显然,取地址运算符是一个单目运算符。

记住:对于类型为 T 的变量 x,表达式 & x 就表示变量 x 的地址,表达式 & x 的类型是 T *。

语句 3 的作用,是往 pc 指向的地方写入字符'b'。由于 pc 指向的地方就是存放变量 ch1 的地方,"* pc"等效于变量 ch1,因此语句 3 的作用就是往变量 ch1 里写入字符'b'。同样,在语句 4 中,"* pc"等效于变量 ch1,因此语句 4 等效于用 ch1 对 ch2 进行赋值。

也许有人会问:如果我们需要修改一个变量的值,直接使用该变量就可以了,不需要通过指向该变量的指针来进行吧? 那么,指针到底有什么用呢? 的确,并不是所有的程序设计语言都有指针的概念,BASIC 和 Java 语言都没有。但是,指针在 C/C++ 中是十分重要的概念,有了指针,用 C/C++ 编写程序可以更加灵活,更加高效。需要注意的是,指针的灵活性将会带来副作用,大量使用指针的程序更容易出错。下面通过一个例子来说明指针的一个用途。

假设需要编写一个函数 swap,执行 swap(a,b)的效果是将 a 和 b 两个变量的值互换。如果没有指针,那么在 C 语言中是无法实现这个功能的(在 C++ 中可以通过"引用"实现)。为什么呢? 我们来看,假定 a 和 b 都是 int 型,那么有下面的 swap 函数:

```
void swap(int n1, int n2)
{
    int nTmp=n1;
    n1=n2;
    n2=nTmp;
}
```

执行 swap(a,b)能够实现交换 a、b 的值吗? 答案显然是否定的。因为在函数内部,n1、n2 分别是 a、b 的一个副本,n1、n2 的值改变了但不会影响到 a、b。

正确的 swap 函数的 C 语言实现方法,需要使用指针。代码如下:

```
void swap(int * pn1, int * pn2)
{
    int nTmp= * pn1;        //将 pn1 指向的变量的值赋给 nTmp
    * pn1= * pn2;           //将 pn2 指向的变量的值赋给 pn1 指向的变量
    * pn2=nTmp;            //将 nTmp 的值赋给 pn2 指向的变量
}
```

而调用上述函数交换两个 int 型变量 a、b 的值,则应该写为:

```
swap(& a, & b);
```

由于"& a"即是 a 的地址(其类型是 int *),因此,wap 函数执行期间,pn1 的值即为 a 的地址,也可以说,pn1 指向 a,那么"* pn1"就等价于 a;同理,pn2 指向 b,"* pn2"就等价于 b。因此,上面的函数能够实现交换 a、b 的值。

不同类型的指针,如果不经过强制类型转换,是不能直接互相赋值的。请看下面的程序片段:

```
1. int * pn, char * pc, char c=0x65;
2. pn=pc;
3. pn=& c;
4. pn=(int *) & c;
5. int n= * pn;
6. * pn=0x12345678;
```

语句 2 和 3 都会在编译的时候报错,错误信息是类型不兼容。因为在这两条语句中,等号左边的类型是 int *,而等号右边的类型是 char *。语句 4 则没有问题,虽然表达式"& c"的类型是 char *,但是其值经过强制类型转换后赋值给 pn 是可以的。语句 4 执行的效果是使得 pn 指向 c 的地址。

思考题:语句 5 的执行结果是使得 n 的值变为 0x65 吗? 语句 6 编译会不会出错? 如果不出错,执行后会有什么结果? 会不会有问题?

1.14.2 指针运算

指针变量可以进行以下运算:

(1) 两个同类型的指针变量可以比较大小。

(2) 两个同类型的指针变量可以相减。

(3) 指针变量可以和整数类型变量或常量相加。

(4) 指针变量可以和一个整数类型变量或常量相减。

(5) 指针变量可以自增、自减。

比较大小的意思是:p1、p2 是两个同类型的指针,那么如果地址 p1<地址 p2,则表达式"p1<p2"的值就为真,反之亦然。"p1>p2"和"p1==p2"的意义也同样很好理解。

指针相减的定义是:如果有两个 T * 类型的指针 p1 和 p2,那么表达式"p1-p2"的类型就是 int,其值可正可负,它的值的绝对值表示在地址 p1 和 p2 之间能够存放 T 类型的变量的个数。写成公式就是:

$$p1-p2=(地址 p1-地址 p2)/sizeof(T)$$

指针和整数相加的定义是:如果 p 是一个 T * 类型的指针,而 n 是一个整型变量或常量,那么表达式"p+n"就是一个类型为 T * 的指针,该指针指向的地址是:

$$地址 p+n×sizeof(T)$$

其中的"n+p"的意义与"p+n"相同。

指针减去整数的定义是:如果 p 是一个 T * 类型的指针,而 n 是一个整型变量或常量,

那么表达式"p−n"就是一个类型为 T ∗ 的指针,该指针指向的地址是:

$$地址\ p-n\times sizeof(T)$$

当然,按照上面的定义,"∗(p+n)"和"∗(p−n)"都是有意义的了。请思考其中的含义。

思考题:如果 p 是一个 T ∗ 类型的指针,那么 p++、++p、p−−、−−p 分别是什么意思呢?

下面通过一个具体的实例来说明指针运算的用法。

例程 1.14.2.cpp

```
1.   #include<stdio.h>
2.   int main()
3.   {
4.       int * pn1, * pn2;
5.       int n=4;
6.       char * pc1, * pc2;
7.       pn1=(int * ) 100;          //地址 pn1 为 100
8.       pn2=(int * ) 200;          //地址 pn2 为 200
9.       printf("%d\n", pn2-pn1);   //输出 25,因为 (200-100)/sizeof(int)=100/25=4
10.      pc1=(char * ) pn1;         //地址 pc1 为 100
11.      pc2=(char * ) pn2;         //地址 pc2 为 200
12.      printf("%d\n", pc1-pc2);   //输出 -100,因为 (100-200)/sizeof(char)=-100
13.      printf("%d\n", (pn2+n)-pn1);      //输出 29
14.      int * pn3=pn2+n;           //pn2+n 就是一个指针,当然可以用它给 pn3 赋值
15.      printf("%d\n", pn3-pn1);   //输出 29
16.      printf("%d", (pc2-10)-pc1);
17.      return 0;
18.  }
```

在语句 13 中,表达式"pn2+n"实际上是一个 int ∗ 类型的指针,其值为:

$$地址\ pn2+n\times sizeof(int)=200+4\times 4=216$$

(pn2+n)−pn1 实际上就是两个 int ∗ 类型的指针相减,结果是:

$$(216-100)/sizeof(int)=116/4=29$$

思考题:上面语句 16 的输出结果是什么?

这里只讲明了指针运算的定义,关于指针运算的作用,见 1.14.5 节"指针和数组"中的示例。

1.14.3 空指针

在 C/C++ 中,可以用关键字 NULL 对任何类型的指针进行赋值。值为 NULL 的指针称为空指针。空指针指向地址 0。例如:

```
int * pn=NULL; char * pc=NULL;
```

一般来说,程序不需要也不能够在地址 0 处进行读写。

1.14.4 指向指针的指针

如果一个指针里存放的是另一个指针的地址,则称这个指针为指向指针的指针。

前面提到的指针定义方法是:

```
T * p;
```

这里的 T 可以是任何类型的名字。实际上,char * 和 int * 也都是类型的名字。因此,下列写法

```
int ** p;
```

也是合法的,它定义了一个指针 p,变量 p 的类型是 int **。* p 则表示一个类型为 int * 的指针变量。在这种情况下,可以说 p 是“指针的指针”,因为 p 指向的是类型为 int * 的指针,即可以认为 p 指向的地方存放着一个类型为 int * 的指针变量。

总结一般的规律。

如果有定义:

```
T ** p;          //此处 T 可以是任何类型名
```

那么 p 就称为“指针的指针”。p 这个指针,其类型是 T **,而表达式“* p”的类型是 T *,“* p”表示一个类型为 T * 的指针。

同理,int *** p、int **** p 和 int ***** p 等,不论中间有多少个 * 都是合法的定义。

再次强调一下,不论 T 表示什么类型,sizeof(T *)的值都是 4。也就是说,所有指针变量,不论它是什么类型的,其占用的空间都是 4 个字节。

还可以定义指针数组。例如:

```
int * array[5];
```

那么 array 数组里的每个元素都是一个类型为 int * 的指针。

1.14.5 指针和数组

一个数组的名字实际上就是一个指针,该指针指向这个数组存放的起始地址。

如果我们定义数组:

```
T array[N];
```

那么标识符 array 的类型就是 T *。可以用 array 给一个 T * 类型的指针赋值,但是,array 实际上是编译时其值就已确定的常量,所以不能对 array 进行赋值。

例如,如果定义:

```
int  array[5];
```

那么 array 的类型就是 int *。

如果定义:

```
int * array[5];
```

那么 array 的类型就是 int **。
请看下面的程序：
例程 1.14.5.1.cpp

```
1.   #include<stdio.h>
2.   int main()
3.   {
4.       int an[200];
5.       int * p;
6.       p=an;                      //p 指向数组 an 的起始地址,即 p 指向 an[0]
7.       * p=10;                    //使得 an[0]=10
8.       * (p+1)=20;                //使得 an[1]=20
9.       p[0]=30;                   //p[i]和 * (p+i)是等效的,此句使得 an[0]=30
10.      p[4]=40;                   //使得 a[4]=40
11.      for(int i=0;i<10;i++)      //通过一个循环对数组 an 的前 10 个元素进行赋值
12.          * (p+i)=i;
13.      p++;                       //p 指向 a[1]
14.      printf("%d\n", p[0]);      //输出 a[1]的值,即 1。p[0]等效于 * p
15.      p=an+6;                    //p 指向 a[6]
16.      printf("%d\n", * p);       //输出 6
17.      return 0;
18.  }
```

程序的输出结果是：

```
1
6
```

语句 8 回顾前面学过的指针运算,表达式"p+1"就是一个 int * 类型的指针,而该指针指向的地址就是地址 p+sizeof(int),而此时 p 指向 a[0],那么 p+1 自然就指向 a[1]了。

语句 9 的注释提到 p[i] 和 * (p+i)是等效的,这是 C/C++ 语法的规定,任何情况下都是如此,不论 p 是否指向一个数组。

下面编写了一个对数组进行排序的函数 BubbleSort,该函数的第一个参数对应于数组起始地址,第二个参数对应于数组的元素个数。
例程 1.14.5.2.cpp

```
1.   #include<stdio.h>
2.   void BubbleSort(int * pa, int nNum)
3.   {
4.       for(int i=nNum-1; i>0; i--)
5.           for(int j=0; j<i; j++)
6.               if(pa[j]>pa[j+1]) {
7.                   int nTmp=pa[j];
8.                   pa[j]=pa[j+1];
9.                   pa[j+1]=nTmp;
10.              }
```

```
11.    }
12.    #define NUM 5
13.    int main()
14.    {
15.        int an[NUM]={5,4,8,2,1};
16.        BubbleSort(an, NUM);              //将数组 an 从小到大排序
17.        for(int i=0;i<NUM;i++)
18.            printf("%d\n", an[i]);
19.        return 0;
20.    }
```

在上面的程序中,排序的算法称为"起泡排序"。其过程是:先让 pa[0] 和 pa[1] 比较,如果 pa[0]>pa[1],那么就交换 pa[0] 和 pa[1];然后 pa[1] 和 pa[2] 比较,如果 pa[1]>pa[2],则交换 pa[1] 和 pa[2]……一直到 pa[nNum−2] 和 pa[nNum−1] 比较,如果 pa[nNum−2]>pa[nNum−1],则交换 pa[nNum−2] 和 pa[nNum−1]。经过这一轮的比较和交换,最大的那个元素就会被排在数组末尾,像气泡逐渐浮出水面一样。接下来,再从头进行第二轮的比较和交换,让次大的元素浮出到次末尾的位置。一轮一轮地进行比较,最终将整个数组排好序。

上面的 BubbleSort 函数定义,写成:

```
void BubbleSort(int pa[],int nNum)
```

而其他地方都不变,也是一样的。

上面讲述的是指针和一维数组的关系。对于二维数组来说,如果定义:

```
T array[M][N];
```

那么,array[i](i 是整数)就是一个一维数组,所以 array[i] 的类型是 T * 。array[i] 指向的地址,等于数组 array 的起始地址 $+i \times N \times$ sizeof(T)。因此,array 的起始地址实际上就是 array[0]。

假定有数组:

```
int array[4][5];
```

那么如下调用上面例程中的函数:

```
BubbleSort(array[1], 5);
```

就能将 array 数组的第 1 行排序。而执行 BubbleSort(array[0],3) 则能将第 0 行的前 3 个元素排序。

思考题:编写一个函数,参数是 int 型二维数组的起始地址以及行数、列数,函数将此二维数组逐行输出。

1.14.6 字符串和指针

字符串常量的类型就是 char * 。字符数组名的类型当然也是 char * 。因此,可以用一个字符串或一个字符数组名给一个 char * 类型的指针赋值。例如:

```
1.    #include<stdio.h>
2.    #include<string.h>
3.    int main() {
4.        char * p="Tom \n";
5.        char szName[20];
6.        char * pName=szName;
7.        scanf("%s", pName);
8.        printf(p);
9.        printf("Name is %s", pName);
10.       return 0;
11.   }
```

上面的程序等待用户输入一个字符串,如果用户输入字符串"Jack",那么输出结果就是:

```
Tom
Name is Jack
```

可见,在 printf、scanf 函数的输入输出格式字符串中,%s 所对应的项目一定是一个类型为 char * 的表达式。

语句 7 执行时,将用户输入写入到 pName 指向的地方,即 szName 数组。如果用户输入的字符超过 19 个,则会发生 szName 数组越界。

一种初学者常犯的错误如下:

```
char * p;
scanf("%s", p);
```

scanf 语句会将用户的输入字符写入到 p 指向的地方。可是,此时 p 指向哪里呢? 回答是不确定。往一个不知是哪里的地方写入数据是不安全的,很可能导致程序的异常错误。

1.14.7   void 指针

下面的语句定义了一个指针 p,其类型是 void * 。这样的指针称为 void 指针。

```
void * p;
```

可以用任何类型的指针对 void 指针进行赋值。例如:

```
double d=1.54;
void * p=& d;
```

但是,由于 sizeof(void) 是没有定义的,所以对于 void * 类型的指针 p,表达式" * p"也没有定义,而且所有前面所述的指针运算对 p 也不能进行。

void 指针主要用于内存的复制。将某一块内存的内容复制到另一块内存中,那么源块和目的块的地址就都可以用 void 指针表示。C/C++ 中有以下标准库函数:

```
void * memcpy(void * dest,const void * src,unsigned int n);
```

它在头文件 string.h 和 mem.h 中声明,作用是将地址 src 开始的 n 个字节内容复制到地址 dest。返回值就是 dest。

下面的程序片段能将数组 a1 的内容复制到数组 a2 中。结果就是 a2[0]=a1[0],a2[1]=a1[1],…,a2[9]=a1[9]。

```
int a1[10];
int a2[10];
memcpy(a2, a1, 10 * sizeof(int));
```

如果自己编写一个这样的内存拷贝函数 MyMemcpy,那么可以如下编写:

```
void * MyMemcpy(void * dest, const void * src, int n)
{
    char * pDest=(char * )dest;
    char * pSrc=(char * ) src;
    for(int i=0; i<n; i++) {     //逐个字节复制源块的内容到目的块
        * (pDest+i)= * (pSrc+i);
    }
    return dest;
}
```

思考题:上面的 MyMemcpy 函数是有缺陷的,在某些情况下不能得到正确的结果。缺陷在哪里? 如何改进?

1.14.8 函数指针

程序运行期间,每个函数的函数体都会占用一段连续的内存空间。而函数名就是该函数体所占内存区域的起始地址(又称入口地址)。可以将函数体的入口地址赋给一个指针变量,使该指针变量指向该函数。然后,通过指针变量就可以调用这个函数。这种指向函数的指针变量称为函数指针。

函数指针定义的一般形式为:

类型名   (* 指针变量名)(参数类型 1,参数类型 2,…);

其中,类型名表示被指函数的返回值的类型;(参数类型 1,参数类型 2,…)中则依次列出了被指函数的所有参数及其类型。例如:

```
int ( * pf)(int, char);
```

表示 pf 是一个函数指针,它所指向的函数的返回值类型应该是 int,该函数应该有两个参数,第一个是 int 类型,第二个是 char 类型。

可以用一个与原型匹配的函数的名字给一个函数指针赋值。要通过函数指针调用它所指向的函数,写法为:

函数指针名(实参表);

下面的程序说明了函数指针的用法:

```
1.    #include<stdio.h>
```

```
2.   void PrintMin(int a, int b)
3.   {
4.       if(a<b)
5.           printf("%d", a);
6.       else
7.           printf("%d", b);
8.   }
9.   int main(){
10.      void (* pf)(int, int);          //定义函数指针 pf
11.      int x=4, y=5;
12.      pf=PrintMin;                     //用 PrintMin 函数对指针 pf 进行赋值
13.      pf(x, y);                        //调用 pf 指向的函数,即 PrintMin
14.      return 0;
15.  }
```

上面程序的输出结果是:

4

C/C++ 中有一个快速排序的标准库函数 qsort,在 stdlib. h 中声明,其原型为:

```
void qsort(void * base, int nelem, unsigned int width,
          int(* pfCompare)(const void * , const void * ));
```

使用该函数可以对任何类型的一维数组排序。该函数参数中,base 是待排序数组的起始地址,nelem 是待排序数组的元素个数,width 是待排序数组的每个元素的大小(以字节为单位),最后一个参数 pfCompare 是一个函数指针,它指向一个比较函数。排序就是一个不断比较并交换位置的过程。qsort 如何在连元素的类型是什么都不知道的情况下,比较两个元素并判断哪个元素应该在前呢? 答案是,qsort 函数在执行期间会通过 pfCompare 指针调用一个比较函数,用以判断两个元素哪个元素更应该排在前面。这个比较函数不是 C/C++ 的库函数,而是由使用 qsort 的程序员编写的。在调用 qsort 时,将比较函数的名字作为实参传递给 pfCompare。程序员当然清楚该按什么规则决定哪个元素应该在前,哪个元素应该在后,这个规则就体现在比较函数中。

qsort 函数的用法规定,"比较函数"的原型应是:

```
int 函数名(const void * elem1, const void * elem2);
```

该函数的两个参数 elem1 和 elem2,指向待比较的两个元素。也就是说,* elem1 和 * elem2 就是待比较的两个元素。该函数必须具有以下行为:

(1)如果 * elem1 应该排在 * elem2 前面,则函数返回值是负整数(任何负整数都行)。

(2)如果 * elem1 和 * elem2 哪个排在前面都行,那么函数返回 0。

(3)如果 * elem1 应该排在 * elem2 后面,则函数返回值是正整数(任何正整数都行)。

下面的程序功能是调用 qsort 库函数,将一个 unsigned int 数组按照个位数从小到大进行排序。例如,8、23、15 三个数,按个位数从小到大排序,就应该是 23、15、8。

```
1.   #include<stdio.h>
```

```
2.    #include<stdlib.h>
3.    int MyCompare(const void * elem1, const void * elem2)
4.    {
5.        unsigned int * p1, * p2;
6.        p1=(unsigned int * ) elem1;
7.        p2=(unsigned int * ) elem2;
8.        return ( * p1%10)-( * p2%10);
9.    }
10.   #define NUM 5
11.   int main()
12.   {
13.       unsigned int an[NUM]={8,123,11,10,4};
14.       qsort(an, NUM, sizeof(unsigned int), MyCompare);
15.       for(int i=0;i<NUM; i++)
16.           printf("%d ", an[i]);
17.       return 0;
18.   }
```

上面程序的输出结果是：

10 11 123 4 8

qsort 函数执行期间，需要比较两个元素哪个应放在前面时，就以两个元素的地址作为参数调用 MyCompare 函数。如果返回值小于 0，则 qsort 就得知第一个元素应该在前面，如果返回值大于 0，则第一个元素应该在后面。如果返回值等于 0，则哪个在前面都行。

对语句 6 解释如下：由于 elem1 是 const void * 类型的，是 void 指针，那么表达式 * elem1 是没有意义的。elem1 应指向待比较的元素，即一个 unsigned int 类型的变量，所以要经过强制类型转换，将 elem1 里存放的地址赋值给 p1，这样 * p1 就是待比较的第一个元素了。语句 7 同理。

语句 8 体现了排序的规则。如果 * p1 的个位数小于 * p2 的个位数，那么就返回负值。其他两种情况不再赘述。

思考题 1：如果要将 an 数组从大到小排序，那么 MyCompare 函数该如何编写？

思考题 2：请自己写一个和 qsort 原型一样的通用排序函数 MySort，使得上面的程序如果不调用 qsort，而是调用 MySort，结果也一样（当然 MySort 函数需添加到上面的程序中）。这里对排序的算法和效率没有要求。

1.14.9 指针和动态内存分配

在 1.12 节"数组"中，曾介绍过数组的长度是预先定义好的，在整个程序中固定不变。C/C++ 不允许定义元素个数不确定的数组。

例如：

```
int n;
int a[n];        //这种定义是不允许的
```

　　但是在实际的编程中,往往会发生所需的内存空间大小取决于实际要处理的数据多少,在编程时无法确定的情况。如果总是定义一个尽可能大的数组,又会造成空间浪费。何况,这个"尽可能大"到底是多大才够?

　　为了解决上述问题,C++ 提供了一种"动态内存分配"的机制,使得程序可以在运行期间,根据实际需要,要求操作系统临时分配给自己一片内存空间用于存放数据。此种内存分配是在程序运行中进行的,而不是在编译时就确定的,因此称为"动态内存分配"。在 C++ 中,通过 new 运算符来实现动态内存分配。

　　new 运算符的第一种用法如下:

```
P=new T;
```

其中,T 是任意类型名,P 是类型为 T * 的指针。这样的语句会动态分配出一片大小为 sizeof(T)字节的内存空间,并且将该内存空间的起始地址赋值给 P。

　　例如:

```
int * pn;
pn=new int; //(1)
 * pn=5;
```

语句(1)动态分配了一片 4 个字节大小的内存空间,而 pn 指向这片空间。通过 pn,可以读写该内存空间。

　　new 运算符还有第二种用法,用来动态分配一个任意大小的数组:

```
P=new T[N];
```

其中,T 是任意类型名,P 是类型为 T * 的指针,N 代表"元素个数",它可以是任何值为正整数的表达式,表达式里可以包含变量、函数调用。这样的语句动态分配出 N×sizeof(T)个字节的内存空间,这片空间的起始地址赋值给 P。

　　例如:

```
int * pn;
int i=5;
pn=new int[i * 20];
pn[0]=20;
pn[100]=30;       //(1)
```

语句(1)编译时没有问题。但运行时会导致数组越界。因为上面动态分配的数组,只有 100 个元素,pn[100]已经不在动态分配的这片内存区域之内了。

　　程序从操作系统动态分配所得到的内存空间,使用完后应该释放,交还操作系统,以便操作系统将这片内存空间分配给其他程序使用。C++ 提供了 delete 运算符,用以释放动态分配的内存空间。

　　delete 运算符的基本用法是:

```
delete 指针;
```

该指针必须是指向动态分配的内存空间的,否则运行时很可能会出错。例如:

```
int * p=new int;
* p=5;
delete p;
delete p;                //本句会导致程序异常
```

上面的第一条 delete 语句正确地释放了动态分配的 4 个字节内存空间；而第二条 delete 语句会导致程序出错，因为 p 所指向的空间已经释放，p 不再是指向动态分配的内存空间的指针了。

再如：

```
int * p=new int;
int * p2=p;
delete p2;
delete p1;
```

上面这段程序，同样是第一条 delete 语句正确，而第二条 delete 语句会导致出错。

如果是用 new 的第二种用法分配的内存空间，即动态分配了一个数组，那么释放该数组的时候，应以如下形式使用 delete 运算符：

```
delete [] 指针;
```

例如：

```
int * p=new int[20];
p[0]=1;
delete [] p;
```

同样要求被 delete 的指针 p 必须是指向动态分配的内存空间的指针，否则会出错。

如果动态分配了一个数组，但是却用"delete 指针"的方式释放，则编译时没有问题，运行时也一般不会发现异常，但实际上会导致动态分配的数组没有被完全释放。

请牢记，用 new 运算符动态分配的内存空间，一定要用 delete 运算符予以释放；否则，即便程序运行结束，这部分内存空间仍然不会被操作系统收回，从而成为被白白浪费掉的内存垃圾，这种现象也称为"内存泄漏"。

如果一个程序不停地进行动态内存分配而总是忘了释放，那么可用的内存就会被该程序大量消耗，即便该程序结束也不能恢复。这将导致操作系统运行速度变慢，甚至无法再启动新的程序。当然，不用太担心，只要重新启动计算机这一症状就会消失。

编程时如果进行了动态内存分配，那么一定要确保其后的每一条执行路径都能释放它。

1.14.10 误用无效指针

指针提供了灵活强大的功能，但也是程序 bug，尤其是难以捕捉的 bug 的罪魁祸首。许多错误就是因为在指针指向了某个不安全的地方甚至指针为 NULL 的时候，还依然通过该指针读写其指向的内存区域而引起的。这样的错误导致的现象和前面提到的"数组越界"导致的现象几乎完全一样。

例如，初学编程的人常常会写出以下错误的代码：

```
char * p;
scanf("%s", p);            //希望将一个字符串从键盘读入,存放到 p 指向的地方
```

这里的 p 并没有经过赋值,不知道指向哪里,此时用 scanf 语句往 p 指向的地方读入字符串,当然是不安全的。

1.15 结　　构

1.15.1 "结构"的概念

在现实问题中,常常需要用一组不同类型的数据来描述一个对象。例如,一个学生的学号、姓名和绩点,一个工人的姓名、性别、年龄、工资、电话。如果编程时要用多个不同类型的变量来描述一个这样的对象,当要描述的对象较多的时候就很麻烦,程序容易写错。因此,希望只用一个变量就能代表一个"学生"这样的对象。

C/C++ 允许程序员自己定义新的数据类型。因此,可以定义一种新的数据类型,比如该类型名为 Student,那么一个 Student 类型的变量就能描述一个学生的全部信息。还可以定义另一种新的数据类型,比如类型名为 Worker,那么一个 Worker 类型的变量就能描述一个工人的全部信息。如何定义这么好用的"新类型"呢?

C/C++ 中有"结构"(也称为"结构体")的概念,支持在已有基本数据类型的基础上定义复合的数据类型。用关键字 struct 来定义一个"结构",也就定义了一个新的数据类型。定义结构的具体写法是:

```
struct 结构名 {
    成员类型名 成员变量名;
    成员类型名 成员变量名;
    成员类型名 成员变量名;
       ⋮
};
```

例如:

```
struct Student {
    unsigned ID;
    char szName[20];
    float fGPA;
};
```

在上面这个结构定义中,结构名为 Student。结构名可以作为数据类型名使用。定义了一个结构,也即定义了一种新的数据类型。在上面就定义了一种新的数据类型,名为 Student。一个 Student 结构的变量是一个复合型的变量,由 3 个成员组成。第一个成员变量 ID 是 unsigned 型的,用来表示学号;第二个成员变量 szName 是字符数组,用来表示姓名;第三个成员变量 fGPA 是 float 型的,表示绩点。不要忘了结构定义一定是以一个分号结束。

像 Student 这样通过 struct 关键字定义出来的数据类型,一般统称为结构类型。由结

构类型定义的变量,统称为结构变量。

1.15.2 结构变量的定义

定义了一个结构类型后,就能定义该结构的变量了。在 C++ 中,定义方法就是:

结构名 变量名;

例如,如果定义了结构:

```
struct Student {
    unsigned ID;
    char szName[20];
    float fGPA;
};
```

那么,

```
Student stu1, stu2;
```

就定义了两个结构变量 stu1 和 stu2。这两个变量的类型都是 Student。还可以直接写为:

```
struct Student {
    unsigned ID;
    char szName[20];
    float fGPA;
} stu1, stu2;
```

也能定义出 stu1 和 stu2 这两个 Student 类型的变量。

显然,像 stu1 这样的一个变量就能描述一个学生的基本信息。

两个同类型的结构变量可以互相赋值。例如,stu1＝stu2;。

一般来说,一个结构变量所占的内存空间的大小,就是结构中所有成员变量大小之和。所以 sizeof(Student)＝28。结构变量中的各个成员变量在内存中一般是连续存放的,定义时在前面的成员变量其地址也在前面。例如,一个 Student 类型的变量,共占用 28 字节,其内存布局如图 1-5 所示。

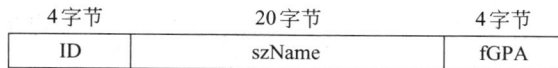

4字节	20字节	4字节
ID	szName	fGPA

图 1-5 Student 类型变量在内存中的布局

一个结构的成员变量可以是任何类型的,包括可以是另一个结构类型。例如,定义了一个结构:

```
struct Date {
    int nYear;
    int nMonth;
    int nDay;
};
```

之后,还可以再定义一个更详细的包括生日的 StudentEx 结构:

```
struct StudentEx {
    unsigned ID;
    char szName[20];
    float fGPA;
    Date Birthday;
};
```

后文中还会用到 StudentEx 结构,为节省篇幅在后文里对 StudentEx 就不再说明了。

思考题:StudentEx 变量的内存布局图是什么样的?

1.15.3 访问结构变量的成员变量

一个结构变量的成员变量,可以完全和一个普通变量一样来使用,也可以取得其地址。访问结构变量的成员变量的一般形式是:

结构变量名.成员变量名

假设已经定义了前面的 StudentEx 结构,那么就可以写成:

```
StudentEx stu;
scanf("%f", & stu.fGPA);
stu.ID=12345;
strcpy(stu.szName, "Tom");
printf("%f", stu.fGPA);
stu.Birthday.nYear=1984;
unsigned * p=& stu.ID; //p指向stu中的ID成员变量
```

1.15.4 结构变量的初始化

结构变量可以在定义时进行初始化。例如,对前面提到的 StudentEx 类型,其变量可以用如下方式初始化:

```
StudentEx stu={1234,"Tom",3.78,{1984,12,28}};
```

初始化后,stu 所代表的学生,学号是 1234,姓名为"Tom",绩点是 3.78,生日是 1984 年 12 月 28 日。

1.15.5 结构数组

数组的元素也可以是结构类型的。在实际应用中,经常用结构数组来表示具有相同属性的一个群体,例如一个班的学生等。

定义结构数组的方法是:

结构名　数组名[元素个数];

例如:

```
StudentEx MyClass[50];
```

就定义了一个包含 50 个元素的结构数组,用来记录一个班级的学生信息。数组的每个元素都是一个 StudentEx 类型的变量。标识符 MyClass 的类型就是 StudentEx ＊。

对结构数组也可以进行初始化。例如:

```
StudentEx MyClass[50]={
    {1234,"Tom",3.78,{1984,12,28}},
    {1235,"Jack",3.25,{1985,12,23}},
    {1236,"Mary",4.00,{1984,12,21}},
    {1237,"Jone",2.78,{1985,2,28}}
};
```

用这种方式初始化,则数组 MyClass 后面的 46 个元素,其存储空间里的每个字节都被写入二进制数 0。

定义了 MyClass 后,以下语句都是合法的:

```
MyClass[1].ID=1267;
MyClass[2].Birthday.nYear=1986;
int n=MyClass[2].Birthday.nMonth;
scanf("%s", MyClass[0].szName);
```

1.15.6 指向结构变量的指针

可定义指向结构变量的指针,即"结构指针"。定义结构指针的一般形式为:

结构名 ＊ 指针变量名;

例如:

```
StudentEx ＊ pStudent;
StudentEx Stu1;
pStudent=＆ Stu1;
StudentEx Stu2=＊ pStudent;
```

通过指针,访问其指向的结构变量的成员变量,写法有两种:

指针-> 成员变量名

或者

(＊ 指针).成员变量名

例如:

```
pStudent->ID;
```

或者

```
(＊ pStudent).ID;
```

下面的程序片段通过指针对一个 StudentEx 变量赋值,然后输出其值。

```
StudentEx Stu;
```

```
StudentEx * pStu;
pStu=& Stu;
pStu->ID=12345;
pStu->fGPA=3.48;
printf("%d", Stu.ID);              //输出 12345
printf("%f", Stu.fGPA);            //输出 3.48
```

结构指针还可以指向一个结构数组,这时结构指针的值是整个结构数组的起始地址。结构指针也可以指向结构数组的一个元素,这时结构指针的值是该数组元素的地址。

设 ps 为指向某结构数组的指针,则 ps 指向该结构数组的 0 号元素,ps+1 指向 1 号元素,ps+i 则指向 i 号元素。这与普通数组的情况是一致的。

结构变量可以作为函数的参数。例如:

```
void PrintStudentInfo(StudentEx Stu);
StudentEx Stu1;
PrintStudentInfo(Stu1);
```

当调用上面的 PrintStudentInfo 函数时,参数 Stu 会是变量 Stu1 的一个拷贝(副本)。如果 StudentEx 结构的体积较大,那么这个复制操作就会耗费不少的空间和时间。可以考虑使用结构指针作为函数参数,这时参数传递的只是 4 个字节的地址,从而减少了时间和空间的开销。例如:

```
void PrintStudentInfo(StudentEx * pStu);
StudentEx Stu1;
PrintStudentInfo(& Stu1);
```

那么在 PrintStudentInfo 函数执行过程中,pStu 指向 Stu1 变量,通过 pStu 一样可以访问到 Stu1 的所有信息。

下面的例程调用 qsort 函数,将一个 Student 结构数组先按照绩点从小到大排序输出,再按照姓名字典顺序排序输出。

```
1.   #include<stdio.h>
2.   #include<string.h>
3.   #include<stdlib.h>
4.   #define NUM 4
5.   struct Student {
6.       unsigned ID;
7.       char szName[20];
8.       float fGPA;
9.   };
10.  Student MyClass[NUM]={
11.      {1234,"Tom", 3.78},
12.      {1238,"Jack",3.25},
13.      {1232,"Mary",4.00},
14.      {1237,"Jone",2.78}
15.  };
```

```
16.   int CompareID(const void * elem1, const void * elem2)
17.   {
18.       Student * ps1=(Student * ) elem1;
19.       Student * ps2=(Student * ) elem2;
20.       return ps1->ID-ps2->ID;
21.   }
22.   int CompareName(const void * elem1, const void * elem2)
23.   {
24.       Student * ps1=(Student * ) elem1;
25.       Student * ps2=(Student * ) elem2;
26.       return strcmp(ps1->szName, ps2->szName);
27.   }
28.   int main()
29.   {
30.       int i;
31.       qsort(MyClass, NUM, sizeof(Student), CompareID);
32.       for(i=0;i<NUM;i++)
33.           printf("%s ", MyClass[i].szName);
34.       printf("\n");
35.       qsort(MyClass, NUM, sizeof(Student), CompareName);
36.       for(i=0;i<NUM;i++)
37.           printf("%s ", MyClass[i].szName);
38.       return 0;
39.   };
```

上面程序的输出结果是：

```
Mary Tom Jone Jack
Jack Jone Mary Tom
```

1.15.7　动态分配结构变量和结构数组

结构变量、结构数组都是可以动态分配存储空间的。例如：

```
StudentEx * pStu=new StudentEx;
pStu->ID=1234;
delete pStu;
pStu=new StudentEx[20];
pStu[0].ID=1235;
delete [] pStu;
```

1.16　文件读写

既可以从文件中读取数据，也可以向文件中写入数据。读写文件之前，首先要打开文件。读写文件结束后，要关闭文件。C/C++提供了一系列库函数，声明于 stdio.h 中，用于进行文件操作。这里介绍其中几个常用的文件操作库函数。

1.16.1 用 fopen 打开文件

fopen 函数的原型为:

```
FILE * fopen(const char * filename,const char * mode);
```

其中,FILE 是在 stdio.h 中定义的一个结构,用于存放和文件有关的信息,具体内容不需要知道。第一个参数是文件名,第二个参数是打开文件的模式。

打开文件的模式主要有以下几种。

"r":以文本方式打开文件,只进行读操作。

"w":以文本方式打开文件,只进行写操作。

"a":以文本方式打开文件,只往其末尾添加内容。

"rb":以二进制方式打开文件,只进行读操作。

"wb":以二进制方式打开文件,只进行写操作。

"ab":以二进制方式打开文件,只往其末尾添加内容。

"r+":以文本方式打开文件,既读取其数据,也要往文件中写入数据。

"r+b":以二进制方式打开文件,既读取其数据,也要往文件中写入数据。

"文本方式"适用于文本文件,即能在"记事本"中打开的,人能够看明白其含义的文件。"二进制方式"适用于任何文件,包括文本文件、音频文件、视频文件、图像文件、可执行文件等。只不过文本文件用"文本方式"打开,以后读写会方便一些。

fopen 函数返回一个 FILE * 类型的指针,称为文件指针。该指针指向的 FILE 类型变量中,存放着关于文件的一些信息,如文件的"当前位置"(稍后会详述)。文件打开后,对文件的读写操作就不再使用文件名,而都是通过 fopen 函数返回的指针进行。

如果试图以只读的方式打开一个并不存在的文件,或因其他原因(比如没有权限)导致文件打开失败,则 fopen 返回 NULL 指针。如果以读写或只写的方式打开一个不存在的文件,那么该文件就会被创建出来。

```
FILE * fp=fopen("c:\\data\\report.txt", "r");
```

上面的语句以只读方式打开了文件 c:\\data\\report.txt。给定文件名的时候也可以不给路径,那么 fopen 函数执行时就在当前目录下寻找该文件:

```
FILE * fp=fopen("report.txt", "r");
```

如果当前目录下没有 report.txt,则 fopen 函数返回 NULL,此后当然不能进行读写操作了。

对文件进行读写操作前,判断 fopen 函数的返回值是否是 NULL,是非常重要的好习惯。

1.16.2 用 fclose 关闭文件

打开文件,读写完毕后,一定要调用 fclose 函数关闭文件。fclose 函数的原型是:

```
int fclose(FILE * stream);
```

其中,stream 即是先前用 fopen 打开文件时得到的文件指针。

　　一定要注意,打开文件后,要确保程序执行的每一条路径上都会关闭该文件。一个程序能同时打开的文件数目是有限的,如果总是打开文件而没有关闭,那么文件打开数目到达一定限度后,就再也不能再打开新文件了。一个文件,可以被以只读的方式同时打开很多次,这种情况也会占用程序能同时打开的文件总数的资源。新手在调程序时常会碰到明明看见文件就在那里,用 fopen 函数却总是打不开的情况,很可能就是因为总打开文件而不关闭文件,导致同时打开的文件数目达到最大值,从而再也不能打开任何文件了。

　　调用 fclose 函数时,如果参数 stream 的值是 NULL,那么很可能会出现程序异常终止的错误。

1.16.3　用 fscanf 读文件,用 fprintf 写文件

　　fscanf 函数原型如下:

```
int fscanf(FILE * stream, const char * format[, address, …]);
```

　　fscanf 和 scanf 函数相似,区别在于多了第一个参数——文件指针 stream。scanf 函数从键盘获取输入数据,而 fscanf 函数从与 stream 相关联的文件中读取数据。该函数适用于读取以文本方式打开的文件。如果文件的内容都读完了,那么 fscanf 函数返回值为 EOF(stdio.h 中定义的一个常量)。

　　假设有以下文本文件 students.txt 存放在 C 盘 tmp 文件夹下:

```
Tom 08701342 male 1985 11 2 3.47
Jack 08701343 Male 1985 10 28 3.67
Mary 08701344 femal 1984 2 28 2.34
```

该文件里每行记录了一个学生的信息,依次是:姓名,学号,性别,出生年,月,日,绩点。下面的程序打开此文件,读取其全部内容并输出。

```
1.   #include<stdio.h>
2.   int main()
3.   {
4.       FILE * fp;
5.       fp=fopen("c:\\tmp\\students.txt", "r");
6.       if(fp==NULL) {
7.           printf("Failed to open the file.");
8.           return;
9.       }
10.      char szName[30], szGender[30];
11.      int nId, nBirthYear, nBirthMonth, nBirthDay;
12.      float fGPA;
13.      while(fscanf(fp, "%s%d%s%d%d%d%f", szName, & nId, szGender, & nBirthYear,
14.          & nBirthMonth, & nBirthDay, & fGPA)!=EOF) {
15.          printf("%s %d %s %d %d %d %f\r\n", szName, nId, szGender, nBirthYear,
16.          nBirthMonth, nBirthDay, fGPA);
17.      }
```

```
18.      fclose(fp);
19.      return 0;
20.   }
```

fprintf 函数能用于向文件中写入数据,用法和 printf、fscanf 函数类似,此处不再赘述。其原型是:

```
int fprintf(FILE * stream, const char * format[, argument, …]);
```

1.16.4 用 fgetc 读文件,用 fputc 写文件

fgetc 函数原型如下:

```
int fgetc(FILE * stream);
```

fgetc 函数用于从文件中读取一个字节,返回值即是所读取的字节数。每个字节都被当成一个无符号的 8 位(二进制位)数,因此每个被读取字节的取值范围都是 0~255。反复调用 fgetc 函数可以读取整个文件。如果已经读到文件末尾,无法再读,那么 fgetc 函数返回 EOF(实际上就是-1)。

fputc 函数原型如下:

```
int fputc(int c, FILE * stream);
```

fputc 函数将一个字节写入文件。参数 c 就是要被写入的字节。虽然 c 是 int 类型的,但实际上只有其低 8 位才被写入文件。如果写入失败,则该函数返回 EOF。

下面的程序实现了文件复制的功能。如果由该程序生成的可执行文件名叫 MyCopy.exe,那么在控制台窗口(也称 DOS 窗口)输入"MyCopy 文件名 1 文件名 2"再按回车键,则能进行文件复制操作。例如,如果在 DOS 窗口输入:

```
MyCopy c:\tmp\file1.dat d:\tmp2.dat
```

则本程序的执行结果是将 C 盘 tmp 文件夹下的 file1.dat 文件,复制为到 d 盘根目录下的 tmp2.dat 文件。

```
1.    #include<stdio.h>
2.    int main(int argc, char * argv[])
3.    {
4.       FILE * fpSrc, * fpDest;
5.       fpSrc=fopen(argv[1], "rb");
6.       if(fpSrc==NULL) {
7.          printf("Source file open failure.");
8.          return 0;
9.       }
10.      fpDest=fopen(argv[2], "wb");
11.      if(fpDest==NULL) {
12.         fclose(fpSrc);
13.         printf("Destination file open failure.");
14.         return 0;
```

```
15.      }
16.      int c;
17.      while((c=fgetc(fpSrc))!=EOF)
18.          fputc(c, fpDest);
19.      fclose(fpSrc);
20.      fclose(fpDest);
21.      return 0;
22.  }
```

语句 2 中的 main 函数比以往多了两个参数 argc 和 argv，另外在语句 5 和语句 10 中也用到了 argv 参数，argc 和 argv 的作用请看 1.18 节"命令行参数"。

语句 5 实际上就是以只读方式打开源文件，语句 10 是以写方式打开目标文件。

语句 17 从源文件读取一个字符。表达式"c=fgetc(fpSrc)"的值实际上就是 c 的值，也就是 fgetc 函数的返回值。fgetc 的返回值是 EOF，则说明文件已经读完了。

1.16.5　用 fgets 函数读文件，fputs 函数写文件

fgets 函数原型如下：

```
char * fgets(char * s,int n,FILE * stream);
```

fgets 函数一次从文件中读取一行（包括换行符）放入字符串 s 中，并且加上字符串结尾标志符'\0'。参数 n 代表缓冲区 s 中最多能容纳多少个字符（不算结尾标志符'\0'）。

fgets 函数的返回值是一个 char * 类型的指针，和 s 指向同一个地方。如果再没有数据可以读取，那么函数的返回值就是 NULL。

fputs 函数原型如下：

```
int fputs(const char * s,FILE * stream);
```

fputs 函数往文件中写入字符串 s。注意，写完 s 后它并不会再自动向文件中写换行符。

下面的程序将 students.txt 内容复制到 student2.txt 文件中。

```
1.   #include<stdio.h>
2.   #define NUM 200
3.   int main()
4.   {
5.       FILE * fpSrc, * fpDest;
6.       fpSrc=fopen("students.txt", "r");
7.       if(fpSrc==NULL) {
8.           printf("Source file open failure.");
9.           return 0;
10.      }
11.      fpDest=fopen("students2.txt", "w");
12.      if(fpDest==NULL) {
13.          fclose(fpSrc);
14.          printf("Destination file open failure.");
15.          return 0;
```

```
16.        }
17.        char szLine[NUM];
18.        while(fgets(szLine, NUM-1, fpSrc)) {
19.            fputs(szLine, fpDest);
20.        }
21.        fclose(fpSrc);
22.        fclose(fpDest);
23.        return 0;
24.    }
```

调用 fgets 时用的参数 199 改小点(如 150),也是没有问题的,只要能装得下最长的那一行就行了。

1.16.6 用 fread 读文件,用 fwrite 写文件

fread 函数原型如下:

```
unsigned fread(void * ptr, unsigned size, unsigned n, FILE * stream);
```

fread 函数从文件中读取 n 个大小为 size 字节的数据块,总计 n×size 字节,存放到从地址 ptr 开始的内存中。返回值是读取的字节数。如果一个字节也没有读取,那么返回值就是 0。

fwrite 函数原型如下:

```
unsigned fwrite(const void * ptr, unsigned size, unsigned n, FILE * stream);
```

fwrite 函数将内存中从地址 ptr 开始的 n×size 个字节的内容写入文件中去。

这两个函数的返回值,表示成功读取或写入的"项目"数。每个"项目"的大小是 size 字节。

其实使用这两个函数时,总是将 size 置为 1,n 置为实际要读写的字节数也是没有问题的。

fread 函数成功读取的字节数,有可能小于期望读取的字节数。例如,反复调用 fread 读取整个文件,每次读取 100 个字节,而文件有 1250 个字节,那么显然最后一次读取,只能读取 50 个字节。

使用 fread 和 fwrite 函数读写文件,文件必须用二进制方式打开。

有些文件由一个一个"记录"组成,一个记录就对应于 C/C++ 中的一个结构,这样的文件,就适合用 fread 和 fwrite 来读写。例如,一个记录学生信息的文件 students.dat,该文件里每个"记录"对应于以下结构:

```
struct Student{
    char szName[20];
    unsigned nId;
    short nGender; //性别
    short nBirthYear, nBirthMonth, nBirthDay;
    float fGPA;
};
```

下面的程序先读取前例提到的 students. txt 中的学生信息,然后将这些信息写入 students. dat 中。接下来再打开 students. dat,将出生年份在 1985 年之后的学生记录提取出来,写到另一个文件 students2. dat 中去。

```
1.   #include<stdio.h>
2.   #include<string.h>
3.   struct Student{
4.       char szName[20];
5.       unsigned nId;
6.       short nGender; //性别
7.       short nBirthYear, nBirthMonth, nBirthDay;
8.       float fGPA;
9.   };
10.
11.  int main()
12.  {
13.      FILE * fpSrc, * fpDest;
14.      struct Student Stu;
15.      fpSrc=fopen("c:\\tmp\\students.txt", "rb");
16.      if(fpSrc==NULL) {
17.          printf("Failed to open the file.");
18.          return 0;
19.      }
20.      fpDest=fopen("students .dat", "wb");
21.      if(fpDest==NULL) {
22.          fclose(fpSrc);
23.          printf("Destination file open failure.");
24.          return 0;
25.      }
26.      char szName[30], szGender[30];
27.      int nId, nBirthYear, nBirthMonth, nBirthDay;
28.      float fGPA;
29.      while(fscanf(fpSrc, "%s%d%s%d%d%d%f", szName, & nId,
30.          szGender, & nBirthYear, & nBirthMonth, & nBirthDay, & fGPA)!=EOF) {
31.          strcpy(Stu.szName, szName);
32.          Stu.nId=nId;
33.          if(szGender[0]=='f')
34.              Stu.nGender=0;
35.          else
36.              Stu.nGender=1;
37.          Stu.nBirthYear=nBirthYear;
38.          Stu.nBirthMonth=nBirthMonth;
39.          Stu.nBirthDay=nBirthDay;
40.          fwrite(& Stu, sizeof(Stu), 1, fpDest);
```

```
41.        }
42.        fclose(fpSrc);
43.        fclose(fpDest);
44.        fpSrc=fopen("students.dat", "rb");
45.        if(fpSrc==NULL) {
46.            printf("Source file open failure.");
47.            return 0;
48.        }
49.        fpDest=fopen("students2.dat", "wb");
50.        if(fpDest==NULL) {
51.            fclose(fpSrc);
52.            printf("Destination file open failure.");
53.            return 0;
54.        }
55.        while(fread(& Stu, sizeof(Stu), 1, fpSrc)) {
56.            if(Stu.nBirthYear>=1985)
57.                fwrite(& Stu, sizeof(Stu), 1, fpDest);
58.        }
59.        fclose(fpSrc);
60.        fclose(fpDest);
61.        return 0;
62. }
```

从上面的程序中可以看到,存放学生信息可以用 students.txt 文件的格式,也可以用 students.dat 文件的格式。到底用哪种比较好呢? 应该说使用记录文件更好。记录文件可以按名字或学号等关键值排序,排序以后可以用折半查找算法快速查找,这样在一个有 N 个记录的文件中进行查找,最多只需读取 $\log_2 N$ 个记录,比较 $\log_2 N$ 次。而用文本文件的格式存放信息,由于每行长度都不一样,所以要查找名为"jack"的学生信息,只能从头顺序往下找,直到找到为止。那么平均要读取整个文件的一半,才能找到。

另外,用记录方式保存信息,比用文本方式通常能节省空间。

文本方式中有很多空格、换行符是冗余的,而且像"08701342"这样的学号等数值信息,用记录方式存放,只需 4 个字节的 unsigned 类型就可以,而以文本方式保存往往 4 个字节是无法表示的,因为一个数字就要占用一个字节。

注意:打开的文件,一定要关闭。因此在语句 22 在程序返回前,关闭了曾经打开的源文件。

思考题:一般来说,将能在"记事本"程序中打开,并且看起来不包含不可识别的所谓"乱码"的文件,称为文本文件。那么,是否能用文本文件来表示一幅图片甚至一段声音、一段视频呢?

看一看网站上常用的 .htm 文件,是不是文本文件? 为什么不用也许会更省空间的二进制文件方式来存放网页?

1.16.7　用 fseek 改变文件读写的当前位置

　　文件是可以随机读写的,即读写文件并不一定要从头开始,而是直接可以从文件的任意位置开始读写。例如,可以直接读取文件的第 200 个字节,而不需将前面的 199 个字节都读一遍。同样,也可以直接往文件第 1000 个字节处写若干字节,覆盖此处原有内容。甚至可以先在文件的第 200 个字节处读取 100 个字节,然后跳到文件的第 1000 个字节处读取 20 个字节,然后再跳到文件的第 20 个字节处写入 30 个字节。这就称为"随机读写"。然而,前面提到的那些文件读写函数,都没有参数能够指明读写是从哪个位置开始,这又是怎么回事呢?

　　答案是:所有的文件读写函数,都是从文件的当前位置开始读写的。文件的当前位置信息保存在文件指针指向的 FILE 结构变量中。一个文件在以非"添加"方式打开,尚未进行其他操作时,其当前位置就是文件的开头;以添加方式打开时,其当前位置在文件的末尾。此后调用读写函数读取或写入了 n 个字节,当前位置就往后移动 n 个字节。如果当前位置到达了文件的末尾,那么文件读取函数再进行读操作就会失败。

　　注意:文件开头的"当前位置"值是 0,而不是 1。

　　综上所述,要实现随机读写,前提是能够随意改变文件的当前位置。fseek 函数就起到这个作用。其原型如下:

```
int fseek(FILE * stream,long offset,int whence);
```

　　fseek 函数将与 stream 关联的文件的当前位置设为距 whence 处 offset 字节的地方。whence 可以有以下三种取值,这三种取值都是在 stdio.h 里定义的标识符:

　　SEEK_SET:代表文件开头;

　　SEEK_CUR:代表执行本函数前文件的当前位置;

　　SEEK_END:代表文件结尾处。

　　例如,假设 fp 是文件指针,那么

```
fseek(fp, 200, SEEK_SET);
```

就将文件的当前位置设为 200,即距文件开头 200 个字节处。

```
fseek(fp, 0, SEEK_SET);
```

将文件的当前位置设为文件的开头。

```
fseek(fp, -100, SEEK_END);
```

将文件的当前位置设为距文件尾部 100 字节处。

```
fseek(fp, 100, SEEK_CUR);
```

将文件的当前位置往后(即往文件尾方向)移动 100 个字节。

```
fseek(fp, -100, SEEK_CUR);
```

将文件的当前位置往前(即往文件开头方向)移动 100 个字节。

　　下面的程序,读取文件 students.dat 中的第 4 个记录到第 10 个记录(记录从 0 开始算),并将这部分内容写入第 20 个记录开始的地方,覆盖原有的内容。

例程 1.16.7. cpp

```
1.  #include<stdio.h>
2.  #include<string.h>
3.  #define NUM 10
4.  #define NAME_LEN 20
5.  struct Student{
6.      char szName[NAME_LEN];
7.      unsigned nId;
8.      short nGender; //性别
9.      short nBirthYear, nBirthMonth, nBirthDay;
10.     float fGPA;
11. };
12.
13. int main()
14. {
15.     FILE * fpSrc;
16.     Student aStu[NUM];
17.     fpSrc=fopen("c:\\tmp\\students4.dat", "r+b");
18.     if(fpSrc==NULL) {
19.         printf("Failed to open the file.");
20.         return 0;
21.     }
22.     fseek(fpSrc, sizeof(Student) * 4, SEEK_SET);
23.     fread(aStu, sizeof(Student), 7, fpSrc);
24.     fseek(fpSrc, sizeof(Student) * 20, SEEK_SET);
25.     fwrite(aStu, sizeof(Student), 7, fpSrc);
26.     fclose(fpSrc);
27.     return 0;
28. }
```

1.17 C 语言标准库函数

C 语言中有大量的标准库函数,根据功能不同,声明于不同的头文件中。这些库函数在 C++ 中也能使用。下面分类列举了一些 C 语言常用库函数,由于篇幅所限,只列出函数名字及其作用。

1.17.1 数学函数

数学库函数声明在 math. h 中,主要有:

```
abs(x)                    //求整型数 x 的绝对值
cos(x)                    //x(弧度)的余弦
fabs(x)                   //求浮点数 x 的绝对值
ceil(x)                   //求不小于 x 的最小整数
```

```
floor(x)          //求不大于 x 的最小整数
log(x)            //求 x 的自然对数
log10(x)          //求 x 的对数 (底为 10)
pow(x, y)         //求 x 的 y 次方
sin(x)            //求 x (弧度) 的正弦
sqrt(x)           //求 x 的平方根
```

1.17.2 字符处理函数

在 ctype.h 中声明,主要有:

```
int isdigit(int c)    //判断 c 是否是数字字符
int isalpha(int c)    //判断 c 是否是一个字母
int isalnum(int c)    //判断 c 是否是一个数字或字母
int islower(int c)    //判断 c 是否是一个小写字母
int islower(int c)    //判断 c 是否是一个小写字母
int isupper(int c)    //判断 c 是否是一个大写字母
int toupper(int c)    //如果 c 是一个小写字母,则返回其大写字母
int tolower(int c)    //如果 c 是一个大写字母,则返回其小写字母
```

1.17.3 字符串处理和内存操作函数

字符串处理和内存操作函数声明在 string.h 中,在调用这些函数时,可以用字符串常量或字符数组名以及 char * 类型的变量,作为其 char * 类型的参数。字符串处理函数常用的有:

```
char * strchr(char * s, int c)
//如果 s 中包含字符 c, 则返回一个指向 s 第一次出现的该字符的指针, 否则返回 NULL
char * strstr(char * s1, char * s2)
//如果 s2 是 s1 的一个子串, 则返回一个指向 s1 中首次出现 s2 的位置的指针, 否则返回 NULL
char * strlwr(char * s)
//将 s 中的字母都变成小写
char * strupr(char * s)
//将 s 中的字母都变成大写
char * strcpy(char * s1, char * s2)
//将字符串 s2 的内容复制到 s1 中去
char * strncpy(char * s1, char * s2, int n)
//将字符串 s2 的内容复制到 s1 中去,但是最多复制 n 个字节。如果复制字节数达到 n,那
//么就不会往 s1 中写入结尾的 '\0'
char * strcat(char * s1, char * s2)
//将字符串 s2 添加到 s2 末尾
int strcmp(char * s1, char * s2)
//比较两个字符串,大小写相关。若返回值小于 0,则说明 s1 按字典顺序在 s2 前面;若返回值等
//于 0,则说明两个字符串一样;若返回值大于 0,则说明 s1 按字典顺序在 s2 后面
int stricmp(char * s1, char * s2)
```

//比较两个字符串,大小写无关。其他和 strcmp 同

int strlen(const char * string)

//计算字符串的长度

char * strncat(char * strDestination, const char * strSource, size_t count)

//将字符串 strSource 中的前 count 个字符添加到字符串 strDestination 的末尾

int strncmp(const char * string1, const char * string2, size_t count)

//分别取两个字符串的前 count 个字符作为子字符串,比较它们的大小

char * strrev(char * string)

//将字符串 string 前后颠倒

void * memcpy(void * s1, void * s2, int n)

//将内存地址 s2 处的 n 字节内容复制到内存地址 s1

void * memset(void * s, int c, int n)

//将内存地址 s 开始的 n 个字节全部置为 c

1.17.4　字符串转换函数

有几个函数,可以完成将字符串转换为整数,或将整数转换成字符串等这类功能。它们定义在 stdlib.h 中:

int atoi(char * s)

//将字符串 s 里的内容转换成一个整型数返回。如字符串 s 的内容是"1234",那么函数返回值就

//是 1234

double atof(char * s)

//将字符串 s 中的内容转换成浮点数

char * itoa(int value, char * string, int radix);

//将整型值 value 以 radix 进制表示法写入 string

例如:

```
char szValue[20];
itoa(32, szValue, 10);          //使得 szValue 的内容变为"32"
itoa(32, szValue, 16);          //使得 szValue 的内容变为"20"
```

1.18　命令行参数

如果编写了一个在屏幕上输出文本文件内容的程序,编译生成的可执行文件是 listfile.exe,那么,假设我们希望该程序的用法是,在 Windows 的控制台窗口(又称 DOS 命令窗口)中输入:

listfile 文件名

然后按回车键,就能启动 listfile 程序,并将"文件名"所指定的文件的内容输出。例如输入"listfile file1.txt",再按一下回车键,就能将 file1.txt 这个文件的内容输出。

要做到这一点,显然,listfile 程序必须知道用户输入的那个文件名。将用户在 DOS 窗口输入可执行文件名的方式启动程序时跟在可执行文件名后面的那些字符串,称为"命令行

参数"。例如,上例中的"file1. txt"就是一个命令行参数。命令行参数可以有多个,以空格分隔。例如,"listfile file1. txt file2. txt"。

在程序中如何知道用户输入的命令行参数呢? 要做到这一点,main 函数的写法需和以往的不同,要增加两个参数:

```
int main(int argc, char * argv[])
{
    ⋮
}
```

参数 argc 就代表启动程序时命令行参数的个数。C/C++ 语言规定,可执行程序程序本身的文件名也算一个命令行参数,因此 argc 的值至少是 1。argv 是一个数组,其中的每个元素都是一个 char * 类型的指针,该指针指向一个字符串,这个字符串里存放着命令行参数。例如,argv[0]指向的字符串就是第一个命令行参数(即可执行程序的文件名),argv[1]指向第二个命令行参数,argv[2]指向第三个命令行参数⋯⋯。

请看例子程序:
例程 1. 18. cpp

```
1.  #include<stdio.h>
2.  int main(int argc, char * argv[])
3.  {
4.      for(int i=0;i<argc; i++)
5.          printf("%s\n", argv[i]);
6.      return 0;
7.  }
```

将上面的程序编译成 1. 18. exe,然后在控制台窗口输入:

1.18 para1 para2 s.txt 5 4

输出结果就是:

1.18
para1
para2
s.txt
5
4

1. 19   C/C++ 编码规范

一个好的程序,不仅要算法正确、效率高,而且还应该可读性好。所谓程序的可读性,就是程序是否能让人容易读懂。在开发实践中,许多情况下可读性与代码效率同等重要。

软件开发是团队工作,接手别人编的程序并在此基础上进行改进是必不可少的,因此可读性在工程实践中非常重要。就算是自己编写的程序,如果可读性不好,过一段时间需要改进时自己再看,也常会看不懂。

如何提高程序的可读性呢?在标识符命名、书写格式、注释三个方面加以注意,再养成一些好的习惯,就能够有效增强程序的可读性。

1.19.1 标识符命名注意事项

应该对变量、常量、函数等标识符进行恰当的命名。好的命名方法使标识符易于记忆且使程序可读性大大提高。

对标识符命名的基本要求是,看到标识符就能想起或猜出它是做什么用的。如果名字能体现变量的类型或作用域等性质,当然更好。

标识符命名应该注意以下几点:

(1) 标识符号应能提供足够信息以说明其用途。一定不要怕麻烦而懒得起足够长的变量名,少按几个键省下的时间,和日后你自己读该程序或别人读你的程序时揣摩该变量做什么用所花的时间相比,实在微不足道。在没有国际合作的项目中编写程序,如果英语实在不好可以使用拼音,但不要使用拼音缩写。

(2) 为全局变量取长的、描述信息多的名字,为局部变量取稍短的名字。

(3) 名字太长时可以适当采用单词的缩写。但要注意,缩写方式要一致。要缩写就全都缩写。例如,单词 Number,如果在某个变量里缩写成了:

```
int nDoorNum;
```

那么最好包含 Number 单词的变量都缩写成 Num。

(4) 注意使用单词的复数形式。例如:

```
int nTotalStudents,nStudents;
```

容易让人理解成代表学生数目,而 nStudent 含义就不十分明显。

(5) 对于返回值为真或假的函数,加"Is"前缀。例如:

```
int     IsCanceled();
int     isalpha();          //C语言标准库函数
BOOL    IsButtonPushed();
```

1.19.2 程序的书写格式

书写格式好的程序,看起来才有好心情。谁也不愿意看下面这样的程序:

```
void main()
{
  int t, x, y;
  cin>>t;
  while (t>0)
  {
  min=60000;
  cin>>N>>x>>y>>max; plat[0].x1=x;
```

```
plat[0].x2=x; plat[0].h=y;
for (int i=1;i<=N;i++)
{
cin>>plat[i].x1>>plat[i].x2>>plat[i].h;
plat[i].t1=-1;
plat[i].t2=-1;
if(plat[i].h>y) {i--;      N--; }
}
plat[0].t1=0;plat[0].t2=0;
qsort((void*)(&plat[1]), N, sizeof(plat[0]), compare);
tryway(0);
t--;
cout<<min<<endl;
}
}
```

因此，如果想要让程序看起来赏心悦目，应该注意以下几点：

（1）正确使用缩进。首先，一定要有缩进，否则代码的层次不明显。缩进应为 4 个空格较好。需要缩进时一律按 Tab 键，或一律按空格键，不要有时用 Tab 键缩进，有时用空格键缩进。一般开发环境都能设置一个 Tab 键相当于多少个空格，此时就都用 Tab 键。

（2）行宽与折行：一行不要太长，不能超过显示区域，以免阅读不便，太长则应折行，折行最好发生在运算符前面，不要发生在运算符后面。例如：

```
if(Condition1() && Condition2()
    && Condition3()) {
}
```

（3）大括号{和}位置不可随意放置。建议将{放在一行的右边，而将}单独放置一行。例如：

```
if(condition1()) {
    DoSomething();
}
```

比较

```
if(condition1())
{
    DoSomething();
}
```

这种写法，前者既不影响可读性，又能节省一行。

但是，对于函数体或结构定义的第一个{，还是单独一行更为清晰。

（4）变量和运算符之间最好加 1 个空格。例如：

```
int nAge = 5;
nAge = 4;
```

```
if(nAge >= 4)
    printf("%d", nAge);
for(i = 0; i < 100; i++);
```

1.19.3　注释的写法

在工程实践中,文件开头、全局变量定义处和函数开头都应该有注释。

文件开头的注释模板如下:

```
/***********************************************************************
** 文件名:
** Copyright (c) 1998-1999 *********公司技术开发部
** 创建人:
** 日    期:
** 修改人:
** 日    期:
** 描    述:
**
** 版    本:
**----------------------------------------------------
---
***********************************************************************/
```

函数开头的注释模板如下:

```
/***********************************************************************
** 函数名:
** 输    入:a,b,c
**      a---
**      b---
**      c---
** 输    出:x---
**      x 为 1, 表示...
**      x 为 0, 表示...
** 功能描述:
** 用到的全局变量:
** 调用模块:
** 作    者:
** 日    期:
** 修    改:
** 日    期:
** 版    本
***********************************************************************/
```

本书由于篇幅所限,书中程序略去了文件开始处和函数开始处的注释。

1.19.4　一些好的编程习惯

在学习程序设计时,要养成良好的编程习惯。以下是一些好的编程习惯。

(1) 尽量不要用立即数,而用 #define 定义成常量,以便以后修改。例如:

```
#define MAX_STUDENTS 20
struct SStudent aStudents [MAX_STUDENTS];
```

要比

```
struct SStudent aStudents [20];
```

好。

再如:

```
#define TOTAL_ELEMENTS 100
for(i=0; i<TOTAL_ELEMENTS; i++) {
}
```

(2) 使用 sizeof()宏,不直接使用变量所占字节数的数值。例如,应该写成:

```
int nAge;
for(j=0; j<100; j++)
    fwrite(fpFile, & nAge, 1, sizeof(int));
```

而不应该写成:

```
for(j=0; j<100; j++)
    fwrite(fpFile, & nAge, 1, 4);
```

(3) 稍复杂的表达式中要积极使用括号,以免优先级理解上的混乱以及二义性。例如:

```
n=k+++j;          //不好
n=(k++)+j;        //好一点
```

(4) 不很容易理解的表达式应分几行写。例如:

```
n=(k++)+j;
```

应该写成:

```
n=k+j;
k++;
```

(5) 嵌套的 if else 语句要多使用{ }。例如:

```
if(Condition1())
    if(condition2()
        DoSomething();
    else
        NoCondition2();
```

不够好,而应该写成:

```
if(Condition1()) {
    if(condition2()
        DoSomething();
    else
        NoCondition2();
}
```

(6) 单个函数的程序行数最好不要超过 100 行(两个屏幕高)。

(7) 尽量使用标准库函数和公共函数。

(8) 不要随意定义全局变量,尽量使用局部变量。

(9) 保持注释与代码完全一致,改代码后别忘记改注释。

(10) 循环、分支层次最好不要超过 5 层。

(11) 注释可以与语句在同一行,也可以在上行。

(12) 一目了然的语句不加注释。

第 2 章

简单计算题

本章的主要目的是通过编写一些简单的计算题,熟悉 C/C++ 语言的基本语法。

基本思想:解决简单的计算问题的基本过程包括将一个用自然语言描述的实际问题抽象成一个计算问题,给出计算过程,继而编程实现计算过程,并将计算结果还原成对原来问题的解答。这里首要的是读懂问题,弄清楚输入和输出的数据的含义及给出的格式,并且通过输入输出样例验证自己的理解是否正确。

2.1 例题:鸡兔同笼

1. 问题描述

一个笼子里面关了鸡和兔子(鸡有 2 只脚,兔子有 4 只脚,没有例外)。已经知道了笼子里面脚的总数 a,问笼子里面至少有多少只动物,至多有多少只动物?

2. 输入数据

第一行是测试数据的组数 n,后面跟着 n 行输入。每组测试数据占一行,每行包括一个正整数 $a(a<32768)$。

3. 输出要求

输出包含 n 行,每行对应一个输入。输出是两个正整数,第一个是最少的动物数,第二个是最多的动物数,两个正整数用一个空格隔开。如果没有满足要求的情况出现,则输出两个 0。

4. 输入样例

```
2
3
20
```

5. 输出样例

```
0 0
5 10
```

6. 解题思路

这个问题可以描述成任给一个整数 N,如果 N 是奇数,则输出 0 0;否则,如果 N 是 4 的倍数,则输出 $N/4$、$N/2$,如果 N 不是 4 的倍数,则输出 $N/4+1$、$N/2$。这是个一般的计算题,只要实现相应的判断和输出代码就可以了。题目中说明了输入整数在一个比较小的范围内,所以只需要考虑整数运算就可以了。

7. 参考程序

```
1.   #include<stdio.h>
2.   void main()
3.   {
4.       int nCases, i, nFeet;   //nCases 表示输入测试数据的组数,nFeet 表示输入的脚数
5.       scanf("%d", &nCases);
6.       for(i=0; i<nCases; i++){
7.           scanf("%d", &nFeet);
8.           if(nFeet%2!=0)              //如果有奇数只脚,则输入不正确,
9.                                       //因为不论 2 只还是 4 只,都是偶数
10.              printf("0 0\n");
11.          else if(nFeet%4!=0)        //若要动物数目最少,使动物尽量有 4 只脚
12.                                      //若要动物数目最多,使动物尽量有 2 只脚
13.              printf("%d %d\n", nFeet/4+1, nFeet/2);
14.          else printf("%d %d\n", nFeet/4, nFeet/2);
15.      }
16.  }
```

8. 实现中常见的问题

这是一个数学计算题,出错常常是因为出现了以下几种情况。

问题一:因为对问题分析不清楚,给出了错误的计算公式;

问题二:不用数学方法,而试图用枚举所有鸡和兔的个数来求解此题,造成超时;

问题三:试图把所有输入先存储起来再输出,定义的数组太小,因数组越界产生运行出错;

问题四:在每行输出末尾缺少换行符;

问题五:对输入输出语法不熟悉导致死循环或语法错误。

2.2 例题:棋盘上的距离

1. 问题描述

国际象棋的棋盘是黑白相间的 8×8 的方格,棋子放在格子中间,如图 2-1 所示。

王、后、车、象的走子规则如下:

• 王:横、直、斜都可以走,但每步限走一格。

• 后:横、直、斜都可以走,每步格数不受限制。

• 车:横、竖均可以走,不能斜走,格数不限。

• 象:只能斜走,格数不限。

编写一个程序,给定起始位置和目标位置,计算王、后、车、象从起始位置走到目标位置所需的最少步数。

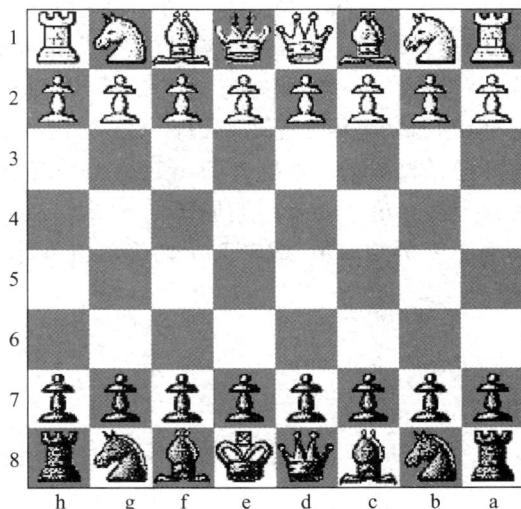

图 2-1 国际象棋棋盘

2. 输入数据

第一行是测试数据的组数 $t(0 \leqslant t \leqslant 20)$。以下每行是一组测试数据,每组包括棋盘上的两个位置,第一个是起始位置,第二个是目标位置。位置用"字母—数字"的形式表示,字母从 a 到 h,数字从 1 到 8。

3. 输出要求

对输入的每组测试数据,输出王、后、车、象所需的最少步数。如果无法到达,就输出字符串"Inf"。

4. 输入样例

```
2
a1 c3
f5 f8
```

5. 输出样例

```
2 1 2 1
3 1 1 Inf
```

6. 解题思路

这个问题是给定一个棋盘上的起始位置和终止位置,分别判断王、后、车、象从起始位置到达终止位置所需要的步数。首先,王、后、车、象彼此独立,分别考虑就可以了。所以,这个题目重点是要分析王、后、车、象的行走规则特点,从而推出它们从起点到终点的步数。

假设起始位置与终止位置在水平方向上的距离是 x,它们在竖直方向上的距离是 y。根据王的行走规则,他可以横、直、斜走,每步限走一格,所以需要的步数是 $\min(x,y) + \text{abs}(x-y)$,即 x 和 y 中较小的一个加上 x 与 y 之差的绝对值。根据后行走的规则,她可以横、直、斜走,每步格数不受限制,所以需要的步数是 1(x 等于 y,或者 x 等于 0,或者 y 等于 0)或者 2(x 不等于 y)。根据车行走的规则,它可以横、竖走,不能斜走,格数不限,需要的步

数为 $1(x$ 或者 y 等于 0)或者 $2(x$ 和 y 都不等于 0)。根据象行走的规则,它可以斜走,格数不限。棋盘上的格点可以分为两类,第一类是它的横坐标与纵坐标之差为奇数,第二类是横坐标与纵坐标之差为偶数。对于只能斜走的象,它每走一步,因为横坐标、纵坐标增加或减小的绝对值相等,所以其横坐标和纵坐标之差的奇偶性无论如何行走都保持不变。因此,上述的第一类点和第二类点不能互相到达。如果判断出起始点和终止点分别属于两类点,就可以得出它们之间需要无数步的结论。如果它们属于同一类点,象从起始点走到终止点需要的步数为 $1(x$ 的绝对值等于 y 的绝对值)或者 $2(x$ 的绝对值不等于 y 的绝对值)。

7. 参考程序

```
1.    #include<stdio.h>
2.    #include<math.h>
3.    void main()
4.    {
5.        int nCases, i;
6.        scanf("%d", &nCases);
7.        for(i=0; i<Casesn; i++){
8.            char begin[5], end[5];        //用 begin 和 end 分别存储棋子的起止位置
9.            scanf("%s %s", begin, end);
10.           int x, y;                //用 x 和 y 分别存储起止位置之间 x 方向和 y 方向上的距离
11.           x=abs(begin[0]-end[0]);
12.           y=abs(begin[1]-end[1]);
13.           if(x==0 && y==0) printf("0 0 0 0\n");   //起止位置相同,所有棋子都走 0 步
14.           else{
15.               if(x<y) printf("%d", y);              //王的步数
16.               else    printf("%d", x);
17.               if(x==y || x==0 || y==0) printf("1");   //后的步数
18.               else    printf("2");
19.               if(x==0 || y==0) printf("1");         //车的步数
20.               else          printf("2");
21.               if(abs(x-y)%2!=0) printf("Inf\n");    //象的步数
22.               else if(x==y)    printf("1\n");
23.               else             printf("2\n");
24.           }
25.       }
26.   }
```

8. 实现中常见的问题

这个问题需要一些简单的推理,出错常因出现以下几种情况。

问题一:因为对问题分析不清楚,给出了错误的计算公式;

问题二:在每行输出末尾缺少换行符;

问题三:将"Inf"错写成"inf";

问题四:漏判了起始位置和终止位置相同的情况。

2.3 例题：校门外的树

1. 问题描述

某校大门外长度为 L 的马路上有一排树，每两棵相邻的树之间的间隔都是 1 米。可以把马路看成一个数轴，马路的一端在数轴 0 的位置，另一端在 L 的位置；数轴上的每个整数点（即 $0,1,2,\cdots,L$）都种有一棵树。

马路上有一些区域要用来建地铁，这些区域用它们在数轴上的起始点和终止点表示。已知任一区域的起始点和终止点的坐标都是整数，区域之间可能有重合的部分。现在要把这些区域中的树（包括区域端点处的两棵树）移走。任务是计算将这些树都移走后，马路上还有多少棵树。

2. 输入数据

输入的第一行有两个整数 L（$1 \leqslant L \leqslant 10000$）和 M（$1 \leqslant M \leqslant 100$），$L$ 代表马路的长度，M 代表区域的数目，L 和 M 之间用一个空格隔开。接下来的 M 行每行包含两个不同的整数，用一个空格隔开，表示一个区域的起始点和终止点的坐标。

3. 输出要求

输出包括一行，这一行只包含一个整数，表示马路上剩余的树的数目。

4. 输入样例

```
500 3
150 300
100 200
470 471
```

5. 输出样例

```
298
```

6. 解题思路

这个问题可以概括为输入一个大的整数闭区间，以及一些可能互相重叠的在该大区间内的小的整数闭区间。在大的整数闭区间内去除这些小的整数闭区间，问之后剩下的可能不连续的整数区间内有多少个整数？这个题目给出的范围是大的区间在 1～10 000 以内，要去除的小的区间的个数是 100 以内。因为规模较小，所以可以考虑用空间换时间，用一个大数组来模拟这些区间，数组中的每个数表示区间上的一个数。例如，如果输入 L 的长度是 500，则据题意可知最初有 501 棵树。我们就用一个 501 个元素的数组来模拟这 501 棵树，数组的下标分别代表从 1 到 501 棵树，数组元素的值代表这棵树是否被移走。最初这些树都没有被移走，所以所有数组元素的值都用 true 来表示。每当输入一个小区间，就将这个区间对应的树全部移走，即将这个区间对应的数组元素下标指示的元素的值置成 false。如果有多个区间对应同一个数组元素，会导致多次将某个数组元素置成 false。不过这并不影响结果的正确性。当所有小区间输入完成，可以数一下剩下的仍旧为 true 的元素的个数，就可以得到最后剩下的树的数目。当然如果最开始输入的区间不是 500，则使用的数组大小就不是 500。因为题目给出的上限是 10 000，所以可以定义一个大小是 10 001 个元素的数组,这样对所有输入都是够用的。

7. 参考程序

```
1.    #include<stdio.h>
2.    void main()
3.    {
4.        int L, i, j, n;                    //L 为区间的长度,n 为区间的个数,i 和 j 是循环变量
5.        bool trees[10001];                 //用一个布尔数组模拟树的存在情况
6.        for(i=0; i<10001; i++)             //赋初值
7.            trees[i]=true;
8.        scanf("%d%d",&L, &n);
9.        for(i=0; i<n; i++){
10.           int begin, end;                //用 begin,end 存储区间的起止位置
11.           scanf("%d%d", &begin, &end);
12.           for(j=begin; j<=end; j++)      //将区间内的树移走,即赋值为 false
13.               trees[j]=false;
14.       }
15.       int count=0;                       //用 count 计数,数剩余的树的数目
16.       for(i=0; i<=L; i++)
17.           if(trees[i]) count++;
18.       printf("%d\n", count);
19.   }
```

8. 实现中常见的问题

问题一:数组定义(开设)得不够大,造成数组越界;

问题二:数组 trees 没有初始化,想当然地认为它会被自动初始化为 0;

问题三:有些人用区间合并的办法先将要移走树的小区间合并,但是合并算法想得不清楚;

问题四:循环的边界没有等号,少数了一棵树;

问题五:有人数被移走的树的数目,然后用 L 去减它,但是忘记了加 1。

思考题 1: 本节参考程序中语句 13 最坏情况下要被执行多少次? 最好情况下要被执行多少次? 如果区间的起点和终点是随机分布的,那么语句 13 平均要被执行多少次?(答案是 L 和 M 的函数)。

思考题 2: 如果马路长度 L 的值极大,比如是 40 亿,以至于无法开设这么大的 trees 数组,本题该如何解决?

2.4 例题:填词

1. 问题描述

Alex 喜欢填词游戏。填词游戏是一个非常简单的游戏。填词游戏包括一个 $N \times M$ 大小的矩形方格盘和 P 个单词。玩家需要把每个方格中填上一个字母使得每个单词都能在方格盘上被找到。每个单词都能被找到需要满足下面的条件:

每个方格都不能同时属于超过一个的单词。一个长为 k 的单词一定要占据 k 个方格。

单词在方格盘中出现的方向只能是竖直的或者水平的(可以由竖直转向水平,反之亦然)。

你的任务是首先在方格盘上找到所有的单词,当然在棋盘上可能有些方格没有被单词占据。然后把这些没有用的方格找出来,把这些方格上的字母按照字典序组成一个"神秘单词"。

如果还不了解规则,可以用一个例子来说明,例如在图 2-2 中寻找单词 BEG 和 GEE。

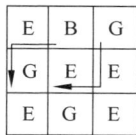 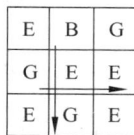 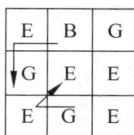 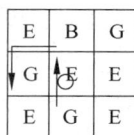

(a)正确　　　 (b)不正确,方格(2,2)中的 (c)不正确,方格(3,1) (d)不正确,方格(2,2)
　　　　　　　字母 E 属于两个单词 　　和(2,2)不相邻 　　　被用到两次

图 2-2　填词游戏方格盘

2. 输入数据

输入的第一行包括三个整数 N、M 和 P($2 \leqslant M, N \leqslant 10, 0 \leqslant P \leqslant 100$)。接下来的 N 行,每行包括 M 个字符,来表示方格盘。接下来的 P 行给出需要在方格盘中找到的单词。

输入保证填词游戏至少有一组答案。输入中给出的字母都是大写字母。

3. 输出要求

输出"神秘单词",注意"神秘单词"中的字母要按照字典序给出。

4. 输入样例

```
3 3 2
EBG
GEE
EGE
BEG
GEE
```

5. 输出样例

```
EEG
```

6. 解题思路

题目中给出的条件比较隐晦。输入中给出的字母都是大写字母,这表明输出也只能是大写字母。输入保证填词游戏至少有一组答案,这说明我们不必寻找单词所在的位置,只要去掉这些单词所占用的字母就可以了。"神秘单词"中的字母要按照字典序给出,说明只要知道"神秘单词"中的字母组成就可以了,在字母组成确定的情况下,按字典序输出的方式只有一种。分析到这里可以发现,这其实是个很简单的问题:给出一个字母的集合,从中去掉一些在给出单词中出现过的字母,将剩下的字母按字典序输出即可。

可以定义一个有 26 个元素的数组,分别记录在输入的矩形中每个字母出现的次数,当读入单词时,将数组中对应到单词中的字母的元素值减 1。处理完所有的单词后,将数组中的非 0 的元素对应的字母依次输出,数组元素的值是几就输出几次该字母。

7. 参考程序

```
1.   #include<stdio.h>
2.   void main()
3.   {
4.       int characters[26];
5.       int n, m, p;                //输入的第一行,输入包括一个 n×m 的矩阵和 p 个单词
6.       int i, j;                   //循环变量
7.       for(i=0; i<26; i++)         //赋初值
8.           characters[i]=0;
9.       scanf("%d%d%d", &n, &m, &p);
10.      for(i=0; i<n; i++){ //这一段读入 n×m 的矩阵,并记录矩阵中每个字母出现的次数
11.          char str[11];          //m 和 n 小于等于 10,所以数组大小定义为 11
12.          scanf("%s", str);
13.          for(j=0; str[j]!='\0'; j++)
14.              characters[str[j]-'A']++;
15.      }
16.      for(i=0; i<p; i++){         //这一段读入 p 个单词,并且将单词中出现的字母在
17.                                  //上一段的累计数组中去掉
18.          char str[200];
19.          scanf("%s", str);
20.          for(j=0; str[j]!='\0'; j++)
21.              characters[str[j]-'A']--;
22.      }
23.      for(i=0; i<26; i++){        //这一段输出所有出现次数大于 0 的字母
24.          if(characters[i]!=0)
25.              for(j=0; j<characters[i]; j++)
26.                  printf("%c", i+'A');
27.      }
28.      printf("\n");
29.  }
```

8. 实现中常见的问题

问题一:对题目理解得不够透彻,尤其对"输入保证填词游戏至少有一组答案"这句话理解得不够,想方设法找出单词的填法,结果不能很好解决问题;

问题二:题目中没有说明 P 个单词的长度一定是 M,所以读入单词时,数组开设小了,造成错误;

问题三:如果一个字符一个字符地读入,没有略去每行末尾的换行符,也会出错。

2.5 例题:装箱问题

1. 问题描述

一个工厂制造的产品形状都是长方体,它们的高度都是 h,长和宽都相等,一共有 6 种型号,它们的长宽分别为:$1\times1, 2\times2, 3\times3, 4\times4, 5\times5, 6\times6$。这些产品通常使用一个 6×6

$\times h$ 的长方体包裹包装,然后邮寄给客户。因为邮费很贵,所以工厂要想方设法地减小每个订单运送时的包裹数量。他们很需要有一个好的程序帮助解决这个问题,从而节省费用。请设计这个程序。

2. 输入数据

输入文件包括几行,每一行代表一个订单。每个订单里的一行包括 6 个整数,中间用空格隔开,分别为 1×1～6×6 这 6 种产品的数量。输入文件将以 6 个 0 组成的一行来结尾。

3. 输出要求

除了输入的最后一行 6 个 0 以外,输入文件里每一行对应着输出文件的一行,每一行输出一个整数代表对应的订单所需要的最小包裹数。

4. 输入样例

```
0 0 4 0 0 1
7 5 1 0 0 0
0 0 0 0 0 0
```

5. 输出样例

```
2
1
```

6. 解题思路

这个问题描述得比较清楚,在这里只解释输入输出样例:共有两组有效输入,第一组表示有 4 个 3×3 的产品和一个 6×6 的产品,此时 4 个 3×3 的产品占用 1 个箱子,另外一个 6×6 的产品占用 1 个箱子,所以箱子数是 2;第二组表示有 7 个 1×1 的产品,5 个 2×2 的产品和 1 个 3×3 的产品,可以把它们统统放在一个箱子中,所以输出是 1。

分析 6 种型号的产品占用箱子的具体情况如下:

6×6 的产品每个会占用 1 个完整的箱子,并且没有空余空间。5×5 的产品每个占用 1 个新的箱子,并且留下 11 个可以盛放 1×1 的产品的空余空间。4×4 的产品每个占用 1 个新的箱子,并且留下 5 个可以盛放 2×2 的产品的空余空间。3×3 的产品情况比较复杂,首先 3×3 的产品不能放在原来盛有 5×5 或者 4×4 的箱子中,那么必须为 3×3 的产品另开新的箱子,新开的箱子数目等于 3×3 的产品的数目除以 4 向上取整;同时,需要讨论为 3×3 的产品新开箱子时,剩余的空间可以盛放多少 2×2 和 1×1 的产品(这里如果有空间可以盛放 2×2 的产品,就将它计入 2×2 的空余空间,等到 2×2 的产品全部装完;如果还有 2×2 的空间剩余,再将它们转换成 1×1 的剩余空间)。可以分情况讨论为 3×3 的产品打开的新箱子中剩余的空位,共为 4 种情况:①3×3 的产品的数目正好是 4 的倍数,所以没有空余空间;②3×3 的产品数目是 4 的倍数加 1,这时还剩 5 个 2×2 的空位和 7 个 1×1 的空位;③3×3 的产品数目是 4 的倍数加 2,这时还剩 3 个 2×2 的空位和 6 个 1×1 的空位;④3×3 的产品数目是 4 的倍数加 3,这时还剩 1 个 2×2 的空位和 5 个 1×1 的空位。处理完 3×3 的产品,就可以比较一下剩余的 2×2 的空位和 2×2 产品的数目,如果产品数目多,就将 2×2 的空位全部填满,再为 2×2 的产品打开新箱子,同时计算新箱子中 1×1 的空位,如果剩余空位多,就将 2×2 的产品全部填入 2×2 的空位,再将剩余的 2×2 的空位转换成 1×1 的空位。最后处理 1×1 的产品,比较一下 1×1 的空位与 1×1 的产品数目,如果空位多,将

1×1 的产品全部填入空位,否则,先将 1×1 的空位填满,然后再为 1×1 的产品打开新的箱子。

7. 参考程序

```
1.    #include<stdio.h>
2.    void main()
3.    {
4.        int N, a, b, c, d, e, f, y, x;        //N用来存储需要的箱子数目,y用来存储2×2
5.                                              //的空位数目 x用来存储1×1的空位数目
6.        int u[4]={0, 5, 3, 1};
7.    //数组u表示3×3的产品数目分别是4的倍数,4的倍数+1, 4的倍数+2, 4的倍数+3
8.    //时,为3×3的产品打开的新箱子中剩余的2×2的空位的个数
9.
10.       while(1){
11.           scanf("%d%d%d%d%d%d", &a, &b, &c, &d, &e, &f);
12.           if(a==0 && b==0 && c==0 && d==0 && e==0 && f==0) break;
13.           N=f+e+d+ (c+3)/4;
14.    //这里有一个小技巧:(c+3)/4 正好等于c除以4向上取整的结果,下同
15.           y=5* d+u[c %4];
16.           if(b>y)N+= (b-y+8)/9;
17.           x=36* N-36* f-25* e-16* d-9* c-4* b;
18.           if(a>x)N+= (a-x+35)/36;
19.           printf("%d\n", N);
20.       }
21.   }
```

8. 实现中常见的问题

问题一:计算逻辑没有想清楚,造成计算出错;

问题二:没有输入一组就输出一组,而是试图将所有输入都保存起来,计算后一起输出,但题目中并没有给出到底有多少组输入数据,所以有可能因为数组开设得太小而出现运行错;

问题三:输入语句使用不正确,造成死循环,表现为出现 output limit exceeded 错误。

练 习 题

1. 平均年龄

班上有学生若干名,给出每名学生的年龄(整数),求班上所有学生的平均年龄,保留到小数点后两位。

2. 数字求和

给定一个正整数 a 以及另外的 5 个正整数,请问:这 5 个整数中,小于 a 的整数的和是多少?

3. 两倍

给定 2~15 个不同的正整数,任务是计算这些数里面有多少个数对满足:数对中一个

数是另一个数的两倍。例如,给定 1 4 3 2 9 7 18 22,得到的答案是 3,因为 2 是 1 的两倍,4 是 2 的两倍,18 是 9 的两倍。

4. 肿瘤面积

在一个正方形的灰度图片上,肿瘤是一块矩形的区域,肿瘤的边缘所在的像素点在图片中用 0 表示,其他肿瘤内和肿瘤外的点都用 255 表示。现在要求编写一个程序,计算肿瘤内部的像素点的个数(不包括肿瘤边缘上的点)。已知肿瘤的边缘平行于图像的边缘。

5. 肿瘤检测

一张 CT 扫描的灰度图像可以用一个 $N \times N (0 < N < 100)$ 的矩阵描述,矩阵上的每个点对应一个灰度值(整数),其取值范围是 0~255。假设给定的图像中有且只有一个肿瘤。在图上监测肿瘤的方法如下:如果某个点对应的灰度值小于等于 50,则这个点在肿瘤上;否则不在肿瘤上。把在肿瘤上的点的数目加起来,就得到了肿瘤在图上的面积。任何在肿瘤上的点,如果它是图像的边界或者它的上下左右 4 个相邻点中至少有一个是非肿瘤上的点,则该点称为肿瘤的边界点。肿瘤的边界点的个数称为肿瘤的周长。现在给定一个图像,要求计算其中的肿瘤的面积和周长。

6. 垂直直方图

输入 4 行全部由大写字母组成的文本,输出一个垂直直方图,给出每个字符出现的次数。

注意:只用输出字符的出现次数,不用输出空白字符、数字或者标点符号的输出次数。

7. 谁拿了最多的奖学金

某校的惯例是在每学期的期末考试之后发放奖学金。发放的奖学金共有 5 种,获取的条件各自不同,如下所述:

(1) 院士奖学金,每人 8000 元,期末平均成绩高于 80 分(>80),并且在本学期内发表 1 篇或 1 篇以上论文的学生均可获得。

(2) 五四奖学金,每人 4000 元,期末平均成绩高于 85 分(>85),并且班级评议成绩高于 80 分(>80)的学生均可获得。

(3) 成绩优秀奖,每人 2000 元,期末平均成绩高于 90 分(>90)的学生均可获得。

(4) 西部奖学金,每人 1000 元,期末平均成绩高于 85 分(>85)的西部省份学生均可获得。

(5) 班级贡献奖,每人 850 元,班级评议成绩高于 80 分(>80)的学生干部均可获得。

只要符合条件就可以得奖,每项奖学金的获奖人数没有限制,每名学生也可以同时获得多项奖学金。例如,姚林的期末平均成绩是 87 分,班级评议成绩 82 分,同时他还是一位学生干部,那么他可以同时获得五四奖学金和班级贡献奖,奖金总数是 4850 元。

现在给出若干学生的相关数据,请计算哪些同学获得的奖金总数最高(假设总有同学能满足获得奖学金的条件)。

8. 简单密码

Julius Caesar 曾经使用过一种很简单的密码。对于明文中的每个字符,将它用它在字母表中后 5 位对应的字符来代替,这样就得到了密文。例如,字符 A 用 F 来代替。如下是密文和明文中字符的对应关系:

密文:A B C D E F G H I J K L M N O P Q R S T U V W X Y Z

明文：V W X Y Z A B C D E F G H I J K L M N O P Q R S T U

任务是对给定的密文进行解密得到明文。

需要注意的是,密文中出现的字母都是大写字母。密文中也包括非字母的字符,对这些字符不用进行解码。

9. 化验诊断

表 2-1 是进行血常规检验的正常值参考范围,以及化验值异常的临床意义。

表 2-1　化验单

	英文简写	中文名称	参考值	临床意义
血常规	WBC	白细胞	$(4.0 \sim 10.0) \times 10^9$/L	过高:多为炎症,显著异常增高还可能是白血病或恶性肿瘤
	RBC	红细胞	$(3.5 \sim 5.5) \times 10^{12}$/L	过低:贫血;过高:红细胞增多症、高粘血症
	HGB	血红蛋白	男:120~160g/L 女:110~150g/L	过低:贫血;过高:红细胞增多症
	HCT	红细胞比积	男:42%~48% 女:36%~40%	过低:贫血;过高:红细胞增多症
	PLT	血小板计数	$(100 \sim 300) \times 10^9$/L	用于检测凝血系统功能,过低多见于再生障碍性贫血、白血病

给定一张如表 2-1 所示的化验单,判断其所有指标是否正常,如果不正常,统计有几项不正常。化验单上的值必须严格落在正常参考值范围内,才算是正常。正常参考值范围包括边界,即落在边界上也算正常。

10. 密码

Bob 和 Alice 开始使用一种全新的编码系统,它是一种基于一组私有钥匙的系统。他们选择了 n 个不同的数 $a_1, a_2, \cdots, a_n$,这些数都大于 0 且小于等于 n。加密过程如下:待加密的信息放置在这组加密钥匙下,信息中的字符和密钥中的数字一一对应起来。信息中位于 i 位置的字母将被写到加密信息的第 a_i 个位置,a_i 是位于 i 位置的密钥。加密信息如此反复加密,一共加密 k 次。

信息长度小于等于 n。如果信息比 n 短,后面的位置用空格填补直到信息长度为 n。请帮助 Alice 和 Bob 编写一个程序,读入密钥,然后读入加密次数 k 和要加密的信息,按加密规则将信息加密。

第 3 章

数制转换问题

解决数制转换问题时,如果所给的数值不是用十进制表示的,一般用一个字符型数组来存放。数组的每个元素分别存储它的一位数字。然后按位转换求和,得到十进制表示;再把十进制表示转换成所求的数制表示。转换的结果也用一个字符型数组表示,每个元素表示转换结果的一位数字。

根据数制表示中相邻位的基数关系,可以把不同的数制分成两类:一类数制表示中,相邻位的基数是等比关系,例如人们熟悉的十进制表示;另一类数制表示中,相邻位的基数是不等比的,例如在时间表示中,从秒到分采用六十进制,从月到年采用十二进制。把一个数值从数制 B 的表示 $b_m b_{m-1} b_{m-2} \cdots b_1$ 转换成十进制表示 $d_n d_{n-1} d_{n-2} \cdots d_1$ 比较简单。假设数制 B 中,第 i 位的基数为 $base_i (1 \leqslant i \leqslant m)$,直接把 $base_i$ 与 b_i 相乘,然后对全部乘积求和。从十进制表示 $d_n d_{n-1} d_{n-2} \cdots d_1$ 到 $b_m b_{m-1} b_{m-2} \cdots b_1$ 的转换需要分两种情况考虑:

- 数制 B 中相邻数字的基数是等比关系,即 $base_i (1 \leqslant i \leqslant m)$ 可以表示成 C^{i-1},其中 C 是一个常量。将 $d_n d_{n-1} d_{n-2} \cdots d_1$ 除以 C,余数即为 b_1;将 $d_n d_{n-1} d_{n-2} \cdots d_1$ 和 C 相除的结果再除以 C,余数即为 b_2,$\cdots$,直至计算出为 b_m 为止。
- 数制 B 中相邻数字的基数不等比。需要先判断 $d_n d_{n-1} d_{n-2} \cdots d_1$ 在数制 B 中需要的位数 m,然后从高位到低位依次计算 $b_m, b_{m-1}, b_{m-2}, \cdots, b_1$。

3.1 相邻数字的基数等比:确定进制

1. 问题描述

$6 \times 9 = 42$ 对于十进制来说是错误的,但是对于十三进制来说是正确的,即 $6(13) \times 9(13) = 42(13)$,而 $42(13) = 4 \times 13^1 + 2 \times 13^0 = 54(10)$。你的任务是写一段程序读入三个整数 p、q 和 r,然后确定一个进制 $B(2 \leqslant B \leqslant 16)$ 使得 $p \times q = r$。如果 B 有很多选择,输出最小的一个。例如,$p = 11, q = 11, r = 121$,则有 $11(3) \times 11(3) = 121(3)$。因为 $11(3) = 1 \times 3^1 + 1 \times 3^0 = 4(10)$ 和 $121(3) = 1 \times 3^2 + 2 \times 3^1 + 1 \times 3^0 = 16(10)$。对于十进制,有 $11(10) \times 11(10) = 121(10)$。这种情况下,应该输出 3。如果没有合适的进制,则输出 0。

2. 输入数据

输入有 T 组测试样例。T 在第一行给出。每一组测试样例占一行,包含三个整数 p、q、

r。p、q、r 的所有位都是数字,并且 $1 \leqslant p$、q、$r \leqslant 1\,000\,000$。

3. 输出要求

对于每个测试样例输出一行。该行包含一个整数:即使得 $p \times q = r$ 成立的最小的 B。如果没有合适的 B,则输出 0。

4. 输入样例

```
3
6 9 42
11 11 121
2 2 2
```

5. 输出样例

```
13
3
0
```

6. 解题思路

此问题很简单。选择一个进制 B,按照该进制将被乘数、乘数、乘积分别转换成十进制,然后判断等式是否成立,使得等式成立的最小 B 就是所求的结果。

分别用一个字符型数组存储 p、q、r 的各位数字符号。先以字符串的方式读入 p、q、r,然后按不同的进制将它们转换成十进制数,判断是否相等。

7. 参考程序

```c
1.   #include<stdio.h>
2.   #include<string.h>
3.
4.   long b2ten(char * x, int b) {
5.       int ret=0;
6.       int len=strlen(x);
7.       for (int i=0; i<len; i++) {
8.           if(x[i]-'0'>=b) return-1;
9.           ret *=b;
10.          ret+=x[i]-'0';
11.      }
12.      return (long)ret;
13.  }
14.
15.  void main() {
16.      int n;
17.      char p[8],q[8],r[8];
18.      long pAlgorism, qAlgorism, rAlgorism;
19.      scanf("%d", &n);
20.      while(n--) {
21.          scanf("%s%s%s", p, q, r);
22.          for(int b=2; b<=16; b++) {
```

```
23.            pAlgorism=b2ten(p, b);
24.            qAlgorism=b2ten(q, b);
25.            rAlgorism=b2ten(r, b);
26.            if(pAlgorism==-1 || qAlgorism==-1 || rAlgorism==-1) continue;
27.            if(pAlgorism * qAlgorism==rAlgorism) {
28.                printf("%d\n",b);
29.                break;
30.            }
31.        }
32.        if(b==17) printf("0\n");
33.    }
34. }
```

8. 常见错误

（1）在数制 $b(2 \leqslant b \leqslant 16)$ 的表示中，每一位上的数字一定都比 b 小。每读入一组数据后，需要根据其中的数字判断 b 的下限。在参考程序的 b2ten 函数中，如果字符串 x 中存储的数字比 b 大或者与 b 相等，则返回 -1。这表明：按照数制 b，x 中存储的表示形式是非法的，因此 b 不可能是所求的值。

（2）检查：在未找到合适的 b 时，是否输出 0。

3.2 相邻数字的基数不等比：skew 数

1. 问题描述

在 skew binary 表示中，第 k 位的值 x_k 表示 $x_k \times (2^{k+1}-1)$。每个位上的可能数字是 0 或 1，最后面一个非零位可以是 2。例如，$10120(\text{skew}) = 1 \times (2^5-1) + 0 \times (2^4-1) + 1 \times (2^3-1) + 2 \times (2^2-1) + 0 \times (2^1-1) = 31 + 0 + 7 + 6 + 0 = 44$。前 10 个 skew 数是 0、1、2、10、11、12、20、100、101 和 102。

2. 输入数据

输入包含一行或多行，每行包含一个整数 n。如果 $n=0$ 表示输入结束，否则 n 是一个 skew 数。

3. 输出要求

对于每一个输入，输出它的十进制表示。转换成十进制后，n 不超过 $2^{31}-1 = 2\,147\,483\,647$。

4. 输入样例

```
10120
20000000000000000000000000000000
10
100000000000000000000000000000000
11
100
111110000011100001011101102000
0
```

5. 输出样例

```
44
2147483646
3
2147483647
4
7
1041110737
```

6. 解题思路

skew 数的相邻位上,基数之间没有等比关系。计算每一位的基数后,再把一个 skew 数转换成十进制表示就很简单。对于长度为 k 的 skew 数,最后一位数字的基数为 2^k-1。由于转换成十进制后,n 不超过 $2^{31}-1$,因此输入 skew 数的最大长度不超过 31。

用一个整型数组 base[31],依次存储 skew 数最末位、倒数第 2 位、…、第 31 位的基数值。使用这个数组,把每个 skew 数转换成对应的十进制数。

$$base[0]=1$$
$$base[k]=2^{k+1}-1=2*(2^k-1)+1=2*base[k-1]+1$$

7. 参考程序

```
1.    #include<stdio.h>
2.    #include<string.h>
3.    int main()
4.    {
5.        int i,k,base[31],sum;
6.        char skew[32];
7.        base[0]=1;
8.        for(i=1; i<31; i++) base[i]=2*base[i-1]+1;
9.        while(1) {
10.           scanf("%s", skew);
11.           if(strcmp(skew,"0")==0)
12.              break;
13.           sum=0;
14.           k=strlen(skew);
15.           for(i=0; i<strlen(skew); i++) {
16.              k--;
17.              sum+=(skew[i]-'0') * base[k];
18.           }
19.           printf("%d\n",sum);
20.        }
21.        return 0;
22.    }
```

练 习 题

1. 十进制到八进制

把一个十进制正整数转化成八进制数。

2. 八进制到十进制

把一个八进制正整数转化成十进制数。

3. 二进制转化为十六进制

输入一个二进制的数,要求输出该二进制数的十六进制表示。在十六进制的表示中,A~F 表示 10~15。

4. 八进制小数

八进制小数可以用十进制小数精确的表示。例如,八进制中的 0.75 等于十进制中的 0.963125(7/8+5/64)。所有小数点后位数为 n 的八进制小数都可以表示成小数点后位数不多于 $3 \times n$ 的十进制小数。你的任务是写一个程序,把(0,1)中的八进制小数转化成十进制小数。

问题提示:

(1)
$$d_1 d_2 d_3 \cdots d_k [8] = (d_1 + (d_2 + (d_3 + (\cdots d_k \times 0.125 \cdots) \times 0.125) \times 0.125) \times 0.125 \ [10]$$
$$= (d_1 \times 10^{3 \times (k-1)} + (d_2 \times 10^{3 \times (k-2)} + (d_3 \times 10^{3 \times (k-3)} + (\cdots d_k \times 125 \cdots) \times 125) \times 125) \times 125 \times 10^{-3 \times k} [10]$$

(2) $0.D_1 D_2 D_3 \cdots D_m$ 中小数点后最多可以有 42 位数字。用一个数组来存储 $D_1 D_2 D_3 \cdots D_m$,每个元素存储一位数字。

第 **4** 章

字符串处理

4.1　简单的字符串操作示例

　　本节介绍一个简单的字符串操作的例子。程序的第 4 行通过一个字符串常量和一个不定长数组的方式,定义一个字符串变量。第 5 行以定长数组的方式,定义了另外一个字符串变量,并用一个字符串常量对其初始化。第 6 行也试图像第 5 行一样,定义一个字符串变量,但所给字符串常量的长度大于数组的长度,字符串变量定义出错。程序的第 13~16 行试图对字符串变量进行赋值操作,编译出错。

```
1.    #include<string.h>
2.    #include<stdio.h>
3.
4.    char str1[]="The quick brown dog jumps over the lazy fox";
5.    char str2[50]="The QUICK brown dog jumps over the lazy fox";
6.    char str3[40]="The QUICK brown dog jumps over the lazy fox";
7.        //错误:字符串常量共有 43 个字符,需要一个长度至少为 44 的字符串变量存储
8.    char str4[50];
9.
10.   void main(void)
11.   {
12.       int result;
13.       str4="The QUICK brown DOG jumps over the lazy fox";
14.                          //错误:不能将一个字符串变量赋值给另一个字符串变量
15.       str4=str2;         //错误:不能将一个字符串变量赋值给另一个字符串变量
16.       str4=str1;         //错误:不能将一个字符串变量赋值给另一个字符串变量
17.       printf("Compare strings:\n\t%s\n\t%s\n\n", str1, str2);
18.       result=strcmp(str1, str2);
19.       printf("strcmp: result=%d\n", result);
20.       result=stricmp(str1, str2);
21.       printf("stricmp: result=%d\n", result);
22.       printf("strcspan: %d\n", strcspan(st1, "bdog"));
23.       scanf("%s", str4);    //输入一个字符串变量的值
```

```
24.        printf("#%s#\n", str4);            //输出一个字符串变量的值
25.        str2[19]='\0';                     //以数组下标的方式更改字符串元素的值
26.        printf("%s\n", str2);              //输出更改后字符串变量的值
27.        return;
28.   }
```

输入：

hello world

输出：

```
43 43 0
Comparing strings:
          The quick brown dog jumps over the lazy fox
          The QUICK brown dog jumps over the lazy fox
strcmp: result=1
stricmp: result=0
#hello#
The QUICK brown dog
```

4.2　例题：统计字符数

1．问题描述

判断一个由 a～z 这 26 个字符组成的字符串中哪个字符出现的次数最多。

输入数据：

第 1 行是测试数据的组数 n，每组测试数据占 1 行，是一个由 a～z 这 26 个字符组成的字符串，每组测试数据之间有一个空行，每行数据不超过 1000 个字符且非空。

输出要求：

n 行，每行输出对应一个输入。一行输出包括出现次数最多的字符和该字符出现的次数，中间是一个空格。如果有多个字符出现的次数相同且最多，那么输出 ASCII 码最小的那一个字符。

2．输入样例

```
2
abbccc

adfadffasdf
```

3．输出样例

```
c 3
f 4
```

4．问题分析

每读入一个字符串，将这个字符串作为一个字符型数组，依次判断每个数组元素分别是什么字母。统计出各个字母在字符串中分别出现了多少次，找到出现次数最多的。这里要

注意以下三点：

（1）输入字符串时，可以像一般变量一样，一次输入一个字符串。scanf 函数通过空格或者回车字符判断一个字符串的结束。而一般数组在输入时，每次只能输入一个数组元素。

（2）字符串是一个字符型数组，可以像访问一般数组的元素一样，通过下标访问其中的各个元素。scanf 函数输入字符串时，并不返回所输入字符串的长度。可以使用字符串处理函数 strlen 函数计算字符串中包括多少个字符。

（3）输入的字符串中，可能有多个字符出现的次数相同且最多的情况。此时要输出 ASCII 码最小的那一个字符。

5. 解决方案

选择合适的数据结构是保持程序代码简洁、易读、高效的关键。输入字符串的最大长度是 1000 个字符，存储这样一个字符串需要一个长度为 1001 的字符型数组 str，其中数组的最后一个元素存储字符串的结束标志'\0'。定义一个长度为 26 的专门整型数组 sum，记录在一个输入字符串中，每个字母的出现次数。字母 c 的出现次数记录在数组元素 sum[c-'a']中。

6. 参考程序

```
1.    #include<stdio.h>
2.    #include<string.h>
3.    void main()
4.    {
5.        int cases, sum[26], i, max;
6.        char str[1001];
7.
8.        scanf("%d", &cases);
9.        while (cases>0) {
10.           scanf("%s", str);
11.           for(i=0; i<26; i++)
12.               sum[i]=0;
13.           for(i=0; i<strlen(str); i++)
14.               sum[str[i]-'a']++;
15.           max=0;
16.           for(i=1; i<26; i++)
17.               if(sum[i]>sum[max]) max=i;
18.           printf("%c %d\n", max+'a', sum[max]);
19.           cases--;
20.       }
21.    }
```

7. 常见错误

（1）将数组 str 的长度定义成 1000 而不是 1001，忽略了在字符串的末尾，要添加表示字符串结束的额外标志字符'\0'。在处理字符串时要特别注意：存储长度为 N 的字符串时，所使用的字符型数组的长度必须大于或等于 $N+1$。

（2）程序的语句 15～17 行判断输入字符串中哪个字符出现的次数最多。问题描述中，要求有多个字符出现的次数相同且最多时，必须输出 ASCII 码最小的字符。编程中常常不仔细,将语句第 17 行判断条件 sum[i]＞sum[max] 替换成 sum[i]≥sum[max],从而将导致结果出错:有多个字符出现的次数相同且最多时,max 所指示将是 ASCII 码最大的字符。

4.3　例题: 487-3279

1. 问题描述

企业喜欢用容易被记住的电话号码。让电话号码容易被记住的一个办法是将它写成一个容易记住的单词或者短语。例如,需要给 Waterloo 大学打电话时,可以拨打 TUT-GLOP。有时,只将电话号码中部分数字拼写成单词。当晚上回到酒店,可以通过拨打 310-GINO 来向 Gino's 订一份 pizza。让电话号码容易被记住的另一个办法是以一种好记的方式对号码的数字进行分组。通过拨打 Pizza Hut 的"三个十"号码 3-10-10-10,你可以从他们那里订 pizza。

电话号码的标准格式是 7 位十进制数,并在第 3 和第 4 位数字之间有一个连接符。电话拨号盘提供了从字母到数字的映射,映射关系如下:

A、B 和 C 映射到 2

D、E 和 F 映射到 3

G、H 和 I 映射到 4

J、K 和 L 映射到 5

M、N 和 O 映射到 6

P、R 和 S 映射到 7

T、U 和 V 映射到 8

W、X 和 Y 映射到 9

Q 和 Z 没有映射到任何数字,连字符不需要拨号,可以任意添加和删除。TUT-GLOP 的标准格式是 888-4567,310-GINO 的标准格式是 310-4466,3-10-10-10 的标准格式是 310-1010。

如果两个号码有相同的标准格式,那么它们就是等同的(相同的拨号)。

假设你的公司正在为本地的公司编写一个电话号码簿。作为质量控制的一部分,你想要检查是否有两个和多个公司拥有相同的电话号码。

输入数据:

第一行是一个正整数,指定电话号码簿中号码的数量(最多 100 000)。余下的每行是一个电话号码。每个电话号码由数字、大写字母(除了 Q 和 Z)以及连接符组成。

输出要求:

对于每个出现重复的号码产生一行输出,输出是号码的标准格式紧跟一个空格然后是它的重复次数。如果存在多个重复的号码,则按照号码的字典升序输出;如果没有重复的号码,则输出一行:

```
No duplicates.
```

2. 输入样例

```
4873279
ITS-EASY
888-4567
3-10-10-10
888-GLOP
TUT-GLOP
967-11-11
310-GINO
F101010
888-1200
-4-8-7-3-2-7-9-
487-3279
```

3．输出样例

```
310-1010 2
487-3279 4
888-4567 3
```

4．问题分析

为了便于记忆，将电话号码翻译成单词、短语，并进行分组。同一个电话号码，有多种表示方式。为了判断输入的电话号码中是否有重复号码，需要解决两个问题：①将各种电话号码表示转换成标准表示——一个长度为 8 的字符串，前 3 个字符是数字、第 4 个字符是'-'、后 4 个字符是数字。②根据电话号码的标准表示，搜索重复的电话号码。办法是对全部的电话号码进行排序，这样相同的电话号码就排在相邻的位置。此外，题目也要求在输出重复的电话号码时，要按照号码的字典升序进行输出。

5．解决方案

用一个二维数组 telNumbers[100000][9] 来存储全部的电话号码，每一行存储一个电话号码的标准表示。每读入一个电话号码，首先将其转换成标准表示，然后存储到二维数组 telNumbers 中。全部电话号码都输入完毕后，将数组 telNumbers 作为一个一维数组，其中每个元素是一个字符串，用 C/C++ 提供的函数模板 sort 对进行排序。用字符串比较函数 strcmp 比较 telNumbers 中相邻的电话号码，判断是否有重复的电话号码，并计算重复的次数。

6．参考程序

```c
1.   #include<stdio.h>
2.   #include<stdlib.h>
3.   #include<string.h>
4.
5.   char map[]="22233344455566677778889999";
6.   char str[80], telNumbers[100000][9];
7.
8.   int compare(const void * elem1,const void * elem2) {
9.   //为函数模板 sort 定义数组元素的比较函数
10.      return (strcmp((char * )elem1, (char * )elem2));
```

```
11.    };
12.
13.    void standardizeTel(int n) {
14.        int j, k;
15.
16.        j=k=-1;
17.        while(k<8) {
18.            j++;
19.            if(str[j]=='-')
20.                continue;
21.            k++;
22.            if(k==3) {
23.                telNumbers[n][k]='-';
24.                k++;
25.            }
26.            if(str[j]>='A' && str[j]<='Z') {
27.                telNumbers[n][k]=map[str[j]-'A'];
28.                continue;
29.            };
30.            telNumbers[n][k]=str[j];
31.        }
32.        telNumbers[n][k]='\0';
33.        return;
34.    }
35.
36.    void main()
37.    {
38.        int n,i,j;
39.        bool noduplicate;
40.
41.        scanf("%d",&n);
42.        for(i=0;i<n;i++){               //输入电话号码,存储到数组 telNumbers 中
43.            scanf("%s",str);
44.            standardizeTel(i);
45.                //将 str 中的电话号码转换成标准形式,存储在 telNumbers 的第 i 行
46.        }
47.
48.        qsort(telNumbers,n,9,compare);   //对输入的电话号码进行排序
49.
50.        noduplicate=true;
51.        i=0;
52.        while(i<n){                      //搜索重复的电话号码,并进行输出
53.            j=i;
54.            i++;
55.            while(i<n&&strcmp(telNumbers[i], telNumbers[j])==0) i++;
```

```
56.              if(i-j>1) {
57.                  printf("%s %d\n", telNumbers[j], i-j);
58.                  noduplicate=false;
59.              }
60.          }
61.      if(noduplicate)
62.          printf("No duplicates.\n");
63.
64.  }
```

7. 实现技巧

(1) 用一个字符串 map 表示从电话拨号盘的字母到数字的映射关系:map[j]表示字母 j+'A'映射成的数字。将输入的电话号码转换成标准形式时,使用 map 将其中的字母转换成数字,简化程序代码的实现。刚开始学习写程序时,常常不习惯用数据结构来表示问题中的事实和关系,而容易用一组条件判断语句来实现这个功能。虽然也能够实现,但程序代码看起来不简洁,也容易出错。

(2) 尽量使用 C/C++ 的函数来完成程序的功能,简化程序代码的实现。在这个程序中,使用函数模板 sort 进行电话号码的排序;使用字符串比较函数 strcmp 查找重复的电话号码。

(3) 对程序进行模块化,把一个独立的功能作为一个函数,并用一个单词、短语对函数进行命名。上面的参考程序中,对电话号码标准化是一个独立的功能,最好定义一个函数 standardizeTel,使得整个程序的结构清晰、简洁、易读。不同的程序模块需要共同访问的数据作为全局变量,既可简化函数的参数接口,又可以降低函数调用的参数传递开销。例如,在上面的参考程序中,数组 map 和 telNumbers 都作为全局变量。

8. 常见错误

在输出中,要注意输出数据的格式要求,区分输出数据中的字母大小写:

(1) 输出重复电话号码时,要按照标准格式输出:电话号码的前 3 位数字和后 4 位数字之间,有一个字符'-'。

(2) 无重复电话号码时,输出提示信息"No duplicates.",问题要求提示信息的第一个字母要大写。

4.4 例题:子串

1. 问题描述

给定一些由英文字符组成的大小写敏感的字符串。请写一个程序,找到一个最长的字符串 x,使得:对于已经给出的字符串中的任意一个 y,x 或者是 y 的子串,或者 x 中的字符反序之后得到的新字符串是 y 的子串。

输入数据:

输入的第一行是一个整数 $t(1\leqslant t\leqslant 10)$,$t$ 表示测试数据的数目。对于每一组测试数据,第一行是一个整数 $n(1\leqslant n\leqslant 100)$,表示已经给出 n 个字符串。接下来 n 行,每行给出一个长度在 1~100 的字符串。

输出要求：

对于每一组测试数据，输出一行，给出题目中要求的字符串 x 的长度；如果找不到符合要求的字符串，则输出 0。

2. 输入样例

```
2
3
ABCD
BCDFF
BRCD
2
rose
orchid
```

3. 输出样例

```
2
2
```

4. 问题分析

假设 x_0 是输入的字符串中最短的一个，x 是所要找的字符串，x' 是 x 反序后得到的字符串。显然，要么 x 是 x_0 的子串、要么 x' 是 x_0 的子串。因此，只要取出 x_0 的每个子串 x，判断 x 是否满足给定的条件，找到其中满足条件的最长子串即可。

5. 解决方案

每输入一组字符串后，首先找到其中最短的字符串 x_0。然后根据 x_0 搜索满足条件的子字符串。对 x_0 的各子字符串从长到短依次判断是否满足条件，直到找到一个符合条件的子字符串为止。此问题的关键有以下两点：

（1）搜索到 x_0 的每个子字符串，并且根据子字符串的长度从长到短开始判断，不要遗漏了任何子字符串。

（2）熟练掌握下列几个字符串处理函数，确保程序代码简洁、高效。

- strlen：计算字符串的长度；
- strncpy：复制字符串的子串；
- strcpy：复制字符串；
- strstr：在字符串中寻找子字符串；
- strrev：对字符串进行反序。

6. 参考程序

```
1.   #include<stdio.h>
2.   #include<string.h>
3.
4.   int t, n;
5.   char str[100][101];
6.
7.   int searchMaxSubString(char* source) {
```

```
8.      int subStrLen=strlen(source), sourceStrLen=strlen(source);
9.      int i, j;
10.     bool foundMaxSubStr;
11.     char subStr[101], revSubStr[101];
12.
13.     while(subStrLen>0) {          //搜索不同长度的子串,从最长的子串开始搜索
14.         for (i=0; i<=sourceStrLen-subStrLen; i++) {
15.             //搜索长度为 subStrLen 的全部子串
16.             strncpy(subStr, source+i, subStrLen);
17.             strncpy(revSubStr, source+i, subStrLen);
18.             subStr[subStrLen]=revSubStr[subStrLen]='\0';
19.             strrev(revSubStr);
20.             foundMaxSubStr=true;
21.             for(j=0; j<n; j++)
22.               if(strstr(str[j],subStr)==NULL && strstr(str[j],revSubStr)==NULL){
23.                     foundMaxSubStr=false;
24.                     break;
25.                 }
26.             if(foundMaxSubStr) return(subStrLen);
27.         }
28.         subStrLen--;
29.     }
30.
31.     return(0);
32. }
33.
34. void main()
35. {
36.     int i, minStrLen, subStrLen;
37.     char minStr[101];
38.
39.     scanf("%d", &t);
40.     while(t--) {
41.         scanf("%d", &n);
42.         minStrLen=100;
43.         for (i=0; i<n; i++) {                      //输入一组字符串
44.             scanf("%s", str[i]);
45.             if(strlen(str[i])<minStrLen) {         //寻找输入字符串中的最短字符串
46.                 strcpy(minStr, str[i]);
47.                 minStrLen=strlen(minStr);
48.             }
49.         }
50.         subStrLen=searchMaxSubString(minStr); //搜索满足条件的最长字符串
51.         printf("%d\n", subStrLen);
52.     }
```

```
53.    }
```

7. 实现技巧

理论上说,从输入的字符串中,任取一个字符串 y,然后搜索 y 的符合条件的子串,都可以找到需要的答案 x。从输入的字符串中选取最短的字符串作为搜索的依据,可以提高搜索的效率。

8. 常见错误

在用 strncpy 取子串时,需要在所取子串的末尾添加字符串结束符'\0'。

4.5 例题：Caesar 密码

1. 问题描述

Julius Caesar 生活在充满危险和阴谋的年代。为了生存,他首次发明了密码,用于军队的消息传递。假设你是 Caesar 军团中的一名军官,需要把 Caesar 发送的消息破译出来并提供给你的将军。消息加密的办法是：对消息原文中的每个字母,分别用该字母之后的第 5 个字母替换(如消息原文中的每个字母 A 都分别替换成字母 F),其他字符不变,并且消息原文的所有字母都是大写的。密码中的字母与原文中的字母对应关系如下。

密码字母：A B C D E F G H I J K L M N O P Q R S T U V W X Y Z
原文字母：V W X Y Z A B C D E F G H I J K L M N O P Q R S T U

输入数据：

最多不超过 100 个数据集组成。每个数据集由以下 3 部分组成。

① 起始行：START；

② 密码消息：由 1~200 个字符组成一行,表示 Caesar 发出的一条消息；

③ 结束行：END。

在最后一个数据集之后是另一行：ENDOFINPUT。

输出要求：

每个数据集对应一行,输出为 Caesar 的原始消息。

2. 输入样例

```
START
NS BFW, JAJSYX TK NRUTWYFSHJ FWJ YMJ WJXZQY TK YWNANFQ HFZXJX
END
START
N BTZQI WFYMJW GJ KNWXY NS F QNYYQJ NGJWNFS ANQQFLJ YMFS XJHTSI NS WTRJ
END
START
IFSLJW PSTBX KZQQ BJQQ YMFY HFJXFW NX RTWJ IFSLJWTZX YMFS MJ
END
ENDOFINPUT
```

3. 输出样例

```
IN WAR, EVENTS OF IMPORTANCE ARE THE RESULT OF TRIVIAL CAUSES
```

I WOULD RATHER BE FIRST IN A LITTLE IBERIAN VILLAGE THAN SECOND IN ROME

DANGER KNOWS FULL WELL THAT CAESAR IS MORE DANGEROUS THAN HE

4. 问题分析

此问题非常简单,将密码消息中的每个字母分别进行相应的变换即可。关键是识别输入数据中的消息行,读入消息行的数据。输入数据中,每个消息行包括多个单词以及若干个标点符号。

(1) scanf 函数输入字符串时,每个字符串中不能有空格。每读到单词 START,则表示下面读到的是一个消息行中的单词,直到读到单词 END 为止。

(2) 对消息解密时,需要将表示消息中单词的字符串作为普通的数组,依次变换其中的每个字母。

5. 解决方案

读到消息行之后,通过 scanf 读入其中的每个单词,分别解密。将解密后的单词按照原来的顺序,拼接成一条完整的消息。需要用到下列几个字符串处理函数。

- strcmp:识别输入数据中消息行的开始和结束;
- strlen:计算加密消息中每个单词的长度;
- strcat:将解密后的单词重新拼接成一条完整的消息。

6. 参考程序

```
1.   #include<stdio.h>
2.   #include<string.h>
3.   void decipher(char message[]);
4.   void main()
5.   {
6.       char message[201];
7.       gets(message);
8.       while(strcmp(message, "START")==0){
9.           decipher(message);
10.          printf("%s\n",message);
11.          gets(message);
12.      }
13.      return;
14.  }
15.
16.  void decipher(char message[])
17.  {
18.      char plain[27]="VWXYZABCDEFGHIJKLMNOPQRSTU";
19.      char cipherEnd[201];
20.      int i, cipherLen;
21.      gets(message);
22.      cipherLen=strlen(message);
23.      for(i=0; i<cipherLen; i++)
24.          if(message[i]>='A' && message[i]<='Z')message[i]=plain[message[i]-'A'];
25.
```

```
26.         gets(cipherEnd);
27.
28.         return;
29.     }
```

7. 常见错误

（1）在读入密码消息中的单词时，单词后面的标点符号也会随单词一起读到字符串 cipher 中。例如，输入样例中的第一条消息时，第二个单词后面是标点符号"，"，读单词 "BFW"时，实际读到 cipher 中的字符串是"BFW，"。当解密消息时，要识别 cipher 中的非字母符号，只对其中的字母符号进行变换。

（2）从密码消息中读入单词时，忽略了单词之间的空格符号。生成还原后的消息时，要在不同的单词之间，插入空格符号。

练 习 题

1. 字符串判等

给定两个由大小写字母和空格组成的字符串 s_1 和 s_2，它们的长度都不超过 100 个字符，长度也可以为 0。判断压缩掉空格并忽略大小写后，这两个字符串是否相等。

2. All in All

给定两个字符串 s 和 t，请判断 s 是否是 t 的子序列。也就是说，从 t 中删除一些字符，将剩余的字符连接起来，即可获得 s。s 和 t 都由 ASCII 码的数字和字母组成，且长度不超过 100 000。

3. 密码

Bob 和 Alice 开始使用一种全新的编码系统。这个编码系统是一种基于一组私有钥匙的系统。他们选择了 n 个不同的数 $a_1, a_2, \cdots, a_n$，它们都大于 0 小于等于 n。加密过程如下：待加密的信息放置在这组加密钥匙下，信息中的字符和密钥中的数字一一对应起来。信息中位于 i 位置的字母将被写到加密信息的第 a_i 个位置，a_i 是位于 i 位置的密钥。加密信息如此反复加密，一共加密 k 次。信息长度小于等于 n。如果信息比 n 短，后面的位置用空格填补，直到信息长度为 n。请你帮助 Alice 和 Bob 编写一个程序，读入密钥，然后读入加密次数 k 和要加密的信息，并且按加密规则将信息加密。假设 $0 < n \leqslant 200$。

4. W 密码

每加密一条消息需要三个整数码：k_1、k_2 和 k_3。字母[a~i]组成一组，[j~r]组成第二组，其他所有字母([s~z]和下划线)组成第三组。在消息中属于每组的字母将被循环地向左移动 k_i 个位置。每组中的字母只在自己组中的字母构成的串中移动。解密时，每组中的字母在自己所在的组中循环地向右移动 k_i 个位置。例如，对于消息 the_quick_brown_fox，k_i 的值分别取 2、3 和 1。加密后，字符串变成_icuo_bfnwhoq_kxert。图 4-1 显示了右旋解密的过程。

观察在组[a~i]中的字符，我们发现{i,c,b,f,h,e}出现在消息中的位置为{2,3,7,8,11,17}。当 $k_1 = 2$ 右旋一次后，上述位置中的字符变成{h,e,i,c,b,f}。表 4-1 显示了经过所有第一组字符旋转得到的中间字符串，然后是所有第二组、第三组旋转的中间字符串。在

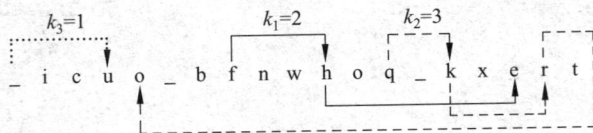

图 4-1 右旋解密的过程

一组中变换字母将不影响其他组中字母的位置。

表 4-1 字符旋转过程

	$[a\sim i]$, $k_1=2$	$[j\sim r]$, $k_2=3$	$[s\sim z]$ 和 _, $k_3=1$
Encrypted	_icuo_bfnwhoq_kxert	_heuo_icnwboq_kxfrt	_heuq_ickwbro_nxfot
Decrypted	_heuo_icnwboq_kxfrt	_heuq_ickwbro_nxfot	the_quick_brown_fox
Changes	^^ ^^ ^ ^	^ ^ ^^ ^	^ ^^ ^ ^ ^ ^

所有输入字符串中只包括小写字母和下划线"_"。每个字符串的长度不超过 80。k_i 是 1~100 之间的正整数。

5. 古代密码

古罗马帝王有一个包括各种部门的强大政府组织。其中,有一个部门就是保密服务部门。为了保险起见,在省与省之间传递的重要文件中的大写字母是加密的。当时最流行的加密方法是替换和重新排列。

(1)替换方法是将所有出现的字符替换成其他的字符。有些字符会碰巧替换成它自己。例如:替换规则可以是将'A'~'Y'替换成它的下一个字符,将'Z'替换成'A',如果原词是"VICTORIOUS"则它变成"WJDUPSJPVT"。

(2)排列方法改变原来单词中字母的顺序。例如:将顺序 <2,1,5,4,3,7,6,10,9,8> 应用到"VICTORIOUS"上,则得到"IVOTCIRSUO"。

人们很快意识到单独应用替换方法或排列方法加密是很不保险的。但是,如果结合这两种方法,在当时就可以得到非常可靠的加密方法。所以,很多重要信息先使用替换方法加密,再将加密的结果用排列方法加密。用两种方法结合就可以将"VICTORIOUS"加密成"JWPUDJSTVP"。

考古学家最近在一个石台上发现了一些信息。初看起来它们毫无意义,所以有人设想它们可能是用替换和排列的方法被加密了。人们试着解读了石台上的密码,现在他们想检查解读的是否正确。他们需要一个计算机程序来验证,你的任务就是编写这个验证程序。假设石台上的信息以及考古学家解读出来的文字分别是一个只有大写英文字母的字符串,而且它们的字符数目的长度都不超过 100。

6. 词典

你旅游到了国外的一个城市,但你不能理解那里的语言。不过幸运的是,你有一本词典可以帮助你。词典中包含不超过 100 000 个词条,而且在词典中不会有某个外语单词出现超过两次。现在给你一个由外语单词组成的文档,文档不超过 100 000 行,而且每行只包括一个外语单词;所有单词都只包括小写字母,而且长度不超过 10。请输入以下内容:首先输入一个词典,每个词条占据一行。每一个词条包括一个英文单词和一个外语单词,两个单词之间用一个空格隔开。词典之后是一个空行,然后把文档翻译成英文,每行输出一个英文单词。如果某个外语单词不在词典中,就把这个单词翻译成"eh"。

提示:用 sort 对词典的词条进行排序;当翻译文档时,使用函数模板 bsearch 进行词典的单词查找。

7. 最短前缀

一个字符串的前缀是从该字符串的第一个字符起始的一个子串。例如,"carbon"的子串是:"c"、"ca"、"car"、"carb"、"carbo"和"carbon"。注意,这里不认为空串是子串,但是每个非空串是它自身的子串。我们希望能用前缀来缩略地表示单词。例如,"carbohydrate"通常用"carb"来缩略表示。在下面的例子中,"carbohydrate"能被缩略成"carboh",但是不能被缩略成"carbo"(或其余更短的前缀),因为已经有一个单词用"carbo"开始。

```
carbohydrate
cart
carbonic
caribou
carriage
car
```

一个精确匹配会覆盖一个前缀匹配。例如,前缀"car"精确匹配单词"car"。因此,"car"为"car"的缩略语是没有二义性的,"car"不会被当成"carriage"或者任何在列表中以"car"开始的单词。现在给你一组单词,要求找到唯一标识每个单词的最短前缀。假设输入的单词数量不少于 2 且不多于 1000;每个单词的长度至少是 1 至多是 20。

8. 浮点数格式

输入 $n(n \leqslant 10\,000)$ 个浮点数,要求把这 n 个浮点数重新排列后再输出。每个浮点数中都有小数点,且总长度不超过 50 位。

第 5 章

日期和时间处理

在很多具体的程序设计中,经常会遇到与日期和时间处理相关的问题。

基本思想:这类问题一般会涉及不同日历表示法之间的相互转换。解决此类问题的基本思想是找到一种公共的基准,并通过该基准进行不同日历之间的转换。日期和时间处理问题一般不涉及很难的算法,但有时会有一些特殊情况需要处理,如果考虑不到就会出错。因此,需要有一些耐心处理细节问题,可以比较好地训练编程的严谨性。下面通过一些具体的实例,说明日期和时间处理上的常见问题及其解答。

5.1 例题:判断闰年

1. 问题描述

判断某年是否是闰年。公历纪年法中,能被 4 整除的大多是闰年,但能被 100 整除而不能被 400 整除的年份不是闰年,如 1900 年是平年,2000 年是闰年。

2. 输入数据

一行,仅含一个整数 $a(0<a<3000)$。

3. 输出要求

输出只有一行,如果公元 a 年是闰年则输出 Y,否则输出 N。

4. 输入样例

2006

5. 输出样例

N

6. 解题思路

这个题目主要考查闰年的定义,使用基本的逻辑判断语句就可以了。考虑到输入的范围在 0～3000 之间,所以判断闰年时不必考虑能被 3200 整除的年份不是闰年的判定条件。

程序应该包括三个基本的步骤:①正确读入要判定的年份 a;②判定 a 是否为闰年;③给出正确的输出。其中,判断输入年份是否为闰年,根据个人的思考习惯可以有不同的判定顺序。

（1）参考解法一——分段排除：

如果 $a\%4\;!=0$，则 a 不是闰年；

否则如果 $a\%100==0\;\&\&\;a\%400\;!=0$，则 a 不是闰年；

否则 a 是闰年。

（2）参考解法二——列出所有闰年的可能条件，满足条件则为闰年，否则判为非闰年：

如果 $(a\%400==0\;||\;(a\%4==0\;\&\&\;a\%100\;!=0))$，则 a 是闰年；否则 a 不是闰年。

7. 参考程序一

```
1.   #include<stdio.h>
2.   void main()
3.   {
4.       int a;              //记录待判定的年份
5.       scanf("%d", &a);
6.       if(a%4!=0)
7.           printf("N\n");
8.       else if(a%100==0 && a%400!=0)
9.               printf("N\n");
10.      else
11.          printf("Y\n");
12.  }
```

8. 参考程序二

```
1.   #include<stdio.h>
2.   void main(){
3.       int a;
4.       scanf("%d", &a);
5.       if((a%4==0 && a%100!=0) || a%400==0)
6.           printf("Y\n");
7.       else
8.           printf("N\n");
9.   }
```

9. 实现中常见的问题

问题一：代码冗长，不必要的变量定义。例如：

```
1.   #include<stdio.h>
2.   void main()
3.   {
4.       int year, a, b, c;
5.       scanf("%d", &year);
6.       a=year%4;
7.       b=year%100;
8.       c=year%400;
9.       if(a!=0){
10.          printf("N\n");
```

```
11.        }
12.        if(a==0 && b!=0){
13.            printf("Y\n");
14.        }
15.        if(b==0 && c!=0){
16.            printf("N\n");
17.        }
18.        if(c==0){
19.            printf("Y\n");
20.        }
21.    }
```

分析：

① 不必定义变量 a、b、c，可以直接在判断语句里写表达式；

② 可以用 && 将输出 Y 和 N 的情况合并，使代码更简洁清晰。

问题二：逻辑错误。例如：

```
1.    #include<stdio.h>
2.    void main()
3.    {
4.        int n;
5.        scanf("%d", &n);
6.        if(n%400==0) printf("Y");
7.        else if(n%4==0) printf("Y");
8.        else printf("N");
9.    }
```

分析：

没有判断能被 100 整除但不能被 400 整除的情况。

问题三：用错运算符。例如：

```
1.    #include<stdio.h>
2.    void main()
3.    {
4.        int n;
5.        scanf("%d", &n);
6.        if(n/4==0){
7.            if(n/400==0) printf("Y\n");
8.            else if(n/100==0) printf("N\n");
9.        else        printf("Y\n");
10.    }else      printf("N\n");
11.
12.    }
```

分析：

判断一个数是否能被另一个数整除应该用整数取模运算，而不是用整数除法运算。

问题四：C 和 C++ 的输出混用，造成输出有误。例如：

```
1.    #include<stdio.h>
2.    void main()
3.    {
4.        int year;
5.        scanf("%d", &year);
6.        bool judge;
7.        judge=(year%4==0 && year%100!=0 || year%400==0);
8.        if(judge) printf("%c",'Y');
9.        else     printf("%c",'N');
10.       printf("\n");;
11.   }
```

分析：

① 在<stdio.h>中定义的 C 的输入输出函数不能与<iostream.h>中定义的 C++ 的输入输出函数混用，因为它们使用不同的缓冲区，在输出的时候有可能不按代码中出现的顺序输出。所以，在程序中不要同时使用 C 和 C++ 的输入输出语句。

② 用 prinf 输出 Y 和 N 时，因为是常量不是变量，所以不必用％c 而直接将 Y 和 N 写在双引号中，如前面给出的参考程序。

问题五：其他还有一些编译出错、提交时选错题目、选错编译语言等问题。

5.2 例题：细菌繁殖

1. 问题描述

一种细菌的繁殖速度是每天成倍增长。例如，第一天有 10 个，第二天变成 20 个，第三天变成 40 个，第四天变成 80 个……。现在给出第一天的日期和细菌数目，要你写程序求出到某一天的时候，细菌的数目。

2. 输入数据

第一行有一个整数 n，表示测试数据的数目。其后 n 行的每行有 5 个整数，整数之间用一个空格隔开。第一个数表示第一天的月份，第二个数表示第一天的日期，第三个数表示第一天细菌的数目，第四个数表示要求的那一天的月份，第五个数表示要求的那一天的日期。已知第一天和要求的那一天在同一年并且该年不是闰年，要求的那一天一定在第一天之后。数据保证要求的那一天的细菌数目在整数范围内。

3. 输出要求

对于每一组测试数据，输出一行，该行包含一个整数，为要求的那一天的细菌数。

4. 输入样例

```
2
1 1 1 1 2
2 28 10 3 2
```

5. 输出样例

```
2
40
```

6. 解题思路

此题实际上是求给定的两天之间间隔的天数 n，第一天的细菌数乘以 2 的 n 次方就是题目的答案。每个月的天数因为不很规则，如果在程序中用规则描述会比较麻烦，所以可以使用一个数组将每个月的天数存起来。整个计算过程可以描述如下：

(1) 读入测试样例数 n；

(2) 做 n 次：

① 读入两个日期及第一天的细菌数；

② 将两个日期转换为当年的第几天；

③ 得到两个天数的差，即它们中间间隔的天数 m；

④ 用第一天的细菌数乘以 2 的 m 次方等到 x；

⑤ 输出 x。

7. 参考程序

参考程序一：//作者 c061000208013

```c
1.   #include<stdio.h>
2.   void main()
3.   {
4.       int days[12]={31, 28, 31, 30, 31, 30, 31, 31, 30, 31, 30, 31};
5.       int n;
6.       scanf("%d", &n);
7.       for(int i=0; i<n; i++){
8.           int month_1, day_1, month_2, day_2, num; //起止日期的月份和日期
9.           scanf("%d%d%d%d%d", &month_1, &day_1, &num,&month_2, &day_2);
10.          int sum=0;
11.          for(int k=month_1; k<month_2; k++){
12.              sum+=days[k-1];
13.          }
14.          sum-=day_1;
15.          sum+=day_2;
16.
17.          long nNum=num;
18.          for(k=0; k<sum; k++){
19.              nNum *=2;
20.          }
21.          printf("%d\n", nNum);
22.      }
23.  }
```

参考程序二：//作者 c060100548302

```
1.   #include<stdio.h>
2.   int month[]={0, 31, 28, 31, 30, 31, 30, 31, 31, 30, 31, 30, 31};
3.   void main()
4.   {
5.       int times;
6.       scanf("%d", &times);
7.       int mon1, date1, mon2, date2, num1;
8.       while(times--){
9.       scanf("%d%d%d%d%d", &mon1, &date1, &num1, &mon2, &date2);
10.          int days=date2-date1;
11.          for(int i=mon1; i<mon2; i++){
12.              days+=month[i];
13.          }
14.          long num=num1;
15.          for(int j=0; j<days; j++){
16.              num *=2;
17.          }
18.          printf("%d\n", num);
19.      }
20.  }
```

8. 实现中常见的问题

问题一：代码冗余，逻辑不够精简。例如：

```
1.   #include<stdio.h>
2.   #include<math.h>
3.   int dayofmonth[12]={31, 28, 31, 30, 31, 30, 31, 31, 30, 31, 30, 31};
4.
5.   void main(){
6.       int n;
7.       scanf("%d", &n);
8.       int a,b,num,c,d,i,k;
9.       for(i=0; i<n; i++){
10.          scanf("%d %d %ld %d %d", &a, &b, &num, &c, &d);
11.          int days=0;
12.          if(a==c)
13.          {
14.              days=d-b;
15.          }
16.          else if(a!=c){
17.              for(k=a; k<c; k++){
18.                  days=days+dayofmonth[k-1];
19.              }
20.              days=days-b+d;
```

```
21.            }
22.            num=num * pow(2, days);        //pow是math.h中定义的求指数的函数
23.            printf("%ld\n", num);
24.       }
25.  }
```

分析：

① 语句 for(k＝a；k＜c；k＋＋)当 a＝＝c 时不做任何事，所以，语句 if(a＝＝c)是多余的；

② 变量的命名应该更有表现力。例如，a、b、c、d 可以改成 mon1、day1、mon2、day2。

建议：

写好代码后应该反复阅读，看看是否还可以写得更简练。

问题二：错误的初始化位置。例如：

```
1.   #include<stdio.h>
2.   void main()
3.   {
4.       int n;
5.       scanf("%d", &n);
6.       int month[13]={0, 31, 28, 31, 30, 31, 30, 31, 31, 30, 31, 30, 31};
7.       int month1, day1, month2, day2, days=0, num;
8.       for(int i=0; i<n; i++){
9.           scanf("%d %d %d %d %d", &month1, &day1, &num, &month2, &day2);
10.          for(int i=month1; i<month2; i++){
11.              days+=month[i];
12.          }
13.          days+=day2;
14.          days-=day1;
15.          for(int j=0; j<days; j++){
16.              num=2 * num;
17.          }
18.          printf("%d\n", num);
19.      } //for
20.  } //main
```

分析：

此题有多组测试数据，对于每个测试数据，days 都应该从 0 开始计算，所以 days 正确的初始化位置应该在语句"for(int i＝0；i＜n；i＋＋){"之后。

问题三：内外重循环使用相同的变量，导致程序未得到预期的执行结果。例如：

```
1.   #include<stdio.h>
2.   void main()
3.   {
4.       int a[12]={31, 28, 31, 30, 31, 30, 31, 31, 30, 31, 30, 31};
5.       int mo1, mo2, da1, da2, num, all, day1, day2, day, i, n;
6.       scanf("%d", &n);
```

```
7.      for(i=0; i<n; i++){
8.          day1=0, day2=0;
9.          scanf("%d%d%d%d%d", &mo1, &da1, &num, &mo2, &da2);
10.         for(i=0; i<mo1-1; i++)    day1=day1+a[i];
11.         for(i=0; i<mo2-1; i++)    day2=day2+a[i];
12.         day=day2+da2-day1-da1;
13.         all=num;
14.         for(i=0; i<day; i++)    all *=2;
15.         printf("%d\n", all);
16.     }
17. }
```

分析：

变量 i 被用在内外两重循环中作为循环控制变量，应该再定义变量 j，与 i 分别控制内外两重循环。

问题四：小的逻辑错误导致计算结果的错误。例如：

```
1.  #include<stdio.h>
2.  #include<math.h>
3.  void main(){
4.      int n, month1, day1, month2, day2;
5.      long num1, num2;
6.      int totalDays=0;
7.      int days[13]={0, 31, 28, 31, 30, 31, 30, 31, 31, 30, 31, 30, 31};
8.      scanf("%d", &n);
9.      while(n--){
10.         scanf("%ld %ld %ld %ld %ld", &month1, &day1, &num1, &month2, &day2);
11.         if(month1==month2)
12.             totalDays=day2-day1;
13.         else{
14.             totalDays=day2+days[month1]-day1;   //加了一次 days[month1]
15.             for(int i=month1; i<month2; i++)    //又加了一次 days[month1]
16.                 totalDays+=days[i];
17.         }
18.         num2=num1;
19.         for(int j=0; j<totalDays; j++)
20.             num2 *= 2;
21.         printf("%ld\n", num2);
22.     }
23. }
```

分析：

在程序中，循环的边界是比较容易出错的地方，经常会有多做一次或者少做一次的情况，所以要格外仔细分析。

问题五：此题是一个有多组测试数据的题目，要求在每组测试数据的输出结果后输出换行符,否则系统会提示 Presentation Error 格式错。

思考题:如果要求的最终细菌数目可能超过整数所能表示的范围,此题该如何解决?

5.3　例题:日历问题

1. 问题描述

在现在使用的日历中,闰年被定义为能被 4 整除的年份,但是能被 100 整除而不能被 400 整除的年例外,它们不是闰年。例如,1700、1800、1900 和 2100 年不是闰年,而 1600、2000 和 2400 年是闰年。给定从公元 2000 年 1 月 1 日开始逝去的天数,你的任务是给出这一天是哪年、哪月、哪日、星期几。

2. 输入数据

输入包含若干行,每行包含一个正整数,表示从 2000 年 1 月 1 日开始逝去的天数。输入最后一行是 −1,不必处理。可以假设结果的年份不会超过 9999。

3. 输出要求

对每个测试样例输出一行,该行包含对应的日期和星期几。格式为"YYYY-MM-DD DayOfWeek",其中"DayOfWeek"必须是下面中的一个:"Sunday"、"Monday"、"Tuesday"、"Wednesday"、"Thursday"、"Friday"或"Saturday"。

4. 输入样例

```
1730
1740
1750
1751
-1
```

5. 输出样例

```
2004-09-26 Sunday
2004-10-06 Wednesday
2004-10-16 Saturday
2004-10-17 Sunday
```

6. 解题思路

这道题目使用的背景知识是闰年的定义和公历日历中一年 12 个月中每个月的日期数。

根据题目要求,所有涉及的数值都可以用整数表示。这个问题可以分解成两个彼此独立的问题:一个是要求的那天是星期几,另一是要求的那天是哪年哪月哪日。第一个问题比较简单,知道 2000 年 1 月 1 日是星期几后,只要用给定的日期对 7 取模,就可以知道要求的那天是星期几。第二个问题相对麻烦一些,用 year、month、date 分别表示要求的日期的年、月、日。当输入一个整数 n 时,如果 n 大于等于一年的天数,就用 n 减去一年的天数,直到 n 比一年的天数少(这时假设剩下天数为 m),一共减去多少年 year 就等于多少;如果 m 大于等于一个月的天数,就用 m 减去一个月的天数,直到 m 比一个月的天数少(这时假设剩下的天数为 k),一共减去多少个月 month 就等于多少;这时 k 为从当月开始逝去的天数,

$k+1$ 就是要求的 date。这里减去一年的天数时,要判断当年是否是闰年,减去一月时要判断当月有几天。

7. 参考程序

```c
1.  #include<stdio.h>
2.  int type(int);
3.  char week[7][10]={"Saturday", "Sunday", "Monday", "Tuesday", "Wednesday",
    "Thursday", "Friday"};
4.  int year[2]={365,366};        //year[0]表示非闰年的天数,year[1]表示闰年的天数
5.  int month[2][12]={31,28,31,30,31,30,31,31,30,31,30,31,31,29,31,30,31,30,
    31,31,30,31,30,31};
6.  //month[0]表示非闰年里每个月的天数,month[1]表示闰年里每个月的天数
7.  void main()
8.  {
9.      int days, dayofweek;      //days 表示输入的天数,dayofweek 表示星期几
10.     int i=0, j=0;
11.     while (scanf("%d", &days) && days!=-1) {
12.         dayofweek=days%7;
13.         for(i=2000; days>=year[type(i)]; i++)
14.             days-=year[type(i)];
15.         for(j=0; days>=month[type(i)][j]; j++)
16.             days-=month[type(i)][j];
17.         printf("%d-%02d-%02d %s\n", i, j+1, days+1, week[dayofweek]);
18.     }
19. }
20. int type(int m){             //判断第 m 年是否是闰年,是则返回 1,否则返回 0
21.     if(m%4!=0 || (m%100==0 && m%400!=0))        return 0;     //不是闰年
22.     else return 1;              //是闰年
23. }
```

8. 实现中常见的问题

问题一:逻辑过于复杂,导致程序出错。

问题二:没有将判断闰年的代码抽象成函数,使得主程序代码不够清晰。

问题三:多数出错的地方在于算错从 2000 年到当前年经历了多少个闰年。很多同学都错在多算一个或者少算一个。另外,计算闰年不能用循环,否则会超时。

5.4 例题:玛雅历

1. 问题描述

上周末,M. A 教授对古老的玛雅研究有了一个重大发现。从一个古老的节绳(玛雅人用于记事的工具)中,教授发现玛雅人使用了一个一年有 365 天称为 Haab 的日历。这个 Haab 日历拥有 19 个月,在开始的 18 个月,一个月有 20 天,月份的名字分别是 pop、no、zip、zotz、tzec、xul、yoxkin、mol、chen、yax、zac、ceh、mac、kankin、muan、pax、koyab 和 cumhu。这些月份中的日期用 0~19 表示。Haab 历的最后一个月称为 uayet,它只有 5 天,用 0~4

表示。玛雅人认为这个日期最少的月份是不吉利的,在这个月法庭不开庭,人们不从事交易,甚至没有人打扫屋中的走廊。

因为宗教的原因,玛雅人还使用了另一个日历,在这个日历中年被称为 Tzolkin(holly年),一年被分成 13 个不同的时期,每个时期有 20 天,每一天用一个数字和一个单词相组合的形式来表示。使用的数字是 1~13,使用的单词共有 20 个,它们分别是 imix、ik、akbal、kan、chicchan、cimi、manik、lamat、muluk、ok、chuen、eb、ben、ix、mem、cib、caban、eznab、canac 和 ahau。注意,年中的每一天都有着明确的描述。例如,在一年的开始,日期如下描述:1 imix,2 ik,3 akbal,4 kan,5 chicchan,6 cimi,7 manik,8 lamat,9 muluk,10 ok,11 chuen,12 eb,13 ben,1 ix,2 mem,3 cib,4 caban,5 eznab,6 canac,7 ahau,8 imix,9 ik,10 akbal,…。也就是说,数字和单词各自独立循环使用。

Haab 历和 Tzolkin 历中的年都用数字 0、1、…表示,数字 0 表示世界的开始。所以第一天被表示成:

```
Haab: 0. pop 0
Tzolkin: 1 imix 0
```

请帮助 M. A 教授写一个可以把 Haab 历转化成 Tzolkin 历的程序。

2. 输入数据

Haab 历中的数据由如下的方式表示:

日期. 月份 年数

第一行表示要转化的 Haab 历的数据量。下面的每一行表示一个日期,年数小于 5000。

3. 输出要求

Tzolkin 历中的数据由如下的方式表示:

天数字 天名称 年数

第一行表示需要转化的 Haab 历的数据量。下面的每一行表示一个日期。

4. 输入样例

```
3
10. zac 0
0. pop 0
10. zac 1995
```

5. 输出样例

```
3
3 chuen 0
1 imix 0
9 cimi 2801
```

6. 解题思路

这道题问的是如何将 Haab 历的日期转换为 Tzolkin 历的日期。首先,要搞清楚这两种日历记述日期的规则。Haab 历每年 365 天,分成 19 个月,前 18 个月每月 20 天,第 19 个月有 5 天,19 个月的名字分别用不同的字符串表示。每个月的日期是从 0 开始顺序记录的。若要计算出某个月的某一天是当年的第几天,可以将相应的月份用 0~18 表示,然后通过公式:"月份×20＋日期＋1"来计算。Tzolkin 历一年有 260 天,每个日期由数字部分和字符串部分组合而成。日期部分从 1~13 循环使用,字符串部分由 20 个不同的字符串循环取出使用。可以看出,Tzolkin 历中的日期的两个组成部分是彼此独立的,对于一年中的某一天,可以分别求出其数字部分和字符串部分,然后将其简单组合起来。这里正好 260 是 13和 20 的最小公倍数,所以一年中没有两天是一样的,并且数字和字符串的所有组合都被用来表示一年的某一天了。下面分析题目的具体解法。

总的思路是:首先计算出给出的 Haab 历表示的日期是世界开始后的第几天(假设是 k),然后用 k 除以 260 得到 Tzolkin 历的年份,再用 k 对 260 取模得到 m,用 m 分别对 13 和20 取模得到 d 和 s,d 和 Tzolkin 历中第 s 个字符串的组合就是要求的日期。这里需要注意的是,如果把世界的第 1 天用 0 表示,第 260 天用 259 表示,则正好用这个数字除以 260 得到 Tzolkin 历的年份,m 对 13 取模后得到 0~12 的值,这个值要加 1 才能用于表示 Tzolkin历的日期,同时 m 对 20 取模后得到 0~19 的数值,分别表示取 20 个字符串中的一个。如果用字符串数组来存储这 20 个字符串,则 0~19 的取值正好对应需要的字符串的数组下标。

7. 参考程序

```
1.   #include<stdio.h>
2.   #include<string.h>
3.   const int NAMELEN=10;
4.   char month1[19][NAMELEN]
5.   ={"pop","no","zip","zotz","tzec","xul","yoxkin","mol","chen","yax",
     "zac", "ceh","mac","kankin","muan","pax","koyab","cumhu","uayet"};
6.   char month2[20][NAMELEN]
7.   ={"imix","ik","akbal","kan","chicchan","cimi","manik","lamat","muluk",
8.   "ok","chuen","eb","ben","ix","mem","cib","caban","eznab","canac",
     "ahau"};
9.   void main()
10.  {
11.      int nCases, i, m;
12.      scanf("%d", &nCases);
13.      printf("%d\n", nCases);
14.      for (i=0; i<nCases; i++){
15.          int day, year, dates;
16.          char month[NAMELEN];
17.          scanf("%d. %s %d", &day, month, &year);        //读出 Haab 历的年月日
18.          for(m=0; m<19; m++)
19.              if(!strcmp(month1[m], month)) break;        //找到月份对应的数字
20.          dates=year*365+m*20+day;                        //计算距离世界开始的天数,从 0 开始
21.          printf("%d %s %d\n", 1+dates%13, month2[dates%20], dates/260); //输出
22.      }
23.  }
24.
```

8. 实现中常见的问题

问题一：一个非常不起眼，但却不容易查出来的问题是：有人在建立月份名称数组时，将个别月份的名字输错了一两个字母，导致程序运行出错。

问题二：有些人在计算 Tzolkin 历时，把程序中第 21 行的"1+dates％13"写成"(dates+1)％13"，导致本应该从 1~13 的数变成了从 0~12 的数。

5.5 例题：时区转换

1. 问题描述

直到 19 世纪，时间校准是一个纯粹的地方现象。每一个村庄当太阳升到最高点的时候把他们的时钟调到中午 12 点。一个钟表制造商人家或者村里主表的时间被认为是官方时间，市民们把自家的钟表和这个时间对齐。每周一些热心的市民会带着时间标准的表，游走大街小巷为其他市民对表。如果在城市之间旅游的话，那么在到达新地方的时候需要把怀表校准。但是，当铁路投入使用之后，越来越多的人频繁地长距离地往来，时间变得越来越重要。在铁路出现的早期，时刻表非常让人迷惑，每一个所谓的停靠时间都是基于停靠地点的当地时间。时间的标准化对于铁路的高效运营变得非常重要。

1878 年，加拿大人 Sir Sanford Fleming 提议使用一个全球的时区(这个建议被采纳，并衍生了今天所使用的全球时区的概念)，他建议把世界分成 24 个时区，每一个跨越 15 度经线(因为地球的经度 360 度，划分成 24 块后，一块为 15 度)。Sir Sanford Fleming 的方法解决了一个全球性的时间混乱的问题。

美国铁路公司于 1883 年 11 月 18 日使用了 Fleming 提议的时间方式。1884 年一个国际子午线会议在华盛顿召开，会议的目的是选择一个合适的本初子午线。大会最终选定了格林威治为标准的 0 度。尽管时区被确定了下来，但是各个国家并没有立刻更改他们的时间规范，在美国，尽管到 1895 年已经有很多州开始使用标准时区时间，国会直到 1918 年才强制使用会议制定的时间规范。

今天各个国家使用的是一个 Fleming 时区规范的一个变种，中国一共跨越了 5 个时区，但是使用了一个统一的时间规范，比格林威制时间(Coordinated Universal Time,UTC)早 8 个小时。俄罗斯也拥护这个时区规范，尽管整个国家使用的时间和标准时区提前了 1 个小时。澳大利亚使用 3 个时区，其中主时区提前于按 Fleming 规范的时区半小时。很多中东国家也使用了半时时区(即不是按照 Fleming 的 24 个整数时区)。

因为时区是对经度进行划分，在南极或者北极工作的科学家直接使用了 UTC 时间，否则南极大陆将被分解成 24 个时区。

时区的转化表如下：

UTC(Coordinated Universal Time)

GMT(Greenwich Mean Time)，定义为 UTC 小时

BST(British Summer Time)，定义为 UTC+1 小时

IST(Irish Summer Time)，定义为 UTC+1 小时

WET(Western Europe Time)，定义为 UTC 小时

WEST(Western Europe Summer Time)，定义为 UTC+1 小时

CET(Central Europe Time),定义为 UTC+1 小时

CEST(Central Europe Summer Time),定义为 UTC+2 小时

EET(Eastern Europe Time),定义为 UTC+2 小时

EEST(Eastern Europe Summer Time),定义为 UTC+3 小时

MSK(Moscow Time),定义为 UTC+3 小时

MSD(Moscow Summer Time),定义为 UTC+4 小时

AST(Atlantic Standard Time),定义为 UTC-4 小时

ADT(Atlantic Daylight Time),定义为 UTC-3 小时

NST(Newfoundland Standard Time),定义为 UTC-3.5 小时

NDT(Newfoundland Daylight Time),定义为 UTC-2.5 小时

EST(Eastern Standard Time),定义为 UTC-5 小时

EDT(Eastern Daylight Saving Time),定义为 UTC-4 小时

CST(Central Standard Time),定义为 UTC-6 小时

CDT(Central Daylight Saving Time),定义为 UTC-5 小时

MST(Mountain Standard Time),定义为 UTC-7 小时

MDT(Mountain Daylight Saving Time),定义为 UTC-6 小时

PST(Pacific Standard Time),定义为 UTC-8 小时

PDT(Pacific Daylight Saving Time),定义为 UTC-7 小时

HST(Hawaiian Standard Time),定义为 UTC-10 小时

AKST(Alaska Standard Time),定义为 UTC-9 小时

AKDT(Alaska Standard Daylight Saving Time),定义为 UTC-8 小时

AEST(Australian Eastern Standard Time),定义为 UTC+10 小时

AEDT(Australian Eastern Daylight Time),定义为 UTC+11 小时

ACST(Australian Central Standard Time),定义为 UTC+9.5 小时

ACDT(Australian Central Daylight Time),定义为 UTC+10.5 小时

AWST(Australian Western Standard Time),定义为 UTC+8 小时

下面给出了一些时间,请在不同时区之间进行转化。

2. 输入数据

输入的第一行包含了一个整数 N,表示有 N 组测试数据。接下来的 N 行,每一行包括一个时间和两个时区的缩写,它们之间用空格隔开。时间由标准的 a. m. /p. m. 给出。midnight 表示晚上 12 点(12:00 a. m.),noon 表示中午 12 点(12:00 p. m.)。

3. 输出要求

假设输入行给出的时间是在第一个时区中的标准时间,要求输出这个时间在第二个时区中的标准时间。

4. 输入样例

```
4
noon HST CEST
11:29 a.m. EST GMT
6:01 p.m. CST UTC
```

12:40 p.m. ADT MSK

5. 输出样例

midnight
4:29 p.m.
12:01 a.m.
6:40 p.m.

6. 解题思路

这个题目要求在两个时区之间进行时间的转换。根据每个时区与格林威治时间的转换公式,可以推算出两个时区之间的差别。问题的解决方法不难想到,只是日期处理类问题具有共同的特点就是输入输出比较麻烦,有一些需要特殊处理的情况,例如转换后多出一天或少了一天的情况需要处理。具体到这个题目来说:输入时,除了一般的时间表示法:时:分 a.m/p.m.之外,要特殊处理 noon 和 midnight;在直接通过格林威治时间进行转换后,要判断是否超过了一天或减少了一天的情况;在输出时间时,要对 noon 和 midnight 进行特殊处理。

解决这个问题时,关键是要确定两个时区之间的时差。因为时区是用字符串形式给出的,所以要先将时区对应到该时区与格林威治时间的时差上。有了每个时区与格林威治时间的时差,就可以计算任意两个时区之间的时差。

7. 参考程序

```
1.   #include<stdio.h>
2.   #include<string.h>
3.   int difference(char* zone1, char* zone2){ //计算两个时区之间的时差,以分钟为单位
4.       char* zone[32]={"UTC",
5.           "GMT","BST","IST","WET","WEST",
6.           "CET","CEST","EET","EEST","MSK",
7.           "MSD","AST","ADT","NST","NDT",
8.           "EST","EDT","CST","CDT","MST",
9.           "MDT","PST","PDT","HST","AKST",
10.          "AKDT","AEST","AEDT","ACST","ACDT",
11.          "AWST"};
12.      float time[32]={0,0,1,1,0,1,1,2,2,3,3,4,-4,-3,-3.5,-2.5,-5,-4,-6,-5,
13.                      -7,-6,-8,-7,-10,-9,-8,10,11,9.5,10.5,8};
14.      int i, j;
15.      for (i=0; strcmp(zone[i], zone1); i++);     //找到第一个时区对应的位置
16.      for (j=0; strcmp(zone[j], zone2); j++);     //找到第二个时区对应的位置
17.      return (int)((time[i]-time[j]) * 60);       //计算并返回时差,以分钟为单位
18.  }
19.  void main()
20.  {
21.      int nCases;
22.      scanf("%d", &nCases);                       //读入测试数据数目
23.      for (int i=0; i<nCases; i++){               //对每组输入数据
```

```
24.        char time[9];                              //输入的时间
25.        int hours, minutes;                        //转换成整数
26.        scanf("%s", time);                         //读入时间
27.        switch(time[0]){
28.            case 'n': hours=12;                     //输入为"noon"
29.                 minutes=0;
30.                 break;
31.            case 'm': hours=0;                      //输入为"midnight"
32.                 minutes=0;
33.                 break;
34.            default: sscanf(time, "%d:%d", &hours, &minutes);  //输入为时:分
35.                 hours %=12;
36.                 scanf("%s", time);                 //读入 "a.m."或"p.m."
37.                 if(time[0]=='p') hours+=12;
38.        }
39.        char timezone1[5], timezone2[5];
40.        scanf("%s%s", timezone1, timezone2); //读入时区
41.        int newTime;                               //以分钟为单位
42.        newTime=hours * 60+minutes+difference(timezone2, timezone1);
43.        if(newTime<0)      newTime+=1440;           //提前一天,将负的时间加上一天
44.        newTime %=1440;                            //如果超过一天,将一天的时间减去
45.        switch(newTime){
46.            case 0 : printf("midnight\n");          //新时间为凌晨
47.                  break;
48.            case 720: printf("noon\n");             //新时间为中午
49.                  break;
50.            default: hours=newTime/60;              //新时间的时
51.                  minutes=newTime%60;              //新时间的分
52.                  if(hours==0)                      //凌晨,分不为 0
53.                      printf("12:%02d a.m.\n", minutes);
54.                  else if(hours<12)                 //上午
55.                      printf("%d:%02d a.m.\n", hours, minutes);
56.                  else if(hours==12)                //中午,分不为 0
57.                      printf("12:%02d p.m.\n", minutes);
58.                  else                              //下午
59.                      printf("%d:%02d p.m.\n", hours%12, minutes);
60.        } //end of switch
61.    } //end of for
62. } //end of main
```

8. 实现中常见的问题

问题一:有人在处理时区名称和时差的对应关系时,不会用数组元素及其下标的方法处理,而是用一连串的 if else 语句逐一判定,造成代码冗余,增大了出错的机会;

问题二:对特殊时间点的表示有理解上的问题,例如,12:01a.m. 表示凌点 1 分,12:01p.m. 表示中午 12 点 1 分;中午输出 noon,凌晨输出 midnight;

问题三：向前走了一天和推后了一天的情况没考虑到；

问题四：将 12 小时制换算成 24 小时制，然后根据时区关系作时间变换，再由 24 小时制换算成 12 小时制，注意当有半个小时的差别时，分钟的数值的调整最容易出错。

练 习 题

1. 不吉利的日期

在国外，每月的 13 号和每周的星期五都是不吉利的。特别是当 13 号那天恰好是星期五时更不吉利。已知某年的一月一日是星期 w，并且这一年一定不是闰年，求出这一年所有 13 号那天是星期五的月份，按从小到大的顺序输出月份数字($w=1\sim7$)。

提示： 1、3、5、7、8、10、12 月各有 31 天，4、6、9、11 月各有 30 天，2 月有 28 天。

2. 特殊日历计算

有一种特殊的日历法，它的一天和现在用的日历法的一天是一样长的。它每天有 10 个小时，每个小时有 100 分钟，每分钟有 100 秒。10 天算一周，10 周算一个月，10 个月算一年。现在要求编写一个程序，将常用的日历法的日期转换成这种特殊的日历表示法。这种日历法的时、分、秒是从 0 开始计数的，日、月从 1 开始计数，年从 0 开始计数，其中秒数为整数。假设 0:0:0 1.1.2000 等同于特殊日历法的 0:0:0 1.1.0。

第 **6** 章

模　　拟

现实中的有些问题难以找到公式或规律来解决,只能按照一定步骤不停地做下去,最后才能得到答案。这样的问题,用计算机来解决十分合适,只要能让计算机模拟人在解决此问题的行为即可。这一类的问题可以称为"模拟题"。比如下面经典的约瑟夫问题。

6.1　例题:约瑟夫问题

1. 问题描述

约瑟夫问题:有 n 只猴子,按顺时针方向围成一圈选大王(编号从 $1\sim n$),从第 1 号开始报数,一直数到 m,数到 m 的猴子退出圈外,剩下的猴子再接着从 1 开始报数。就这样,直到圈内只剩下一只猴子时,这个猴子就是猴王。编程完成如下功能:输入 n 和 m 后,输出最后猴王的编号。

2. 输入数据

输入每行是用空格分开的两个整数,第一个是 n,第二个是 m($0 < m, n < 300$)。最后一行是:

```
0 0
```

3. 输出要求

对于每行输入数据(最后一行除外),输出数据也是一行,即最后猴王的编号。

4. 输入样例

```
6 2
12 4
8 3
0 0
```

5. 输出样例

```
5
1
7
```

6. 解题思路

初一看,很可能想把这道题目当作数学题来做,即认为结果也许会是以 n 和 m 为自变量的某个函数 $f(n,m)$,只要发现这个函数,问题就迎刃而解。实际上,这样的函数很难找,甚至也许根本就不存在。用人工解决的办法就是将 n 个数写在纸上排成一圈,然后从 1 开始数,每数到第 m 个就划掉一个数,一遍遍做下去,直到剩下最后一个数。有了计算机,这项工作做起来就快多了,只需编写一个程序,模拟人工操作的过程就可以了。

用数组 anLoop 来存放 n 个数,相当于 n 个数排成的圈;用整型变量 nPtr 指向当前数到的数组元素,相当于人的手指;划掉一个数的操作,就用将一个数组元素置 0 的方法来实现。人工数的时候要跳过已经被划掉的数,那么程序执行的时候就要跳过为 0 的数组元素。需要注意的是,当 nPtr 指向 anLoop 中最后一个元素(下标 $n-1$)时,再数下一个,则 nPtr 要指回到数组的头一个元素(下标 0),这样 anLoop 才像一个圈。

7. 参考程序

```
1.   #include<stdio.h>
2.   #include<stdlib.h>
3.   #define MAX_NUM 300
4.   int aLoop[MAX_NUM+10];
5.   main()
6.   {
7.       int n, m, i;
8.       while(1) {
9.           scanf("%d%d", & n, & m);
10.          if(n==0)
11.              break;
12.          for(i=0; i<n; i++)
13.              aLoop[i]=i+1;
14.          int nPtr=0;
15.          for(i=0; i<n; i++) {         //每次循环将 1 个猴子全赶出圈子,
16.                                       //最后被赶出的就是猴王
17.              int nCounted=0;
18.              while(nCounted<m) {       //数出 m 个猴子
19.                  while(aLoop[nPtr]==0) //跳过已经出圈的猴子
20.                      nPtr=(nPtr+1) %n; //到下一个位置
21.                  nCounted++;          //找到一只猴子
22.                  nPtr=(nPtr+1) %n;    //到下一个位置
23.              }
24.              nPtr--;                   //要回退一个位置
25.              if(nPtr<0)
26.                  nPtr=n-1;
27.              if(i==n-1)                //最后一只出圈的猴子
28.                  printf("%d\n", aLoop[nPtr]);
29.              aLoop[nPtr]=0;            //猴子出圈
30.          }
31.      }
```

32. }

上面的程序完全模拟了人工操作的过程,但因为要反复跳过为 0 的数组元素,因此算法的效率不是很高。采用第 11 章讲述的单链表进行模拟来解决本题,就能省去跳过已出圈的猴子这个操作,大大提高了效率。

8. 实现技巧

n 个元素的数组,从下标为 0 的元素开始存放猴子编号,则循环报数的时候,下一个猴子的下标就是"(当前猴子下标+1)%n"。这种写法比用分支语句来决定下一个猴子的下标是多少,更快捷而且写起来更方便。

9. 常见问题

问题一:在数组里循环计数的时候,一定要小心计算其开始的下标和终止的下标。例如,语句 15,循环是从 0 到 $n-1$,而不是从 0 到 n。

问题二:语句 24~26 回退一个位置,易被忽略或写错。例如,只写了语句 24,忘了处理 nPtr 变成小于 0 的情况。

思考题:对于本题,虽然很难直接找出结果函数 $f(n,m)$,但是如果仔细研究,可以找出局部的一些规律。例如,每次找下一个要出圈的猴子时,直接根据本次的起点位置就用公式算出下一个要出圈的猴子的位置,那么写出的程序就可以省去数 m 只猴子这个操作,这样大大提高了效率,甚至不需要用数组来存放 n 个数。请写出这个高效而节省空间的程序。

6.2 例题:摘花生

1. 问题描述

鲁宾逊先生有一只宠物猴,名叫多多。这天,他们两个正沿着乡间小路散步,突然发现路边的告示牌上贴着一张小小的纸条:"欢迎免费品尝我种的花生! ——熊字"。

鲁宾逊先生和多多都很开心,因为花生正是他们的最爱。在告示牌背后,路边真的有一块花生田,花生植株整齐地排列成矩形网格(如图 6-1 所示)。有经验的多多一眼就能看出,每棵花生植株下的花生有多少。为了训练多多的算术,鲁宾逊先生说:"你先找出花生最多的植株,去采摘它的花生;然后再找出剩下的植株里花生最多的,去采摘它的花生;依此类推,不过你一定要在我限定的时间内回到路边。"

假定多多在每个单位时间内,可以做下列 4 件事情中的一件:

(1)从路边跳到最靠近路边(即第一行)的某棵花生植株。

(2)从一棵植株跳到前后左右与之相邻的另一棵植株。

(3)采摘一棵植株下的花生。

(4)从最靠近路边(即第一行)的某棵花生植株跳回路边。

现在给定一块花生田的大小和花生的分布,请问在限定时间内,多多最多可以采到多少个花生?注意可能只有部分植株下面长有花生,假设这些植株下的花生个数各不相同。

例如,在图 6-2 所示的花生田里,只有位于(2,5)、(3,7)、(4,2)和(5,4)的植株下长有花生,个数分别为 13、7、15 和 9。沿着图示的路线,多多在 21 个单位时间内,最多可以采到 37 个花生。

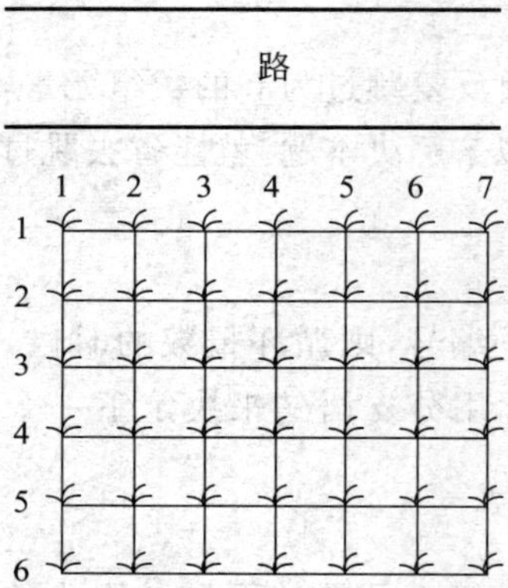

图 6-1　花生地

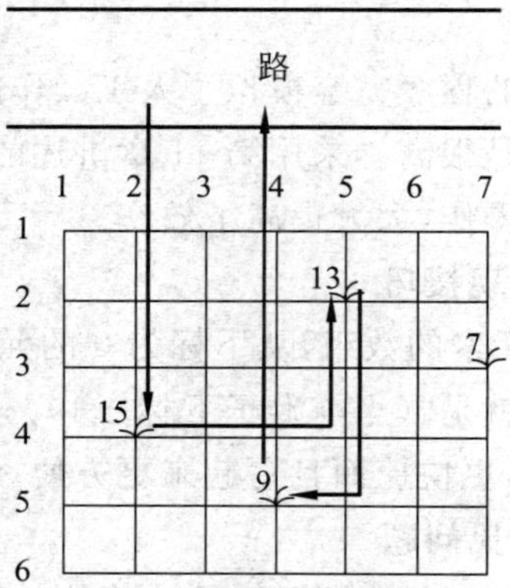

图 6-2　摘花生过程

2. 输入数据

输入的第一行包括三个整数：M,N 和 K，用空格隔开；表示花生田的大小为 $M \times N(1 \leqslant M,N \leqslant 20)$，多多采花生的限定时间为 $K(0 \leqslant K \leqslant 1000)$ 个单位时间。接下来的 M 行，每行包括 N 个非负整数，也用空格隔开；第 $i+1$ 行的第 j 个整数 $P_{ij}(0 \leqslant P_{ij} \leqslant 500)$ 表示花生田里植株 (i,j) 下花生的数目，0 表示该植株下没有花生。

3. 输出要求

输出包括一行，这一行只包含一个整数，即在限定的时间内，多多最多可以采到花生的个数。

4. 输入样例

```
6 7 21
0 0 0 0 0 0 0
0 0 0 0 13 0 0
0 0 0 0 0 0 7
0 15 0 0 0 0 0
0 0 0 9 0 0 0
0 0 0 0 0 0 0
```

5. 输出样例

```
37
```

6. 解题思路

试图找规律得到一个以花生矩阵作为自变量的公式来解决这个问题，是不现实的。结果只能是做了才能知道。也就是说，走进花生地，每次要采下一株花生之前，先计算一下，剩下的时间够不够走到那株花生采摘，并从那株花生走回到路上。如果时间够，则走过去采摘；如果时间不够，则采摘活动到此结束。

7. 参考程序

```
1.  #include<stdio.h>
2.  #include<stdlib.h>
3.  #include<memory.h>
```

```
4.    #include<math.h>
5.    int T, M, N, K;
6.    #define MAX_NUM 55
7.    int aField[MAX_NUM][MAX_NUM];
8.    main()
9.    {
10.       scanf("%d", &T);
11.       for(int t=0; t<T; t++) {
12.           scanf("%d%d%d", &M, &N, &K);
13.           //花生地的左上角对应的数组元素是 aField[1][1],路的纵坐标是 0
14.           for(int m=1; m<=M; m++)
15.             for(int n=1; n<=N; n++)
16.                   scanf("%d", & aField[m][n]);
17.           int nTotalPeanuts=0;       //摘到的花生总数
18.           int nTotalTime=0;          //已经花去的时间
19.           int nCuri=0, nCurj;        //当前位置坐标,
20.                                      //nCuri 代表纵坐标,开始是在路上,所以初值为 0
21.           while(nTotalTime<K) {      //如果还有时间
22.               int nMax=0, nMaxi, nMaxj;              //最大的花生数目及其所处的位置
23.               //下面这个循环寻找下一个最大花生数目及其位置
24.               for(int i=1; i<=M; i++)    {
25.                   for(int j=1; j<=N;j++)    {
26.                       if(nMax<aField[i][j])       {
27.                           nMax=aField[i][j];
28.                           nMaxi=i;
29.                           nMaxj=j;
30.                       }
31.                   }
32.               }
33.               if(nMax==0)                          //地里已经没有花生了
34.                   break;
35.               if(nCuri==0)
36.                   nCurj=nMaxj; /* 如果当前位置是在路上,那么应走到横坐标
37.                                       nMaxj 处,再进入花生地 */
38.               /* 下一行看剩余时间是否足够走到 (nMaxi, nMaxj)处,摘取花生,
39.               并回到路上 */
40.               if(nTotalTime+nMaxi+1+abs(nMaxi-nCuri)+abs(nMaxj-nCurj)<=K) {
41.                   //下一行加上走到新位置,以及摘花生的时间
42.                   nTotalTime+=1+abs(nMaxi-nCuri)+abs(nMaxj-nCurj);
43.                   nCuri=nMaxi; nCurj=nMaxj;         //走到新的位置
44.                   nTotalPeanuts+=aField[nMaxi][nMaxj];
45.                   aField[nMaxi][nMaxj]=0;           //摘走花生
46.               }
47.               else
48.                   break;
```

```
49.            }
50.            printf("%d\n", nTotalPeanuts);
51.        }
52.  }
```

8. 实现技巧

用二维数组存放花生地的信息是很自然的想法。然而,用 aField[0][0]还是 aField[1][1]对应花生地的左上角是值得思考的。因为从地里到路上还需要 1 个单位时间,题目中的坐标又都是从 1 开始的,所以若 aField[1][1]对应花生地的左上角,则从 aField[i][j]点回到路上所需时间就是 i,这样更为方便和自然,不易出错。并不是 C/C++ 的数组下标从 0 开始,使用数组的时候就要从下标为 0 的元素开始用。

9. 常见问题

问题一:这个题目读题时应该仔细读。有的同学没有看到每次只能拿剩下花生株中最大的,而是希望找到一种在规定时间内能够拿最多花生的组合,把题目变成了另外一道题。

问题二:有的同学没有读到"没有两株花生株的花生数目相同"的条件,因此把题目复杂化了。

问题三:这个题目是假设猴子在取花生的过程中不会回到大路上的,有些同学在思考是否可能在中间回到大路上,因为题目没说在大路上移动要花时间,所以有可能中途出来再进去摘的花生更多。

6.3 例题:显示器

1. 问题描述

一个朋友买了一台计算机。他以前只用过计算器,因为计算机的显示器上显示的数字的样子和计算器不一样,所以当他使用计算机的时候会比较郁闷。为了帮助他,编写一个程序把在计算机上的数字显示得像计算器上一样。

2. 输入数据

输入包括若干行,每行表示一个要显示的数。每行有两个整数 s 和 n($1 \leqslant s \leqslant 10, 0 \leqslant n \leqslant 99\ 999\ 999$),这里 n 是要显示的数,s 是要显示的数的尺寸。

如果某行输入包括两个 0,则表示输入结束。这行不需要处理。

3. 输出要求

显示的方式是:用 s 个字符'-'表示一个水平线段,用 s 个竖线'|'表示一个垂直线段。这种情况下,每一个数字需要占用 $s+2$ 列和 $2s+3$ 行。另外,在两个数字之间要输出一个空白的列。在输出完每一个数之后,输出一个空白的行。注意,输出中空白的地方都要用空格来填充。

4. 输入样例

```
2 12345
3 67890
0 0
```

5. 输出样例

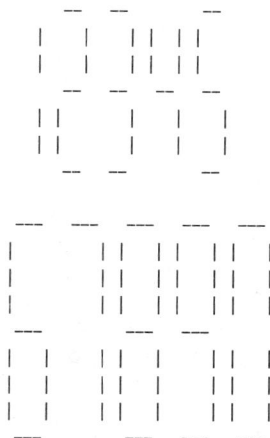

提示：

数字（digit）指的是 0，或者 1，或者 2，…，或者 9。

数（number）由一个或者多个数字组成。

6. 解题思路

一个计算器上的数字显示单元，可以看作是由编号从 1～7 这 7 个笔画组成的，如图 6-3 所示。

那么，可以说，数字 8 覆盖了所有的笔画，数字 7 覆盖笔画 1、3 和 6，而数字 1 覆盖笔画 3 和 6。注意，每个笔画都是由 s 个字符'_'或 s 个'|'组成。

输出时，先输出第 1 行，即整数 n 中所有数字里的笔画 1，然后输出第 2 行到第 $s+1$ 行，即所有数字的笔画 2 和笔画 3，接下来输出是第 $s+2$ 行，即所有数字的笔画 4，再下来是输出第 $s+3$ 行到 $2 \times s+2$ 行，就是所有数字的笔画 5 和笔画 6，最后的第 $2 \times s+3$ 行是所有数字的笔画 7。如果某个数字 d 没有覆盖某个笔画 m（$m=1,2,\cdots,7$），那么，输出数字 d 的笔画 m 的时

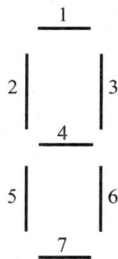

图 6-3　显示单元的笔画

候就应该都输出空格；如果覆盖了笔画 m，则输出 s 个'-'或 s 个'|'，这取决于笔画 m 是横的还是竖的。

由上面的思路，解决这道题目的关键就在于如何记录每个数字都覆盖了哪些笔画。实际上，如果记录的是每个笔画都被哪些数字覆盖，则程序实现起来更为容易。一个笔画被哪些数字所覆盖可以用一个数组来记录。例如，记录笔画 1 覆盖情况的数组如下：

```
char n1[11]={"--------"};
```

其中，n1[i]（i=0,1,…,9）代表笔画 1 是否被数字 i 覆盖。如果"是"，则 n1[i]为'-'；如果"否"，则 n1[i]为空格。上面的数组的值体现了笔画 1 被数字 0、2、3、5、6、7、8、9 覆盖。

对于竖向的笔画 2，由字符 '|'组成，则记录其覆盖情况的数组如下：

```
char n2[11]={"| ||| ||"};
```

该数组的值体现了笔画 2 被数字 0、4、5、6、8、9 覆盖。

7. 参考程序

下面程序改编自学生提交的程序。

```
1.    #include<stdio.h>
2.    #include<string.h>
3.    char n1[11]={"--------"};              //笔画 1 被数字 0、2、3、5、6、7、8、9 覆盖
4.    char n2[11]={"| ||| ||"};              //笔画 2 被数字 0、4、5、6、8、9 覆盖
5.    char n3[11]={"||||| |||"};             //笔画 3 被数字 0、1、2、4、7、8、9 覆盖
6.    char n4[11]={" ------- "};             //笔画 4 被数字 2、13、4、5、6、8、9 覆盖
7.    char n5[11]={"| | | | "};              //笔画 5 被数字 0、2、6、8 覆盖
8.    char n6[11]={"|| |||||||"};            //笔画 6 被数字 0、1、3、4、5、6、7、8、9 覆盖
9.    char n7[11]={"-------"};               //笔画 7 被数字 0、2、3、5、6、8、9 覆盖
10.   void main() {
11.       int s;
12.       char szNumber[20];
13.       int nDigit, nLength, i, j, k;
14.       while(1) {
15.           scanf("%d%s", &s, szNumber);
16.           if(s==0)
17.               break;
18.           nLength=strlen(szNumber);
19.           for (i=0; i<nLength; i++) {          //输出所有数字的笔画 1
20.               nDigit=szNumber[i]-'0';
21.               printf(" ");
22.               for (j=0; j<s; j++)              //一个笔画由 s 个字符组成
23.                   printf("%c", n1[nDigit]);
24.               printf(" ");
25.           }
26.           printf("\n");
27.           for (i=0; i<s; i++) {                //输出所有数字的笔画 2 和笔画 3
28.               for (j=0; j<nLength; j++) {
29.                   nDigit=szNumber[j]-'0';
30.                   printf("%c", n2[nDigit]);
31.                   for (k=0; k<s; k++)
32.                       printf(" ");            //笔画 2 和笔画 3 之间的空格
33.                   printf("%c ", n3[nDigit]);
34.               }
35.               printf("\n");
36.           }
37.           for (i=0; i<nLength; i++) {          //输出所有数字的笔画 4
38.               printf(" ");
```

```
39.              nDigit=szNumber[i]-'0';
40.              for (j=0; j<s; j++)
41.                  printf("%c", n4[nDigit]);
42.              printf(" ");
43.          }
44.          printf("\n");
45.          for (i=0; i<s; i++) {              //输出所有数字的笔画5和笔画6
46.              for (j=0; j<nLength; j++) {
47.                  nDigit=szNumber[j]-'0';
48.                  printf("%c", n5[nDigit]);
49.                  for (k=0; k<s; k++)
50.                      printf(" ");            //笔画5和笔画6之间的空格
51.                  printf("%c ", n6[nDigit]);
52.              }
53.              printf("\n");
54.          }
55.          for (i=0; i<nLength; i++) {          //输出所有数字的笔画7
56.              printf(" ");
57.              nDigit=szNumber[i]-'0';
58.              for (j=0; j<s; j++)
59.                  printf("%c", n7[nDigit]);
60.              printf(" ");
61.          }
62.          printf("\n");
63.          printf("\n");
64.      }
65. }
```

8. 实现技巧

一个笔画被哪些数字所覆盖,最直接的想法是用整型数组来记录。例如:

```
int n1[10]={1, 0, 1, 1, 0, 1, 1, 1, 1, 1};
```

表示笔画 1 的被覆盖情况。可是与其在数字 i 的笔画 1 所处的位置进行输出的时候,根据 n1[i]的值决定输出是空格还是'-',还不如直接用下面的 char 类型数组来表示覆盖情况:

```
char n1[11]={"--------"};
```

这样,在数字 i 的笔画 1 所处的位置进行输出的时候,只要输出 s 个 n1[i]就行了。

这是一个很好的思路,它提醒我们以后在编程时设置一些标志的时候,要考虑是否可以直接用更有意义的东西将 0 或 1 这样的标志代替。

9. 常见问题

问题一:没有注意到输出是按行输出,即先输出所有数字的第一画,再输出第二画……。于是想一个数字一个数字地从左到右输出,编了一阵才发现不对。

问题二:忘了输出空格。应把所有的空白用空格符填充。例如,若要输出 4 的话就是这样("。"表示空格):

```
 . . . .
 | .  . |
 | .  . |
     --- .
 . . . |
 . . . |
 . . . |
```

问题三：两组数据之间要加一个空行。

6.4 例题：排列

1. 问题描述

给出正整数 n，则 $1\sim n$ 这 n 个数可以构成 $n!$ 种排列，把这些排列按照从小到大的顺序（字典顺序）列出，如 $n=3$ 时，列出 1 2 3，1 3 2，2 1 3，2 3 1，3 1 2，3 2 1 共 6 个排列。

给出某个排列，求出这个排列的下 k 个排列，如果遇到最后一个排列，则下 1 排列为第 1 个排列，即排列 1 2 3…n。

例如，$n=3$，$k=2$，给出排列 2 3 1，则它的下 1 个排列为 3 1 2，下 2 个排列为 3 2 1，因此答案为 3 2 1。

2. 输入数据

第一行是一个正整数 m，表示测试数据的个数。下面是 m 组测试数据，每组测试数据第一行是 2 个正整数 $n(1\leqslant n<1024)$ 和 $k(1\leqslant k\leqslant 64)$，第二行有 n 个正整数，是 $1,2,\cdots,n$ 的一个排列。

3. 输出要求

对于每组输入数据，输出一行，n 个数，中间用空格隔开，表示输入排列的下 k 个排列。

4. 输入样例

```
3
3 1
2 3 1
3 1
3 2 1
10 2
1 2 3 4 5 6 7 8 9 10
```

5. 输出样例

```
3 1 2
1 2 3
1 2 3 4 5 6 7 9 8 10
```

6. 解题思路

这道题目，最直观的想法是求出 $1\sim n$ 的所有排列，然后将全部排列排序。但是，n 最大可以是 1024，1024！个排列几乎永远也算不出来，算出来也没有地方存放。那么，有没有公式或规律能够很快由一个排列推算出下 k 个排列呢？实际上寻找规律或公式都是徒劳的，只能老老实实由给定排列算出下一个排列，再算出下一个排列……一直算到第 k 的排列。鉴于 k 的值很小，最多只有 64，因此这种算法应该是可行的。

如何由给定排列求下一个排列？不妨自己动手做一下。例如：

"2 1 4 7 6 3 5"的下一个排列是什么？显然是"2 1 4 7 6 5 3"，那么，再下一个排列是什么？有点难了，是"2 1 5 3 4 6 7"。

以从"2 1 4 7 6 5 3"求出下一个排列"2 1 5 3 4 6 7"作为例子，可以总结出求给定排列的下一个排列的步骤：

假设给定排列中的 n 个数从左到右是 $a_1, a_2, a_3, \cdots, a_n$。

（1）从 a_n 开始，往左边找，直到找到某个 a_j，满足 $a_{j-1} < a_j$（对于上例，这个 a_j 就是 7，a_{j-1} 就是 4）。

（2）在 a_j、$a_{j+1}, \cdots, a_n$ 中找到最小的比 a_{j-1} 大的数，将这个数和 a_{j-1} 互换位置（对于上例，这个数就是 5，和 4 换完位置后的排列是"2 1 5 7 6 4 3"）。

（3）将从位置 j 到位置 n 的所有数（共 $n-j+1$ 个）从小到大重新排序，排好序后，新的排列就是所要求的排列。（对于上例，就是将"7 6 4 3"排序，排好后的新排列就是"2 1 5 3 4 6 7"）。

当然，按照题目要求，如果 $a_1, a_2, a_3, \cdots, a_n$ 已经是降序，那么它的下一个排序就是 a_n，$a_{n-1}, a_{n-2}, \cdots, a_1$。

7. 参考程序

```
1.    #include<stdio.h>
2.    #include<stdlib.h>
3.    #define MAX_NUM 1024
4.    int an[MAX_NUM+10];
5.    //用以排序的比较函数
6.    int MyCompare(const void * e1, const void * e2)
7.    {
8.        return * ((int * ) e1)- * ((int * ) e2);
9.    }
10.
11.   main()
12.   {
13.       int M;
14.       int n, k, i, j;
15.       scanf("%d", & M);
16.       for (int m=0; m<M; m++) {
17.           scanf("%d%d", &n, &k);
18.           //排列存放在 an[1] .... an[n]
19.           for(i=1; i<=n; i++)
20.               scanf("%d", &an[i]);
21.           an[0]=100000;              //确保 an[0]比排列中所有的数都大
22.           for(i=0; i<k;i++) {       //每次循环都找出下一个排列
23.               for(j=n; j>=1 && an[j-1]>an[j]; j--);
```

```
24.            if(j>=1) {
25.                int nMinLarger=an[j];
26.                int nMinIdx=j;
27.                //下面找出从 an[j]及其后最小的比 an[j-1]大的元素,并记住其下标
28.                for(int kk=j; kk<=n; kk++)
29.                    if(nMinLarger>an[kk] && an[kk]>an[j-1]) {
30.                        nMinLarger=an[kk];
31.                        nMinIdx=kk;
32.                    }
33.                //交换位置
34.                an[nMinIdx]=an[j-1];
35.                an[j-1]=nMinLarger;
36.                qsort(an+j, n-j+1, sizeof(int), MyCompare);        //排序
37.            }
38.            else {         //an 里的排列已经是降序了,那么下一个排列就是 1 2 3…n
39.                for(j=1; j<=n; j++)
40.                    an[j]=j;
41.            }
42.        }
43.        for(j=1; j<=n; j++)
44.            printf("%d ", an[j]);
45.        printf("\n");
46.
47.    }
48. }
```

语句 36 是对一个数组的局部进行排序。qsort 函数并不要求第一个参数必须是一个数组的开始地址,只要是待排序的一片连续空间的开始地址即可。同样,qsort 的第二个参数也不必一定是整个数组的元素个数,只要是待排序的元素个数即可。

8. 实现技巧

(1) 把排列存放在 an[1],…,an[n],而在 an[0]中存放一个比排列中所有的数都大的数,这个 an[0]根据它所起的作用通常称之为"哨兵"。有了"哨兵",就可以写语句 23:

```
for(j=n; j>=1 && an[j-1]>an[j]; j--);
```

而语句 23 不必担心 j-1 小于 0 导致数组越界。如果没有"哨兵",而且将排列存放在 an[0],…,an[$n-1$]中,那么写到相当于语句 23 的这个 for 循环的时候,就要判断 $j-1$ 小于 0 的情况,比较啰唆,也容易出错。

放置"哨兵",是在数组或链表中进行各种操作时常用的做法。

(2) 学过 C++ 标准模板库的会注意到,用标准模板库中的 next_permutation 算法直接就能求给定排列的下一个排列,根本不需动脑筋。

9. 常见问题

这个题目的测试数据比较多,用 scanf 读入没有问题,有的同学学了点 C++ 就用 C++ 中的 cin 读入数据,这样会造成超时。

练 习 题

1. 宇航员

宇航员在太空中迷失了方向,在他的起始位置现在建立一个虚拟 xyz 坐标系,称为绝对坐标系,宇航员正面的方向为 x 轴正方向,头顶方向为 z 轴正方向,则宇航员的初始状态如图 6-4 所示。

现对 6 个方向分别标号,x、y、z 正方向分别为 0、1、2,x、y、z 负方向分别为 3、4、5,称它们为绝对方向。宇航员在宇宙中只沿着与绝对坐标系 xyz 轴平行的方向行走,但是他不知道自己当前绝对坐标和自己面向的绝对方向。

根据宇航员对自己在相对方向上移动的描述,确定宇航员最终的绝对坐标和面向的绝对方向。对在相对方向上移动的描述及意义如下。

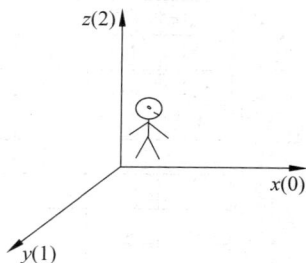

图 6-4 宇航员初始状态

forward x:向前走 x 米。

back x:先转向后,再走 x 米。

left x:先转向左,再走 x 米。

right x:先转向右,再走 x 米。

up x:先面向上,再走 x 米。

down x:先面向下,再走 x 米。

其中,向上和向下移动如图 6-5 所示。

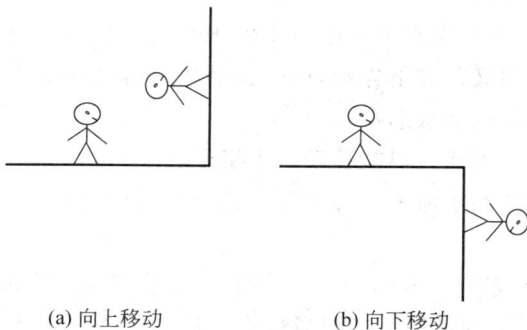

(a) 向上移动   (b) 向下移动

图 6-5 宇航员向上、向下移动过程

2. 数根

数根可以通过把一个数的各个位上的数字加起来得到。如果得到的数是一位数,那么这个数就是数根。如果结果是两位数或者包括更多位的数字,那么再把这些数字加起来。如此进行下去,直到得到是一位数为止。

例如,对于 24 来说,把 2 和 4 相加得到 6,由于 6 是一位数,因此 6 是 24 的数根。再如 39,把 3 和 9 加起来得到 12,由于 12 不是一位数,因此还得把 1 和 2 加起来,最后得到 3,这是一个一位数,因此 3 是 39 的数根。

任务：给定一个正整数,输出它的数根。

3. 武林

在一个有 12 行 12 列的方形的武林世界里,少林、武当和峨眉三派的弟子们在为独霸武林而互相厮杀。武林世界的第一行的一列格子的坐标是(1,1),第一行第二列坐标是(1,2),……,右下角的坐标为(12,12),如图 6-6 所示。

1,1	1,2	1,3									1,12
2,1	2,2	2,3									2,12
3,1	3,2	3,3									3,12
12,1	12,2	12,3									12,12

图 6-6　武林世界的坐标图

少林派弟子总是在同一列来回不停地行走。先往下走,走到头不能再走时就往上走,再到头则又往下走,……。例如,(1,1)→(2,1)→(3,1)。

武当派弟子总是在同一行来回不停地行走。先往右走,走到头不能再走时就往左走,再到头则又往右走,……。例如,(2,1)→(2,2)→(2,3)。

峨眉派弟子总是在右下至左上方向来回不停地行走。先往右下方走,走到头不能再走时就往左上方走,再到头则又往右下方走,……。例如,(1,1)→(2,2)→(3,3)。峨眉弟子如果位于(1,12)或(12,1),那只能永远不动。

每次走动,每名弟子必须而且只能移动一个格子。

每名弟子有内力、武艺和生命力三种属性。这三种属性的取值范围都是大于等于 0,小于等于 100。

当有两名不同门派的弟子进入同一个格子时,一定会发生一次战斗,而且也只有在这种情况下才会发生战斗。注:同派弟子之间当然不会自相残杀;一个格子里三派弟子都有时,大家都会因为害怕别人渔翁得利而不敢出手;而多名同门派弟子也不会联手对付敌人,因为这有悖于武林中崇尚的单打独斗精神,会被人耻笑。

一次战斗的结果将可能导致参战双方生命力发生变化,计算方法为:

$$战后生命力＝战前生命力－对方攻击力$$

而不同门派的弟子攻击力的计算方法不同:

$$少林派攻击力＝(0.5×内力＋0.5×武艺)×(战前生命力＋10)/100$$

$$武当派攻击力＝(0.8×内力＋0.2×武艺)×(战前生命力＋10)/100$$

$$峨眉派攻击力＝(0.2×内力＋0.8×武艺)×(战前生命力＋10)/100$$

对攻击力的计算过程为浮点运算,最终结果去掉小数点后部分取整,使得攻击力总是整数。

一次战斗结束后,生命力变为小于或等于 0 的弟子,被视为"战死",会从武林中消失。

两名不同门派的弟子相遇时,只发生一次战斗。

初始状态下,不存在生命值小于或等于 0 的弟子,而且一个格子里有可能同时有多个弟子。

一系列战斗从初始状态就可能爆发,全部战斗结束后,仍然活着的弟子才开始一齐走到下一个格子。总之,不停地战斗—行走—战斗—行走……直到所有弟子都需等战斗结束后,才一齐走到下一个格子。

需要做的是,从一个初始状态,算出经过 N 步($N < 1000$)后的状态。所有的弟子先进行完全部战斗(当然也可能没有任何战斗发生),然后再一齐走到下一个格子,这称为一步。

所有弟子总数不会超过 1000。

4. 循环数

n 位的一个整数是循环数(cyclic)的条件是:当用一个 $1 \sim n$ 之间的整数去乘它时,会得到一个将原来的数首尾相接循环移动若干数字再在某处断开而得到的数字。也就是说,如果把原来的数字和新的数字都首尾相接,它们得到的环是相同的。只是两个数的起始数字不一定相同。例如,数字 142857 是循环数,因为:

$$142857 \times 1 = 142857$$
$$142857 \times 2 = 285714$$
$$142857 \times 3 = 428571$$
$$142857 \times 4 = 571428$$
$$142857 \times 5 = 714285$$
$$142857 \times 6 = 857142$$

写一个程序确定给定的数(2 位到 60 位的整数)是不是循环数。

第 7 章

高精度计算

C/C++ 中的 int 类型能表示的范围是 $-2^{31} \sim 2^{31} - 1$。unsigned 类型能表示的范围是 $0 \sim 2^{32} - 1$，即 $0 \sim 4\,294\,967\,295$。所以，int 和 unsigned 类型变量都不能保存超过 10 位的整数。有时需要参与运算的数远远不止 10 位，例如，可能需要保留小数点后面 100 位（如求 π 的值），那么，即便使用能表示的很大数值范围的 double 变量，但由于 double 变量只有 64 位，所以还是不可能达到精确到小数点后面 100 位这样的精度。double 变量的精度也不足以表示一个 100 位的整数。一般称这种基本数据类型无法表示的整数为大整数。如何表示和存放大整数呢？基本的思想就是用数组存放和表示大整数，一个数组元素存放大整数中的一位。

那么，如何解决类似大整数这样的高精度计算问题呢？一个最简单的例子就是给定两个不超过 200 位的整数，求它们的和。

7.1　例题：大整数加法

1. 问题描述
求两个不超过 200 位的非负整数的和。

2. 输入数据
输入有两行，每行是一个不超过 200 位的非负整数，没有多余的前导 0。

3. 输出要求
输出只一行，即相加后的结果。结果里不能有多余的前导 0，即如果结果是 342，那么就不能输出为 0342。

4. 输入样例

```
222222222222222222222
333333333333333333333
```

5. 输出样例

```
Output Sample:
555555555555555555555
```

6. 解题思路
首先要解决的就是存储 200 位整数的问题。显然，任何 C/C++ 固有类型的变量都无法保存它。最直观的想法是可以用一个字符串来保存它。字符串本质上就是一个字符数组，因此为了编程更加方便，也可以用数组 unsigned an[200] 来保存一个 200 位的整数，让 an[0] 存放个位数，an[1] 存放十位数，an[2] 存放百位数，……。

那么如何实现两个大整数相加呢？方法很简单，就是模拟小学生列竖式做加法，从个位开始逐位相加，超过或达到 10 则进位。也就是说，用 unsigned an1[201] 保存第一个数，用 unsigned an2[200] 表示第二个数，然后逐位相加，相加的结果直接存放在 an1 中。要注意处理进位。另外，an1 数组长度定为 201，是因为两个 200 位整数相加，结果可能会有 201 位。实际编程时，不一定要费心思去把数组大小定得正好合适，稍微开大点也无所谓，以免不小心没有算准这个"正好合适"的数值，而导致数组小了产生越界错误。

7. 参考程序

```
1.   #include<stdio.h>
2.   #include<string.h>
3.   #define MAX_LEN 200
4.   int an1[MAX_LEN+10];
5.   int an2[MAX_LEN+10];
6.   char szLine1[MAX_LEN+10];
7.   char szLine2[MAX_LEN+10];
8.   int main()
9.   {
10.      scanf("%s", szLine1);
11.      scanf("%s", szLine2);
12.      int i, j;
13.
14.      //库函数 memeset 将地址 an1 开始的 sizeof(an1)字节内容置成 0
15.      //sizeof(an1)的值就是 an1 的长度
16.      //memset 函数在 string.h 中声明
17.      memset(an1, 0, sizeof(an1));
18.      memset(an2, 0, sizeof(an2));
19.
20.      //下面将 szLine1 中存储的字符串形式的整数转换到 an1 中去
21.      //an1[0]对应于个位
22.      int nLen1=strlen(szLine1);
23.      j=0;
24.      for(i=nLen1-1;i>=0; i--)
25.          an1[j++]=szLine1[i]-'0';
26.
27.      int nLen2=strlen(szLine2);
28.      j=0;
29.      for(i=nLen2-1;i>=0; i--)
30.          an2[j++]=szLine2[i]-'0';
31.
32.      for(i=0;i<MAX_LEN; i++) {
33.          an1[i]+=an2[i];                //逐位相加
```

```
34.            if(an1[i]>=10) {              //看是否要进位
35.                an1[i]-=10;
36.                an1[i+1]++;              //进位
37.            }
38.        }
39.        bool bStartOutput=false;          //此变量用于跳过多余的 0
40.        for(i=MAX_LEN; i>=0; i--) {
41.            if(bStartOutput)
42.                printf("%d", an1[i]);      //如果多余的 0 已经都跳过,则输出
43.            else if(an1[i]) {
44.                printf("%d", an1[i]);
45.                bStartOutput=true;        //碰到第一个非 0 的值,说明多余的 0 已都跳过
            }
46.        }
47.        //-------------------------------------------------------
48.        return 0;
49.    }
```

8. 实现技巧

(1) 再次强调:实际编程时,不一定要费心思去把数组大小定得正好合适,稍微开大点也无所谓,以免不小心没有算准这个"正好合适"的数值,而导致数组小了,产生越界错误。

(2) 语句 25 是把一个字符形式的数字转换成 unsigned 型的数。例如,要把字符'8'转换成 unsigned 型数 8。char 类型的变量,本质上实际是 int 类型,值就是字符的 ASCII 码。由于字符'0'到字符'9'的 ASCII 码是连续递增的,因此'8'~'0'的值就是 8。

思考题:上面的程序存在一点瑕疵。只在某种情况下,不能输出正确的结果。指出这种情况并修正程序。提示:要改正此程序,程序中语句 47 前面的部分可以不做任何增删和修改,只需在其后添加一些代码即可。

此思考题旨在培养阅读他人程序并发现瑕疵 bug 的能力。

7.2 例题:大整数乘法

1. 问题描述
求两个不超过 200 位的非负整数的积。

2. 输入数据
输入有两行,每行是一个不超过 200 位的非负整数,没有多余的前导 0。

3. 输出要求
输出只一行,即相乘后的结果。结果里不能有多余的前导 0,即如果结果是 342,那么就不能输出为 0342。

4. 输入样例

```
12345678900
98765432100
```

5．输出样例

1219326311126352690000

6．解题思路

在下面的例子程序中，用 unsigned an1[200] 和 unsigned an2[200] 分别存放两个乘数，用 aResult[400] 来存放积。计算的中间结果也都存在 aResult 中。aResult 长度取 400 是因为两个 200 位的数相乘，积最多会有 400 位。an1[0]、an2[0]、aResult[0] 都表示个位。

计算的过程基本上和小学生列竖式做乘法相同。为编程方便，并不急于处理进位，而将进位问题留待最后统一处理。

现以 835×49 为例来说明程序的计算过程。

先算 835×9。5×9 得到 45 个 1，3×9 得到 27 个 10，8×9 得到 72 个 100。由于不急于处理进位，所以 835×9 算完后得到的 aResult 如图 7-1 所示。

下标		5	4	3	2	1	0
aResult	···	0	0	0	72	27	45

图 7-1　835×9 后得到的 aResult

接下来算 4×5。此处 4×5 的结果代表 20 个 10，因此要 aResult[1]＋＝20，此时的 aResult 变为如图 7-2 所示。

下标		5	4	3	2	1	0
aResult	···			0	0	72	**47**	45

图 7-2　4×5 算完后的 aResult

再下来算 4×3。此处 4×3 的结果代表 12 个 100，因此要 aResult[2]＋＝12，aResult 变为如图 7-3 所示。

下标		5	4	3	2	1	0
aResult	···	0	0	0	**84**	47	45

图 7-3　4×3 算完后的 aResult

最后算 4×8。此处 4×8 的结果代表 32 个 1000，因此要 aResult[3]＋＝32，aResult 变为如图 7-4 所示。

下标		5	4	3	2	1	0
aResult	···	0	0	**32**	84	47	45

图 7-4　4×8 算完后的 aResult

乘法过程完毕。接下来从 aResult[0] 开始向高位逐位处理进位问题。aResult[0] 留下 5，把 4 加到 aResult[1] 上，aResult[1] 变为 51 后，应留下 1，把 5 加到 aResult[2] 上，…，最终使得 aResult 里的每个元素都是 1 位数，结果就算出来了，如图 7-5 所示。

下标		5	4	3	2	1	0
aResult	···	0	4	0	9	1	5

图 7-5　计算的最后结果

总结一个规律,即一个数的第 i 位和另一个数的第 j 位相乘所得的数,一定是要累加到结果的第 $i+j$ 位上。这里 i 和 j 都是从右往左,从 0 开始数。

7. 参考程序

```
1.   #include<stdio.h>
2.   #include<string.h>
3.   #define MAX_LEN 200
4.   unsigned an1[MAX_LEN+10];
5.   unsigned an2[MAX_LEN+10];
6.   unsigned aResult[MAX_LEN*2+10];
7.   char szLine1[MAX_LEN+10];
8.   char szLine2[MAX_LEN+10];
9.   int main()
10.  {
11.      gets(szLine1);                      //gets 函数读取一行
12.      gets(szLine2);
13.      int i, j;
14.      int nLen1=strlen(szLine1);
15.      memset(an1, 0, sizeof(an1));
16.      memset(an2, 0, sizeof(an2));
17.      memset(aResult, 0, sizeof(aResult));
18.      j=0;
19.      for(i=nLen1-1;i>=0; i--)
20.          an1[j++]=szLine1[i]-'0';
21.      int nLen2=strlen(szLine2);
22.      j=0;
23.      for(i=nLen2-1;i>=0; i--)
24.          an2[j++]=szLine2[i]-'0';
25.
26.      for(i=0;i<nLen2; i++)     {    //每一轮都用 an1 的一位,去和 an2 各位相乘
27.                                     //从 an1 的个位开始
28.          for(j=0; j<nLen1; j++)     //用选定的 an1 的那一位,去乘 an2 的各位
29.              aResult[i+j]+=an2[i] * an1[j]; //两数第 i,j 位相乘,累加到结果的第 i+j 位
30.      }
31.      //下面的循环统一处理进位问题
32.      for(i=0; i<MAX_LEN * 2; i++)    {
33.          if(aResult[i]>=10) {
34.              aResult[i+1]+=aResult[i]/10;
35.              aResult[i] %=10;
36.          }
37.      }
38.      //下面输出结果
39.      bool bStartOutput=false;
40.      for(i=MAX_LEN * 2; i>=0; i--)
41.          if(bStartOutput)
```

```
42.              printf("%d", aResult[i]);
43.          else if(aResult[i]) {
44.              printf("%d", aResult[i]);
45.              bStartOutput=true;
46.          }
47.      if(!bStartOutput)
48.          printf("0");
49.      return 0;
50. }
```

8. 实现技巧

不一定一出现进位就马上处理,而是等全部结果算完后再统一处理进位,这样有时会更方便。

思考题:上面程序中,被执行次数最多的语句是哪一条? 被执行了多少次?

7.3 例题:大整数除法

1. 问题描述

求两个大的正整数相除的商。

2. 输入数据

第一行是测试数据的组数 n,每组测试数据占两行,第 1 行是被除数,第 2 行是除数。每组测试数据之间有一个空行,每行数据不超过 100 个字符。

3. 输出要求

输出 n 行,每组测试数据有一行输出是相应的整数商。

4. 输入样例

```
3
240533731296337335900926045774205743923049649393035559579766079 1082739646
298719258531870175258442993116087037290707924897109501250979055 0883793197894

100000000000000000000000000000000000000000000
10000000000

540965677509785089568705679806897093454654657567676868678435435345
1
```

5. 输出样例

```
0
100000000000000000000000000000000000
540965677509785089568705679806897093454654657567676868678435435345
```

6. 解题思路

基本的思想是反复做减法,看看从被除数里最多能减去多少个除数,商就是多少。逐个减显然太慢,如何减得更快一些呢? 以 7546 除以 23 为例来说明:开始商为 0。先减去 23 的 100 倍就是 2300,发现够减 3 次,余下 646。于是商的值就增加 300。然后用 646 减去

230,发现够减 2 次,余下 186,于是商的值增加 20。最后用 186 减去 23,够减 8 次,因此最终商就是 328。

所以本题的核心是要写一个大整数的减法函数,然后反复调用该函数进行减法操作。

计算除数的 10 倍、100 倍的时候,不用做乘法,直接在除数后面补 0 即可。

7. 参考程序

```
1.   #include<stdio.h>
2.   #include<string.h>
3.   #define    MAX_LEN    200
4.   char szLine1[MAX_LEN+10];
5.   char szLine2[MAX_LEN+10];
6.   int an1[MAX_LEN+10];              //被除数,an1[0]对应于个位
7.   int an2[MAX_LEN+10];              //除数,an2[0]对应于个位
8.   int aResult[MAX_LEN+10];          //存放商,aResult[0]对应于个位
9.   /* Substract 函数:长度为 nLen1 的大整数 p1 减去长度为 nLen2 的大整数 p2
10.  减的结果放在 p1 里,返回值代表结果的长度
11.  如不够减则返回-1,正好减完则返回 0
12.  p1[0]、p2[0] 是个位 */
13.  int Substract(int * p1, int * p2, int nLen1, int nLen2)
14.  {
15.      int i;
16.      if(nLen1<nLen2)
17.          return-1;
18.      //下面判断 p1 是否比 p2 大,如果不是,返回-1
19.      bool bLarger=false;
20.      if(nLen1==nLen2) {
21.          for(i=nLen1-1; i>=0; i--) {
22.              if(p1[i]>p2[i])
23.                  bLarger=true;
24.              else if(p1[i]<p2[i]) {
25.                  if(! bLarger)
26.                      return-1;
27.              }
28.          }
29.      }
30.      for(i=0; i<nLen1; i++) {     //做减法
31.          p1[i]-=p2[i]; //要求调用本函数时给的参数能确保当 i>=nLen2 时,p2[i]=0
32.          if(p1[i]<0) {
33.              p1[i]+=10;
34.              p1[i+1]--;
35.          }
36.      }
37.      for(i=nLen1-1; i>=0; i--)
38.          if(p1[i])
39.              return i+1;
```

```
40.        return 0;
41.    }
42.    int main()
43.    {
44.        int t, n;
45.        char szBlank[20];
46.        scanf("%d", &n);
47.        for(t=0; t<n; t++) {
48.            scanf("%s", szLine1);
49.            scanf("%s", szLine2);
50.            int i, j;
51.            int nLen1=strlen(szLine1);
52.            memset(an1, 0, sizeof(an1));
53.            memset(an2, 0, sizeof(an2));
54.            memset(aResult, 0, sizeof(aResult));
55.            j=0;
56.            for(i=nLen1-1;i>=0; i--)
57.                an1[j++]=szLine1[i]-'0';
58.            int nLen2=strlen(szLine2);
59.            j=0;
60.            for(i=nLen2-1;i>=0; i--)
61.                an2[j++]=szLine2[i]-'0';
62.            if(nLen1<nLen2) {
63.                printf("0\n");
64.                continue;
65.            }
66.            nLen1=Substract(an1, an2, nLen1, nLen2);
67.            if(nLen1<0) {
68.                printf("0\n");
69.                continue;
70.            }
71.            else if(nLen1==0) {
72.                printf("1\n");
73.                continue;
74.            }
75.            aResult[0]++;              //减掉一次了,商加1
76.            //减去一次后的结果长度是 nLen1
77.            int nTimes=nLen1-nLen2;
78.            if(nTimes<0)              //减一次后就不能再减了
79.                goto OutputResult;
80.            else if(nTimes>0) {
81.                //将 an2 乘以 10 的某次幂,使得结果长度和 an1 相同
82.                for(i=nLen1-1; i>=0; i--) {
83.                    if(i>=nTimes)
84.                        an2[i]=an2[i-nTimes];
```

```
85.              else
86.                  an2[i]=0;
87.              }
88.          }
89.          nLen2=nLen1;
90.          for(j=0; j<=nTimes; j++) {
91.              int nTmp;
92.              //一直减到不够减为止
93.              //先减去若干个 an2×(10 的 nTimes 次方),
94.              //不够减了,再减去若干个 an2×(10 的 nTimes-1 次方),…
95.              while((nTmp=Substract(an1, an2+j, nLen1, nLen2-j))>=0) {
96.                  nLen1=nTmp;
97.                  aResult[nTimes-j]++;          //每成功减一次,则将商的相应位加 1
98.              }
99.          }
100.    OutputResult:
101.          //下面的循环统一处理进位问题
102.          for(i=0; i<MAX_LEN; i++)    {
103.              if(aResult[i]>=10) {
104.                  aResult[i+1]+=aResult[i]/10;
105.                  aResult[i] %=10;
106.              }
107.          }
108.          //下面输出结果
109.          bool bStartOutput=false;
110.          for(i=MAX_LEN; i>=0; i--)
111.              if(bStartOutput)
112.                  printf("%d", aResult[i]);
113.              else if(aResult[i]) {
114.                  printf("%d", aResult[i]);
115.                  bStartOutput=true;
116.              }
117.          if(!bStartOutput)
118.              printf("0\n");
119.          printf("\n");
120.      }
121.      return 0;
122. }
```

8. 常见问题

问题一:忘了针对每一组测试数据,都要先将 an1、an2 和 aResult 初始化成全 0,而是一共只初始化了一次,这导致从第二组测试数据开始就都不对了;

问题二:减法处理借位的时候,容易忽略连续借位的情况,比如 $10000-87$,借位会一直进行到 1。

7.4　例题：麦森数

1．问题描述

形如 2^p-1 的素数称为麦森数，这时 p 一定也是个素数。但反过来不一定，即如果 p 是个素数，2^p-1 不一定是素数。到 1998 年底，人们已找到了 37 个麦森数。最大的一个是 $p=3\ 021\ 377$，它有 909 526 位。麦森数有许多重要应用，它与完全数密切相关。

任务：输入 p（$1000<p<3\ 100\ 000$），并且计算 2^p-1 的位数和最后 500 位数字（用十进制高精度数表示）。

2．输入数据

输入只包含一个整数 p（$1000<p<3\ 100\ 000$）。

3．输出要求

第 1 行输出十进制高精度数 2^p-1 的位数。第 2～11 行输出十进制高精度数 2^p-1 的最后 500 位数字（每行输出 50 位，共输出 10 行，不足 500 位时高位补 0）。

不必验证 2^p-1 与 P 是否为素数。

4．输入样例

```
1279
```

5．输出样例

```
386
00000000000000000000000000000000000000000000000000
00000000000000000000000000000000000000000000000000
00000000000000104079321946643990819252403273640855
38615262247266704805319112350403608059673360298012
23944173232418484242161395428100779138356624832346
49081399066056773207629241295093892203457731833496
61583550472959420547689811211693677147548478866962
50138443826029173234888531116082853841658502825560
46662248318909188018470682222031405210266984354887
32958028877805086973618690071472071055570316872 9087
```

6．解题思路

第一个问题，输出 2^p-1 有多少位。由于 2^p 的个位数只可能是 2、4、6、8，所以 2^p-1 和 2^p 的位数相同。使用 C/C++ 标准库中在 math.h 里声明的、求以 10 为底的对数的函数，即 double log10（double x）函数，就能轻松求得 2^p-1 的位数。

2^p 的值需要用一种高效率的办法来计算。

显然，对于任何 $p>0$，考虑 p 的二进制形式，则不难得到：

$$p = a_0 2^0 + a_1 2^1 + a_2 2^2 + \cdots + a_{n-1} 2^{n-1} + 2^n$$

这里，a_i 要么是 1，要么是 0。

因而：

$$2^p = 2^{a_0} \times 2^{2a_1} \times 2^{4a_2} \times 2^{8a_3} \times \cdots \times 2^{a_{n-1} 2^{n-1}} \times 2^{2^n}$$

计算 2^p 的办法就是：先将结果的值设为 1，计算 2^1。如果 a_0 值为 1，则结果乘以 2^1；计算 2^2，如果 a_1 为 1，则结果乘以 2^2；计算 2^4，如果 a_2 为 1，则结果乘以 2^4；……；总之，第 i 步（i 从 $0 \sim n$，a_n 是 1）就计算 2^{2^i}，如果 a_i 为 1，则结果就乘以 2^{2^i}。每次由 $2^{2^i} \times 2^{2^i}$ 就能算出 $2^{2^{i+1}}$。由于 p 可能很大，所以上面的乘法都应该使用高精度计算。由于题目只要求输出 500 位，所以这些乘法都是只需算出末尾的 500 位即可。

在前面的高精度计算中用数组来存放大整数，数组的一个元素对应于十进制大整数的一位。本题如果也这样做就会超时。为了加快计算速度，可以用一个数组元素对应于大整数的 4 位，即将大整数表示为万进制（即 10000 进制），而数组中的每一个元素就存放万进制数的 1 位。例如，用 int 型数组 a 来存放整数 6 373 384，那么只需两个数组元素就可以了，$a[0]=3384$，$a[1]=637$。

由于只要求结果的最后 500 位数字，所以不需要计算完整的结果，只需算出最后 500 位即可。因为用每个数组元素存放十进制大整数的 4 位，所以本题中的数组最多只需要 125 个元素。

7. 参考程序

以下程序改编自学生提交的程序：

```
1.   #include<stdio.h>
2.   #include<memory.h>
3.   #define LEN 125        //每数组元素存放十进制的4位,因此数组最多只要125个元素即可
4.   #include<math.h>
5.   /* Multiply 函数功能是计算高精度乘法 a×b
6.   结果的末500位放在 a 中
7.   */
8.   void Multiply(int * a, int * b)
9.   {
10.     int i, j;
11.     int nCarry;      //存放进位
12.     int nTmp;
13.     int c[LEN];      //存放结果的末500位
14.     memset(c, 0, sizeof(int) * LEN);
15.     for (i=0;i<LEN;i++)    {
16.         nCarry=0;
17.         for (j=0;j<LEN-i;j++)         {
18.             nTmp=c[i+j]+a[j]*b[i]+nCarry;
19.             c[i+j]=nTmp%10000;
20.             nCarry=nTmp/10000;
21.         }
22.     }
23.     memcpy(a, c, LEN * sizeof(int));
24.   }
25.   int main()
26.   {
27.     int i;
```

```
28.        int p;
29.        int anPow[LEN];              //存放不断增长的 2 的次幂
30.        int aResult[LEN];            //存放最终结果的末 500 位
31.        scanf("%d", & p);
32.        printf("%d\n", (int)(p * log10(2))+1);
33.        //下面将 2 的次幂初始化为 2^(2^0)(a^b 表示 a 的 b 次方)
34.        //最终结果初始化为 1
35.        anPow[0]=2;
36.        aResult[0]=1;
37.        for (i=1;i<LEN;i++)      {
38.            anPow[i]=0;
39.            aResult[i]=0;
40.        }
41.
42.        //下面计算 2 的 p 次方
43.        while (p>0)     {       //p=0 则说明 p 中的有效位都用过了,不需再算下去
44.            if(p & 1)            //判断此时 p 中最低位是否为 1
45.                Multiply(aResult, anPow);
46.            p>>=1;
47.            Multiply(anPow, anPow);
48.        }
49.
50.        aResult[0]--;            //2 的 p 次方算出后减 1
51.
52.        //输出结果
53.        for (i=LEN-1;i>=0;i--) {
54.            if(i%25==12)
55.                printf("%02d\n%02d", aResult[i]/100,
56.                    aResult[i]%100);
57.            else    {
58.                printf("%04d", aResult[i]);
59.                if(i%25==0)
60.                    printf("\n");
61.            }
62.        }
63.        return 0;
64. }
```

对程序中的部分语句解释如下。

语句 17：j 只要算到 LEN$-i-1$,是因为 $b[i] \times a[j]$ 的结果总是加到 $c[i+j]$ 上,$i+j$ 大于等于 LEN 时,$c[i+j]$ 是不需要的,也不能要,否则 c 数组就越界了。

语句 18：$b[i] \times a[j]$ 的结果总是要加到 $c[i+j]$ 上,此外还要再加上上次更新 $c[i+j-1]$ 时产生的进位。

语句 19：由于 c 中的每一元素代表万进制数的 1 位,所以 $c[i+j]$ 的值不能超过 10 000。

语句 20：算出进位。

语句 43～48：每次执行循环都判断 a_i(i 从 0 开始)的值是否为 1,如果为 1,则将最终结果乘以 2^{2^i}。接下来再由 2^{2^i} 算出 $2^{2^{i+1}}$。

语句 54：输出从万进制数的第 124 位开始,万进制数的每一位输出为十进制数的 4 位,每行只能输出 50 个十进制位,所以发现当 $i \% 25$ 等于 12 时,第 i 个万进制位会被折行输出,其对应的后两个十进制位会跑到下一行。

语句 55："%02d"表示输出一个整数,当输出位数不足 2 位的时候,用前导 0 补足到 2 位。本行将一个万进制位分两半折行输出。

语句 58：将一个万进制位以十进制形式输出,用前导 0 确保输出宽度是 4 个字符。

语句 59：满足条件的话就该换行了。

8. 常见问题

问题一：没有想到用数学公式和库函数可以直接计算结果位数,而是用其他办法大费周折;

问题二：试图用最简单的办法,做 p 次乘以 2 的操作,结果严重超时;

问题三：对数据规模没有足够的估计,用数组表示十进制大整数而非万进制数,结果超时。

思考题：本题在数组中存储万进制大整数以加快速度。如果存储的是十万进制数,岂不更快? 而且输出时十万进制数的 1 位正好对应于十进制的 5 位,计算折行也会方便很多。这种想法成立吗? 这么写真的会更方便吗?

练　习　题

1. 计算 2 的 N 次方

任意给定一个正整数 N($N \leqslant 100$),计算 2 的 N 次方的值。

2. 实数加法

求两个不超过 100 位的浮点数相加的和。

3. 孙子问题

对于给定的正整数 $a_1, a_2, \cdots, a_n$,问是否存在正整数 $b_1, b_2, \cdots, b_n$,使得对于任意的一个正整数 N,如果用 N 除以 a_1 的余数是 p_1,用 N 除以 a_2 的余数是 p_2,……,用 N 除以 a_n 的余数是 p_n,那么 $M = p_1 \times b_1 + p_2 \times b_2 + \cdots + p_n \times b_n$ 能满足 M 除以 a_1 的余数也是 p_1,M 除以 a_2 的余数也是 p_2,……,M 除以 a_n 的余数也是 p_n。如果存在,则输出 $b_1, b_2, \cdots, b_n$。题中 $1 \leqslant n \leqslant 10, a_1, a_2, \cdots, a_n$ 均不大于 50。

4. 浮点数求高精度幂

有一个实数 R ($0.0 < R < 99.999$),要求写程序精确计算 R 的 n 次方。n 是整数并且 $0 < n \leqslant 25$。

第 8 章

枚 举

8.1　枚举的基本思想

　　枚举是基于已有的知识进行答案猜测的一种问题求解策略。在求解一个问题时,通常先建立一个数学模型,包括一组变量以及这些变量需要满足的条件。问题求解的目标就是确定这些变量的值。根据问题的描述和相关的知识,能为这些变量分别确定一个大概的取值范围。在这个范围内对变量依次取值,判断所取的值是否满足数学模型中的条件,直到找到(全部)符合条件的值为止。这种解决问题的方法称作"枚举"。例如,"求小于 N 的最大素数"。数学模型为,一个整型变量 n,满足:①n 不能够被$[2,n)$中的任意一个素数整除;②n 与 N 之间没有素数。利用已有的知识,能确定 n 的大概取值范围$\{2\}\bigcup\{2\times i+1|1\leqslant i, 2\times i+1<N\}$。在这个范围内从小到大依次取值,如果 n 不能够被$[2,n)$中的任意一个素数整除,则满足条件①。在这个范围内找到的最后一个素数也一定满足条件②,即为问题的解。

　　枚举是用计算机求解问题最常用的方法之一,常用来解决那些通过公式推导、规则演绎的方法不能解决的问题。而且,枚举也是现代科学研究和工程计算的重要手段,因为科学研究是在发现问题的规律之前解决问题,然后再寻找不同问题之间的共同规律。在采用枚举的方法进行问题求解时,要注意以下问题:

- 建立简洁的数学模型。数学模型中变量的数量要尽量少,它们之间相互独立。这样问题解的搜索空间的维度就小。反应到程序代码中,循环嵌套的层次少。模型中的每个条件要反应问题的本质特征。"求小于 N 的最大素数"中的条件①是"n 不能够被$[2,n)$中的任意一个素数整除",而不是"n 不能够被$[2,n)$中的任意一个整数整除"。这个条件极大地降低了判断 n 是否是素数的计算开销。

- 减小搜索的空间。利用已有的知识,缩小数学模型中各个变量的取值范围,避免不必要的计算。反应到程序代码中,循环体被执行的次数少。除 2 之外的其他素数都是奇数,因此"小于 N 的最大素数"一定在集合$\{2,2\times i+1|1\leqslant i, 2\times i+1<N\}$中。用这个集合代替$[2,N)$;搜索空间减小了一半。

- 采用合适的搜索顺序。对搜索空间的遍历顺序要与数学模型中的条件表达式一致。例如,在"求小于 N 的最大素数"中,在判断 n 是否是素数时,需要用到比 n 小的全部素数。因此,在程序代码中,应该对搜索空间$\{2,2\times i+1\mid1\leqslant i, 2\times i+1<N\}$采

取从小到大的遍历顺序。

8.2　简单枚举的例子：生理周期

1. 问题描述

人生下来就有三个生理周期，分别为体力、感情和智力周期，它们的周期长度依次为 23 天、28 天和 33 天。每一个周期中有一天是高峰。在高峰这天，人会在相应的方面表现出色。例如，智力周期的高峰，人会思维敏捷，精力容易高度集中。因为三个周期的周长不同，所以通常三个周期的高峰不会落在同一天。对于每个人，我们想知道何时三个高峰落在同一天。对于每个周期，我们会给出从当前年份的第一天开始，到出现高峰的天数（不一定是第一次高峰出现的时间）。你的任务是给定一个从当年第一天开始数的天数，输出从给定时间开始（不包括给定时间）下一次三个高峰落在同一天的时间（距给定时间的天数）。例如，给定时间为 10，下次出现三个高峰同天的时间是 12，则输出 2（注意这里不是 3）。

2. 输入数据

输入 4 个整数：p、e、i 和 d。其中，p、e、i 分别表示体力、情感和智力高峰出现的时间（时间从当年的第一天开始计算）；d 是给定的时间，可能小于 p、e 或 i。所有给定时间是非负的且小于 365，所求的时间小于等于 21 252。

3. 输出要求

从给定时间起，下一次三个高峰同天的时间（距离给定时间的天数）。

4. 输入样例

```
0 0 0 0
0 0 0 100
5 20 34 325
4 5 6 7
283 102 23 320
203 301 203 40
-1 -1 -1 -1
```

5. 输出样例

```
Case 1: the next triple peak occurs in 21252 days.
Case 2: the next triple peak occurs in 21152 days.
Case 3: the next triple peak occurs in 19575 days.
Case 4: the next triple peak occurs in 16994 days.
Case 5: the next triple peak occurs in 8910 days.
Case 6: the next triple peak occurs in 10789 days.
```

6. 解题思路

假设从当年的第一天开始数，第 x 天时三个高峰同时出现。符合问题要求的 x 必须大于 d、小于等于 21 252，并满足下列三个条件：

(1) $(x-p) \% 23 = 0$。

(2) $(x-e) \% 28 = 0$。

(3) $(x-i) \% 33 = 0$。

在搜索空间 $[d+1, 21\,252]$ 中,对每个猜测的答案都进行三个条件的判断,开销很大,也没有必要。首先从搜索空间 $[d+1, 21\,252]$ 中找到符合条件(1)的全部时间,然后从这些时间中寻找符合条件(2)、(3)的时间,可以将对条件(2)、(3)的判定次数减少为原来的 1/23。用同样的办法,可以继续减少对条件(3)的判定次数。

对每一组数据,分别执行下列算法:

(1) 读入 p、e、i、d。

(2) 从 $d+1$ 循环到 21 252,找到第一个满足条件(1)的时间 a,并跳出循环。

(3) 从 a 循环到 21 252,找到第一个满足条件(2)的时间 b,并跳出循环。

(4) 从 b 循环到 21 252,找到第一个满足条件(3)的时间 x,并跳出循环。

(5) 输出 $x-d$。

7. 参考程序

```
1.    #include<stdio.h>
2.
3.    void main(){
4.        int p,e,i,d,j,no=1;
5.        scanf("%d%d%d%d", &p, &e, &i, &d);
6.        while(p!=-1 && e!=-1 && i!=-&& d!=-1){
7.            for(j=d+1; j<21252; j++)
8.                if((j-p)%23==0) break;
9.            for(; j<21252; j=j+23)
10.               if((j-e)%28==0) break;
11.           for(; j<21252; j=j+23 * 28)
12.               if((j-i)%33==0) break;
13.           printf("Case %d", no);
14.           printf(": the next triple peak occurs in %d days.\n", j-d);
15.           scanf("%d%d%d%d", &p, &e, &i, &d);
16.           no++;
17.       }
18.   }
```

8. 实现技巧

在问题的数学模型中,有多个条件需要满足时,可以采用逐步减小搜索空间的方法提高计算的效率。依次按照条件一、条件二、……、进行搜索。在最初的搜索空间上,按条件一进行判定。除最后一次外,每次搜索都找到符合当前条件的全部答案,将它们作为下一个条件判定的搜索空间。

8.3   数学模型中包括多个变量的例子:假币问题

1. 问题描述

赛利有 12 枚银币,其中有 11 枚真币和 1 枚假币。假币看起来和真币没有区别,但是重量不同。但赛利不知道假币比真币轻还是重。于是他向朋友借了一架天平。朋友希望赛利称三次就能找出假币并且确定假币是轻是重。例如,如果赛利用天平称两枚硬币,发现天平平衡,说明两枚都是真的。如果赛利用一枚真币与另一枚银币比较,发现它比真币轻或重,说明它是假币。经过精心安排每次的称量,赛利保证在称三次后确定假币。

2. 输入数据

输入有三行,每行表示一次称量的结果。赛利事先将银币标号为 A~L。每次称量的结果用三个以空格隔开的字符串表示,即"天平左边放置的硬币　天平右边放置的硬币　平衡状态"。其中平衡状态用"up"、"down"或"even"表示,分别为右端高、右端低和平衡。天平左右的硬币数总是相等的。

3. 输出要求

输出哪一个标号的银币是假币,并说明它比真币轻还是重。

4. 输入样例

```
1
ABCD EFGH even
ABCI EFJK up
ABIJ EFGH even
```

5. 输出样例

```
K is the counterfeit coin and it is light.
```

6. 解题思路

此题中赛利已经设计了正确的称量方案,保证从三组称量数据中能得到唯一的答案。答案可以用两个变量表示:x 表示假币的标号、w 表示假币是比真币轻还是比真币重。x 共有 12 种猜测;w 有 2 种猜测。根据赛利设计的称量方案,(x, w) 的 24 种猜测中,只有唯一的猜测与三组称量数据都不矛盾。因此,如果猜测 (x, w) 满足下列条件,这个猜测就是要找的答案:

- 在称量结果为"even"的天平两边,没有出现 x;
- 如果 w 表示假币比真币轻,则在称量结果为"up"的天平右边一定出现 x、在称量结果为"down"的天平左边一定出现 x;
- 如果 w 表示假币比真币重,则在称量结果为"up"的天平左边一定出现 x、在称量结果为"down"的天平右边一定出现 x。

具体实现时,要注意两点。

(1) 选择合适的算法。

对于每一枚硬币 x 逐个试探:

- x 比真币轻的猜测是否成立?猜测成立则进行输出。
- x 比真币重的猜测是否成立?猜测成立则进行输出。

(2) 选择合适的数据结构。

以字符串数组存储称量的结果。每次称量时,天平左右最多有 6 枚硬币。因此,字符串的长度需要为 7,最后一位存储字符串的结束符 '\0',便于程序代码中使用字符串操作函数。

```
char left[3][7], right[3][7], result[3][7];
```

7. 参考程序

```
1.    #include<stdio.h>
2.    #include<string.h>
3.
4.    char left[3][7], right[3][7], result[3][5];
5.
6.    bool isHeavy(char);
7.    bool isLight(char);
8.
9.    void main() {
10.       int n;
11.       char c;
12.       scanf("%d", &n);
13.       while(n>0) {
14.           for(int i=0; i<3; i++)
15.               scanf("%s %s %s", left[i], right[i], result[i]);
16.           for(c='A'; c<='L'; c++) {
17.               if(isLight(c)) {
18.                 printf("%c is the counterfeit coin and it is light.\n", c);
19.                 break;
20.               }
21.               if(isHeavy(c)) {
22.                 printf("%c is the counterfeit coin and it is heavy.\n", c);
23.                 break;
24.               }
25.           }
26.           n--;
27.       }
28.    }
29.
30.    bool isLight(char x) {          //判断硬币 x 是否为轻的代码
31.      int i;
32.      for(i=0; i<3; i++)            //判断是否与三次称量结果矛盾
33.        switch(result[i][0]) {
34.        case 'u': if(strchr(right[i], x)==NULL) return false;
35.                     break;
36.        case 'e': if(strchr(right[i], x)!=NULL||strchr(left[i], x)!=NULL)
                     return false;
37.                     break;
38.        case 'd': if(strchr(left[i], x)==NULL) return false;
39.                     break;
40.        }
41.      return true;
42.    }
43.
```

```
44.    bool isHeavy(char x){           //判断硬币 x 是否为重的代码
45.      int i;
46.      for(i=0; i<3; i++)            //判断是否与三次称量结果矛盾
47.        switch(result[i][0]) {
48.        case 'u': if(strchr(left[i], x)==NULL) return false;
49.                  break;
50.        case 'e': if(strchr(right[i], x)!=NULL||strchr(left[i], x)!=NULL)
                  return false;
51.                  break;
52.        case 'd': if(strchr(right[i], x)==NULL) return false;
53.                  break;
54.        }
55.      return true;
56.    }
```

8. 常见错误

在用字符型数组存储字符串时,数组的长度至少要比字符串的长度大 1,多出来的一个元素用来存储字符串的结束符'\0';否则,在使用 strlen()等函数时会出错。

8.4　搜索空间中解不唯一的例子：完美立方

1. 问题描述

$a^3=b^3+c^3+d^3$ 为完美立方等式。例如,$12^3=6^3+8^3+10^3$。编写一个程序,对任给的正整数 $N(N\leqslant100)$,寻找所有的四元组 (a,b,c,d),使得 $a^3=b^3+c^3+d^3$,其中 $1<a,b,c,d\leqslant N$。

2. 输入数据

正整数 $N(N\leqslant100)$。

3. 输出要求

每行输出一个完美立方,按照 a 的值,从小到大依次输出。当两个完美立方等式中 a 的值相同,则依次按照 b、c、d 进行非降升序排列输出,即 b 值小的先输出、然后 c 值小的先输出、再后 d 值小的先输出。

4. 输入样例

24

5. 输出样例

```
Cube=6, Triple=(3,4,5)
Cube=12, Triple=(6,8,10)
Cube=18, Triple=(2,12,16)
Cube=18, Triple=(9,12,15)
Cube=19, Triple=(3,10,18)
Cube=20, Triple=(7,14,17)
Cube=24, Triple=(12,16,20)
```

6. 解题思路

此题的思路非常简单：给定 4 个整数的四元组 (a,b,c,d)，判断它们是否满足完美立方等式 $a^3=b^3+c^3+d^3$。对全部的四元组进行排序，依次进行判断。如果一个四元组满足完美立方等式，则按照要求输出。先判断 a 值小的四元组；两个四元组的 a 值相同，则先判断 b 值小的；两个四元组的 a 值和 b 值分别相同，则先判断 c 值小的。关键是解决以下两个方面的问题：

(1) 确定全部需要判断的四元组，并对它们进行排序。稍作分析不难发现，在这个序列中，任意一个四元组 (a,b,c,d)：①$a \geqslant 6$，因为 a 最小必须是 5，才能使得 b、c、d 分别是 3 个大于 1 的不同整数，但 $(5,2,3,4)$ 不满足完美立方等式的要求；②$1 < b < c < d$，否则该四元组在序列中的位置就要向前移；③如果 (a,b,c,d) 满足完美立方等式，则 b、c、d 都要比 a 小。

(2) 避免对一个整数的立方的重复计算。$[2 \quad N]$ 中的每个整数 i，在整个需要判断的四元组序列中都反复出现。每出现一次，就要计算一次它的立方。在开始完美立方等式的判断之前，先用一个数组保存 $[2 \quad N]$ 中的每个整数的立方值。在判断四元组 (a,b,c,d) 是否满足完美立方等式的要求时，直接使用存储在数组中的立方值。

7. 参考程序

```
1.    #include<stdio.h>
2.    #include<math.h>
3.
4.    void main()
5.    {
6.        int n, a, b, c, d;
7.        long int cube[101];
8.        scanf("%d ", &n);
9.        for(int i=1; i<=n; i++)
10.           cube[i]=i*i*i;
11.       for(a=6; a<=n; a++)
12.           for(b=2; b<a-1; b++) {
13.               if(cube[a]<cube[b]+cube[b+1]+cube[b+2]) break;
14.               for(c=b+1; c<a; c++)
15.               {
16.                   if(cube[a]<cube[b]+cube[c]+cube[c+1]) break;
17.                   for(d=c+1; d<a; d++)
18.                       if(cube[a]==cube[b]+cube[c]+cube[d])
19.                           printf("Cube=%d, Triple=(%d,%d,%d)\n", a, b, c, d);
20.               }
21.           }
22.
23.   }
```

8. 实现技巧

(1) 用一个数组来保存 $1 \sim N$ 的立方，这样在判断四元组 (a,b,c,d) 是否是完美立方时，不需要重复计算 a^3、b^3、c^3、d^3。

(2) 在对 b 循环时，如果 $a^3<b^3+(b+1)^3+(b+2)^3$，则没有必要继续搜索 c 和 d。

(3) 在对 c 循环时，如果 $a^3<b^3+c^3+(c+1)^3$，则没有必要继续搜索 d。

思考：在最内层循环中，使用条件 $a^3<b^3+c^3+d^3$ 判断是否要终止循环，能否带来性能上的提高？

8.5 遍历搜索空间的例子：熄灯问题

1. 问题描述

有一个由按钮组成的矩阵，其中每行有 6 个按钮，共 5 行。每个按钮的位置上有一盏灯。当按下一个按钮后，该按钮以及周围位置（上边、下边、左边、右边）的灯都会改变一次。也就是说，如果灯原来是点亮的，就会被熄灭；如果灯原来是熄灭的，则会被点亮。在矩阵角上的按钮改变 3 盏灯的状态；在矩阵边上的按钮改变 4 盏灯的状态；其他的按钮改变 5 盏灯的状态。在图 8-1 中，左边矩阵中用×标记的按钮表示被按下，右边的矩阵表示灯状态的改变。与一盏灯毗邻的多个按钮被按下时，一次操作会抵消另一次操作的结果。在图 8-2 中，第 2 行第 3、5 列的按钮都被按下，因此第 2 行第 4 列的灯的状态就不改变。根据上面的规则，可以知道：

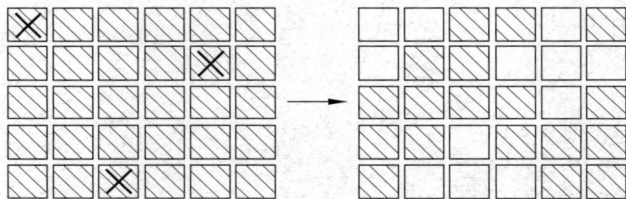

图 8-1　按钮的按下操作改变灯的状态

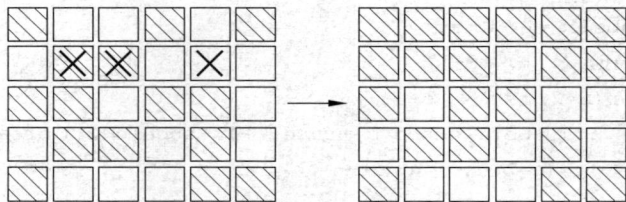

图 8-2　两次按钮的按下操作的结果被抵消

(1) 第 2 次按下同一个按钮时，将抵消第 1 次按下时所产生的结果。因此，每个按钮最多只需要按下一次。

(2) 各个按钮被按下的顺序对最终的结果没有影响。

(3) 对第 1 行中每盏点亮的灯，按下第 2 行对应的按钮，就可以熄灭第 1 行的全部灯。如此重复下去，可以熄灭第 1、2、3、4 行的全部灯。同样，按下第 1、2、3、4、5 列的按钮，可以熄灭前 5 列的灯。

对矩阵中的每盏灯设置一个初始状态。写一个程序，确定需要按下哪些按钮，恰好使得所有的灯都被熄灭。

2. 输入数据

第一行是一个正整数 N，表示需要解决的案例数。每个案例由 5 行组成，每一行包括 6 个数字。这些数字以空格隔开，可以是 0 或 1。0 表示灯的初始状态是熄灭的，1 表示灯的初始状态是点亮的。

3. 输出要求

对每个案例，首先输出一行，输出字符串"PUZZLE ♯m"，其中 m 是该案例的序号。接着按照该案例的输入格式输出 5 行，其中的 1 表示需要把对应的按钮按下，0 则表示不需要按对应的按钮。每个数字以一个空格隔开。

4. 输入样例

```
2
0 1 1 0 1 0
1 0 0 1 1 1
0 0 1 0 0 1
1 0 0 1 0 1
0 1 1 1 0 0
0 0 1 0 1 0
1 0 1 0 1 1
0 0 1 0 1 1
1 0 1 1 0 0
0 1 0 1 0 0
```

5. 输出样例

```
PUZZLE #1
1 0 1 0 0 1
1 1 0 1 0 1
0 0 1 0 1 1
1 0 0 1 0 0
0 1 0 0 0 0
PUZZLE #2
1 0 0 1 1 1
1 1 0 0 0 0
0 0 0 1 0 0
1 1 0 1 0 1
1 0 1 1 0 1
```

6. 解题思路

为了叙述方便，如图 8-3 所示，为按钮矩阵中的每个位置分别指定一个坐标。用数组元素 puzzle$[i][j]$ 表示位置 (i,j) 上灯的初始状态：1 表示灯是点亮的；0 表示灯是熄灭的。用数组元素 press$[i][j]$ 表示为了让全部的灯都熄灭，是否要按下位置 (i,j) 上的按钮：1 表示要按下；0 表示不用按下。由于第 0 行、第 0 列和第 7 列不属于按钮矩阵的范围，没有按钮，可以假设这些位置上的灯总是熄灭的、按钮也不用按下。其他 30 个位置上的按钮是否需要按下是未知的。因此，数组 press 共有 2^{30} 种取值。从这么大的一个空间中直接搜索要找的答案,显然代价太大、不合适。要从熄灯的规则中,发现答案中的元素值之间的规律。不满足这个规律的数组 press,就没有必要进行判断了。

(0 0)	(0 1)	(0 2)	(0 3)	(0 4)	(0 5)	(0 6)	(0 7)
(1 0)	(1 1)	(1 2)	(1 3)	(1 4)	(1 5)	(1 6)	(1 7)
(2 0)	(2 1)	(2 2)	(2 3)	(2 4)	(2 5)	(2 6)	(2 7)
(3 0)	(3 1)	(3 2)	(3 3)	(3 4)	(3 5)	(3 6)	(3 7)
(4 0)	(4 1)	(4 2)	(4 3)	(4 4)	(4 5)	(4 6)	(4 7)
(5 0)	(5 1)	(5 2)	(5 3)	(5 4)	(5 5)	(5 6)	(5 7)

图 8-3　按钮矩阵

根据熄灯规则,如果矩阵 press 是寻找的答案,那么按照 press 的第一行对矩阵中的按钮操作之后,此时在矩阵的第一行上:

- 如果位置 $(1,j)$ 上的灯是点亮的,则要按下位置 $(2,j)$ 上按钮,即 press[2][j] 一定取 1;
- 如果位置 $(1,j)$ 上的灯是熄灭的,则不能按位置 $(2,j)$ 上按钮,即 press[2][j] 一定取 0。

这样依据 press 的第 1、2 行操作矩阵中的按钮,才能保证第 1 行的灯全部熄灭。而对矩阵中第 3、4、5 行的按钮无论进行什么样的操作,都不影响第 1 行各灯的状态。依此类推,可以确定 press 第 3、4、5 行的值。

因此,一旦确定了 press 第 1 行的值之后,为熄灭矩阵中第 1~4 行的灯,其他行的值也就随之确定了。press 的第 1 行共有 2^6 种取值,分别对应唯一的一种 press 取值,使得矩阵中前 4 行的灯都能熄灭。只要对这 2^6 种情况进行判断就可以了:如果按照其中的某个 press 对矩阵中的按钮进行操作后,第 5 行的所有灯也恰好熄灭,则找到了答案。

7. 解决方案

(1) 对 press 第 1 行的元素 press[1][1]~press[1][6] 的各种取值情况进行枚举,依次考虑如下情况:

```
0 0 0 0 0 0
1 0 0 0 0 0
0 1 0 0 0 0
1 1 0 0 0 0
0 0 1 0 0 0
⋮
1 1 1 1 1 1
```

(2) 对 press 第 1 行每一种取值,根据熄灯规则计算出 press 的其他行的值。判断这个 press 能否使得矩阵第 5 行的所有灯也恰好熄灭。

8. 参考程序

程序的第 2 行定义了两个数组 puzzle[6][8] 和 press[6][8]。puzzle[6][8] 的第 0 行、第 0 列和第 7 列没有意义，puzzle[i][j] 表示位置 (i,j) 上灯的初始状态：1 表示灯是被点亮的；0 表示灯是熄灭的。press[6][8] 第 0 行、第 0 列和第 7 列各元素始终为 0，press[i][j] 表示为了让全部的灯都熄灭是否要按下位置 (i,j) 上的按钮：1 表示要按下；0 表示不用按下。

程序的第 4～17 行定义了一个函数 guess()，做两件事：①根据 press 第 1 行和 puzzle 数组，按照熄灯规则计算出 press 其他行的值，使得矩阵第 1～4 行的所有灯都熄灭；②判断所计算的 press 数组能否熄灭矩阵第 5 行的所有灯。如果能够就返回"true"，表示找到了答案；否则返回"false"，表示没有找到答案。

程序的第 19～38 行定义了一个函数 enumate()，对 press 第 1 行的元素 press[1][1]～press[1][6] 的各种取值情况进行枚举。在每种取值情况下分别调用 guess()，看看是否找到了答案。如果找到了答案，就返回主函数；否则，继续下一种取值情况的判断。

```
1.    #include<stdio.h>
2.    int puzzle[6][8], press[6][8];
3.
4.    bool guess(){
5.        int c, r;
6.
7.        for(r=1; r<5; r++)
8.            for(c=1; c<7; c++)
9.                press[r+1][c]=
10.                   (puzzle[r][c]+press[r][c]+press[r-1][c]+press[r][c-1]+
                      press[r][c+1]) %2;
11.
12.       for(c=1; c<7; c++)
13.           if((press[5][c-1]+press[5][c]+press[5][c+1]+press[4][c]) %2!=
              puzzle[5][c])
14.               return(false);
15.
16.       return(true);
17.   }
18.
19.   void enumate()
20.   {
21.       int c;
22.       bool success;
23.
24.       for(c=1; c<7; c++)
25.           press[1][c]=0;
26.
27.       while(guess()==false) {
28.           press[1][1]++;
29.           c=1;
30.           while(press[1][c]>1) {
```

```
31.              press[1][c]=0;
32.              c++;
33.              press[1][c]++;
34.          }
35.      }
36.
37.      return;
38. }
39.
40. void main()
41. {
42.      int cases, i, r, c;
43.      scanf("%d", &cases);
44.      for(r=0; r<6; r++)
45.          press[r][0]=press[r][7]=0;
46.      for(c=1; r<7; r++)
47.          press[0][c]=0;
48.
49.      for(i=0; i<cases; i++) {
50.          for(r=1; r<6; r++)
51.              for(c=1; c<7; c++)
52.                  scanf("%d", &puzzle[r][c]);
53.
54.          enumate();
55.
56.          printf("PUZZLE #%d\n", i+1);
57.          for(r=1; r<6; r++) {
58.              for(c=1; c<7; c++)
59.                  printf("%d ",press[r][c]);
60.              printf("\n");
61.          }
62.      }
63. }
```

9. 实现技巧

问题中的矩阵是一个 5×6 的矩阵，但在程序实现中采用一个 6×8 的矩阵表示，目的是为了在计算 $press[r+1][c]$ 时，能够用一个共同的公式：

$press[r+1][c] = (puzzle[r][c] + press[r][c] + press[r-1][c] + press[r][c-1] + press[r][c+1]) \bmod 2$

这样可以简化代码的实现。否则，计算 press 边界、内部元素的值时，分别需要不同的代码。

8.6 优化判断条件的例子：讨厌的青蛙

1. 问题描述

在韩国，有一种小的青蛙。每到晚上，这种青蛙会跳越稻田，从而踩踏稻子。农民在早上看到被踩踏的稻子，希望找到造成最大损害的那只青蛙经过的路径。每只青蛙总是沿着一条直线跳越稻田,而且每次跳跃的距离都相同,如图 8-4 所示。稻田里的稻子组成一个栅格,每棵稻子位于一个格点上,如图 8-5 所示。而青蛙总是从稻田的一侧跳进稻田,然后沿着某条直线穿越稻田,从另一侧跳出去,如图 8-6 所示。

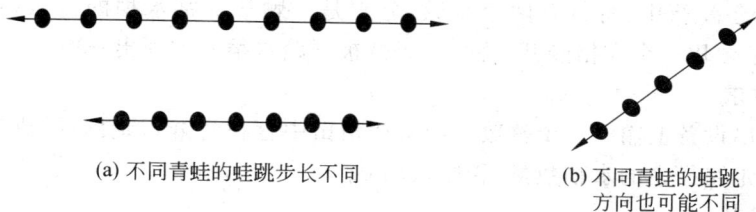

(a) 不同青蛙的蛙跳步长不同

(b) 不同青蛙的蛙跳方向也可能不同

图 8-4　青蛙踩踏水稻示意图

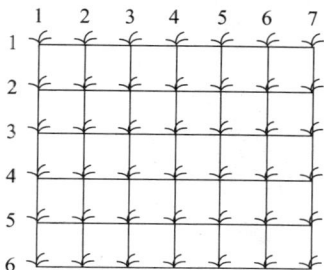

图 8-5　稻田栅格示意图

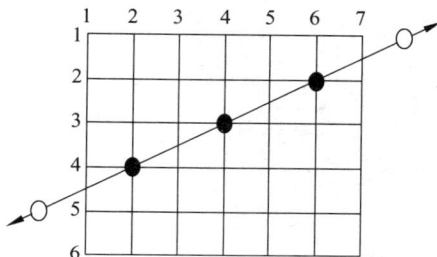

图 8-6　青蛙穿越稻田示意图

青蛙的每一跳都恰好踩在一棵水稻上,将这棵水稻拍倒。可能会有多只青蛙从稻田穿越,有些水稻被多只青蛙踩踏,如图 8-7 所示。当然,农民所见到的是图 8-8 中的情形,看不到图 8-7 中的直线。

根据图 8-8 所示,农民能够构造出青蛙穿越稻田时的行走路径,并且只关心那些在穿越稻田时至少踩踏了 3 棵水稻的青蛙。因此,每条青蛙行走路径上至少包括 3 棵被踩踏的水稻。而在一条青蛙行走路径的直线上,也可能会有些被踩踏的水稻不属于该行走路径。在图 8-8 中,格点 $(2,1)$ 、 $(6,1)$ 上的水稻可能是同一只青蛙踩踏的,但这条线上只有两棵被踩踏的水稻,因此不能作为一条青蛙行走路径;格点 $(2,3)$ 、 $(3,4)$ 、 $(6,6)$ 在同一条直线上,但它们的间距不等,因此不能作为一条青蛙行走路径;格点 $(2,1)$ 、 $(2,3)$ 、 $(2,5)$ 、 $(2,7)$ 是一条青蛙行走路径,该路径不包括格点 $(2,6)$ 。写一个程序,确定在所有的青蛙行路径中,踩踏水稻棵数最多的路径上有多少棵水稻被踩踏。例如,图 8-8 的答案是 7,因为第 6 行上全部水稻恰好构成一条青蛙行走路径。

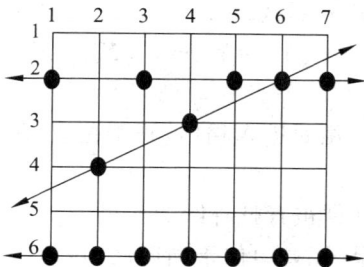

图 8-7　水稻被多只青蛙踩踏示意图

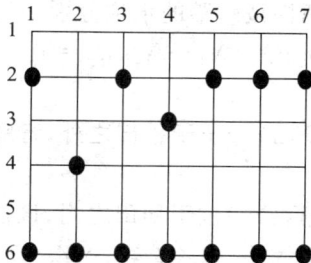

图 8-8　农民见到的稻田示意图

2. 输入数据

从标准输入设备上读入数据。第一行上两个整数 R、C,分别表示稻田中水稻的行数和列数,$1 \leqslant R \leqslant 5000$,$1 \leqslant C \leqslant 5000$。第二行是一个整数 N,表示被踩踏的水稻数量,$3 \leqslant N \leqslant 5000$。在剩下的 N 行中,每行有两个整数,分别是一颗被踩踏水稻的行号($1 \sim R$)和列号($1 \sim C$),两个整数用一个空格隔开。而且,每棵被踩踏水稻只被列出一次。

3. 输出要求

从标准输出设备上输出一个整数。如果在稻田中存在青蛙行走路径,则输出包含最多水稻的青蛙行走路径中的水稻数量,否则输出 0。

4. 输入样例

```
6 7
14
2 1
6 6
4 2
2 5
2 6
2 7
3 4
6 1
6 2
2 3
6 3
6 4
6 5
6 7
```

5. 输出样例

```
7
```

6. 解题思路

这个问题看起来很复杂,其实目的很简单:帮助农民找到为害最大的青蛙。也就是要找到一条穿越稻田的青蛙路径,这个路径上被踩踏的水稻不少于其他任何青蛙路径上被踩踏的水稻数。当然,整个稻田中也可能根本就不存在青蛙路径。问题的关键是:找到穿越稻田的全部青蛙路径。任何一条穿越稻田的青蛙路径 L,至少包括 3 棵被踩踏的水稻。假设其中前两棵被踩踏的水稻分别是(X_1,Y_1)、(X_2,Y_2),那么:

(1) 令 $d_x = X_2 - X_1$,$d_y = Y_2 - Y_1$;$X_0 = X_1 - d_x$,$Y_0 = Y_1 - d_y$;$X_3 = X_2 + d_x$,$Y_3 = Y_2 + d_y$。

(2) (X_0,Y_0)位于稻田之外,青蛙从该位置经一跳后进入稻田,踩踏位置(X_1,Y_1)上的水稻。

(3) (X_3,Y_3)位于稻田之内,该位置是 L 上第 3 棵被青蛙踩踏的水稻。

(4) $X_i = X_0 + i \times d_x$,$Y_i = Y_1 + i \times d_y$,$i > 3$,如果(X_i,Y_i)位于稻田之内,则(X_i,Y_i)上的水稻必被青蛙踩踏。

　　根据上述规则,只要知道一条青蛙路径上的前两棵被踩踏的水稻,就可以找到该路径上其他的水稻。为了找到全部的青蛙路径,只要从被踩踏的水稻中,任取两棵水稻(X_1, Y_1)和(X_2, Y_2),判断(X_1, Y_1)和(X_2, Y_2)是否能够作为一条青蛙路径上最先被踩踏的两颗水稻。

7. 解决方案

　　这个问题的描述中,最基本的元素是被踩踏的水稻。在程序中要选择一个合适的数据结构来表达这个基本元素,这个数据结构是否合适的标准是:在程序中要表达这个元素时,能否用一个单词或者短语,即用一个变量来表示。

```
struct PLANT {              //描述一棵被踩踏的水稻
    int x;                  //水稻的行号
    int y;                  //水稻的列号
}
```

　　这个问题的主要计算是:从被踩踏的水稻中选择两棵(X_1, Y_1)和(X_2, Y_2),判断它们是否能够作为一条青蛙路径上最先被踩踏的两颗水稻。(X_1, Y_1)和(X_2, Y_2)唯一确定了蛙跳的方向和步长,从(X_2, Y_2)开始,沿着这个方向和步长在稻田内走。每走一步,判断所到达位置上(X, Y)的水稻是否被踩踏,直到走出稻田为止。如果在某一步上,(X, Y)没有被踩踏,则表明(X_1, Y_1)和(X_2, Y_2)是一条青蛙路径上最先被踩踏的两颗水稻的假设不成立。这个判断的算法在问题求解过程中要反复使用,它的效率成为决定整个计算效率的关键。

　　(1) 用一个 PLANT 型的数组 plants[5001] 表示全部被踩踏的水稻。

　　(2) 将 plants 中的元素按照行/列序号的升序(或降序)排列。

　　(3) 采用二分法查找 plants 中是否有值为(X, Y)的元素:将(X, Y)与 plants 中间的元素比较,①相等,表明找到了元素;②比 plants 中间元素的小,继续在 plants 的前半部寻找;③比 plants 中间元素的大,继续在 plants 的后半部寻找。

　　采用上述方法判断每走一步所到达位置上(X, Y)的水稻是否被踩踏,最多只要比较$\text{Log}_2 N$次,其中 N 是稻田中被踩踏水稻的总量。

8. 参考程序

```
1.   #include<stdio.h>
2.   #include<stdlib.h>
3.   int r, c, n;
4.   struct PLANT {
5.       int x, y;
6.   };
7.
8.   PLANT plants[5001];
9.   PLANT plant;
10.  int myCompare(const void * ele1, const void * ele2);
11.  int searchPath(PLANT secPlant, int dX, int dY);
12.
13.  void main()
14.  {
15.      int i, j, dX, dY, pX, pY, steps, max=2;
16.      scanf("%d%d", &r, &c);
```

```
17.        scanf("%d", &n);
18.        for(i=0; i<n; i++)
19.            scanf("%d %d", &plants[i].x, &plants[i].y);
20.        qsort(plants, n, sizeof(PLANT), myCompare);
21.        for(i=0; i<n-2; i++)
22.            for(j=i+1; j<n-1; j++)    {
23.                dX=plants[j].x-plants[i].x;
24.                dY=plants[j].y-plants[i].y;
25.                pX=plants[i].x-dX;
26.                pY=plants[i].y-dY;
27.                if(pX<=r && pX>=1 && pY<=c && pY>=1)
28.                    continue;
29.                if(plants[i].x+max*dX>r)
30.                    break;
31.                pY=plants[i].y+max*dY;
32.                if(pY>c || pY<1)
33.                    continue;
34.                steps=searchPath(plants[j], dX, dY);
35.                if(steps>max)      max=steps;
36.            }
37.        if(max==2) max=0;
38.        printf("%d\n", max);
39.        return;
40.    }
41.
42.    int myCompare(const void * ele1, const void * ele2)
43.    {
44.        PLANT * p1, * p2;
45.        p1=(PLANT * ) ele1;
46.        p2=(PLANT * ) ele2;
47.        if(p1->x==p2->x) return(p1->y-p2->y);
48.        return(p1->x-p2->x);
49.    }
50.
51.    int searchPath(PLANT secPlant, int dX, int dY)
52.    {
53.        PLANT plant;
54.        int steps;
55.
56.        plant.x=secPlant.x+dX;
57.        plant.y=secPlant.y+dY;
58.        steps=2;
59.        while(plant.x<=r && plant.x>=1 && plant.y<=c && plant.y>=1) {
60.            if(!bsearch(&plant, plants, n, sizeof(PLANT), myCompare))    {
61.                steps=0;
62.                break;
63.            }
64.            plant.x+=dX;
```

```
65.            plant.y+=dY;
66.            steps++;
67.        }
68.        return(steps);
69.    }
```

9. 实现技巧

程序实现中,尽量使用 C 语言已有的函数(或者函数模板)完成计算任务。这样程序的代码看起来更简洁,实现起来也容易些。而且 C 语言的函数一般是经过精心优化的,效率比较高。在上面的参考程序中,使用了 C 语言的两个函数模板:

- qsort:实现对数组元素的快速排序;
- bsearch:实现对数组元素的二分查找。

练 习 题

1. 计算对数

给定两个正整数 a 和 b。可以知道一定存在整数 x,使得 $x \leqslant \log_a b < x+1$ 求出 x。输入数据保证 x 不大于 20。

2. 数字方格

任给一个整数 $n(0 \leqslant n \leqslant 100)$,找到三个满足下列条件的正数 a_1、a_2、a_3,使得 $a_1 + a_2 + a_3$ 最大:

- $0 \leqslant a_1$、a_2、$a_3 \leqslant n$;
- $a_1 + a_2$ 是 2 的倍数;
- $a_2 + a_3$ 是 3 的倍数;
- $a_1 + a_2 + a_3$ 是 5 的倍数。

3. 画家问题

有一个正方形的墙,由 $N \times N$ 个正方形的砖组成,其中一些砖是白色的,另外一些砖是黄色的。Bob 是个画家,想把全部的砖都涂成黄色。但他的画笔不好使。当他用画笔涂画第 (i,j) 个位置的砖时,位置 $(i-1,j)$、$(i+1,j)$、$(i,j-1)$、$(i,j+1)$ 上的砖都会改变颜色。请帮助 Bob 判断能否将所有的砖都涂成黄色,并且在能将所有的砖都涂成黄色时计算出最少需要涂画多少块砖。

4. 反正切函数的应用

反正切函数可展开成无穷级数,有如下公式:

$$\arctan(x) = \sum_{n=0}^{\infty} \frac{(-1)^n x^{2n+1}}{2n+1} \quad (0 \leqslant x \leqslant 1) \tag{1}$$

使用反正切函数计算 PI 是一种常用的方法。例如,最简单的计算 PI 的方法:

$$\text{PI} = 4 \times \arctan(1) = 4 \times \left(1 - \frac{1}{3} + \frac{1}{5} - \frac{1}{7} + \frac{1}{9} - \frac{1}{11} + \cdots\right) \tag{2}$$

然而,这种方法的效率很低,但可以根据角度和的正切函数公式:

$$\tan(a+b) = [\tan(a) + \tan(b)] \div [1 - \tan(a) \times \tan(b)] \tag{3}$$

通过简单的变换得到:

$$\arctan(p) + \arctan(q) = \arctan[(p+q) \div (1 - p \times q)] \qquad (4)$$

利用这个公式,令 $p = \frac{1}{2}$、$q = \frac{1}{3}$,则 $(p+q) \div (1 - p \times q) = 1$,有

$$\arctan\left(\frac{1}{2}\right) + \arctan\left(\frac{1}{3}\right) = \arctan\left[\left(\frac{1}{2} + \frac{1}{3}\right) \div \left(1 - \frac{1}{2} \times \frac{1}{3}\right)\right] = \arctan(1)$$

使用 $\frac{1}{2}$ 和 $\frac{1}{3}$ 的反正切来计算 $\arctan(1)$,速度就快多了。

将公式(4)写成如下形式:

$$\arctan\left(\frac{1}{a}\right) = \arctan\left(\frac{1}{b}\right) + \arctan\left(\frac{1}{c}\right)$$

其中 a、b 和 c 均为正整数。

给定 $a(1 \leqslant a \leqslant 60000)$,求 $b+c$ 的值。对给定的 a 一定存在整数解,如果有多个解,要求给出 $b+c$ 最小的解。

5. 拨钟问题

有 9 个时钟,排成一个 3×3 的矩阵,各时钟指针的起始位置可以是 12 点、3 点、6 点、9 点,如图 8-9 所示。共允许有 9 种不同的移动,如图 8-10 所示,每个移动会将若干个时钟的指针沿顺时针方向拨动 90 度。给定这 9 个时钟指针的其始位置,计算最少需要用多少个移动才能将 9 个时钟的指针都拨到 12 点的位置,并输出所采用的移动序列。

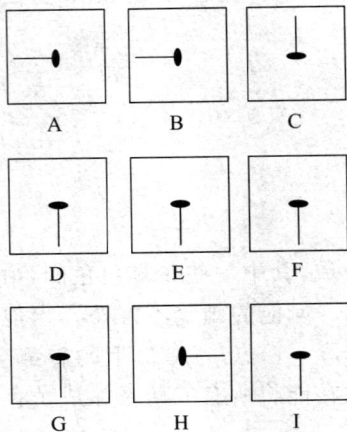

图 8-9　时钟矩阵

移动	影响的时钟
1	ABDE
2	ABC
3	BCEF
4	ADG
5	BDEFH
6	CFI
7	DEGH
8	GHI
9	EFHI

图 8-10　时钟移动操作

第 **9** 章

递　归

9.1　递归的基本思想

递归指的是函数调用其自身,其本质上和一个函数调用其他函数没有区别。

下面分析计算 n 的阶乘的计算机程序的写法。很直接地我们会用一个循环语句将 n 以下的数都乘起来:

```
1.  int n, m=1;
2.  for(int i=2; i<=n; i++) m *=i;
3.  printf("%d 的阶乘是%d\n", n, m);
```

因为 n 的阶乘定义为 n 乘以 $n-1$ 的阶乘,所以还可以如下编写求 n 阶乘的函数:

```
1.  int factorial(int n){
2.      if(n<0) return-1;
3.      if(n==0) return 1;
4.      else return n * factorial(n-1);
5.  }
```

上面语句第 4 行,factorial 函数调用了它自身,这就是递归。

递归一般有以下三种用途:

(1) 替代循环。在有的程序设计语言中(如 Lisp 语言)并没有循环结构,循环的机制是通过递归函数调用来实现的。详见例题 9.2。

(2) 解决以递归定义的形式描述的问题。有些事物的定义中就用到了该事物的名称,这称为递归定义。例如,可以如下定义"阶乘":

① 0 的阶乘是 1;

② 正整数 n 的阶乘是 $n-1$ 的阶乘再乘以 n。

该定义的第②条就是在用"阶乘"来定义"阶乘"。看似循环定义,含义不明确,但是由于有第①条这样的明确定义存在,因此整个定义是完整且明确的,能够清晰描述阶乘到底是什么意思。

(3) 有的问题在解决时,可以先做一步操作,操作后的局面是和原问题形式相同但是规模变小的新问题。由新问题的答案可以推算出原问题的答案。这样的问题,就可以用递归解决。这种情况下使用递归,会不停地做操作并缩小问题的规模,直到问题缩小到某一规模后(称为满足了某个终止条件),就无法或不必再递归缩小其规模,而是立即求出该最小问题的解,并且再往上层层推出最初原始问题的解。递归的这种用法是最常见的,可以用来穷举所有解决问题的可能方案,在其中找到问题的解,或者问题的最优解。这种形式的递归,也可以被称为"深度优先搜索"。在穷举的时候可以及早判断出某个正在探索的方案是不可行的,从而不必对这种方案尝试到底,这称为搜索中的"剪枝",如例题 9.11。

在具体实现上,递归函数不能总是没完没了地调用自身,必须存在某种条件,该条件满足时函数就不需要再调用自己,而是直接返回。递归的终止条件是需要针对具体的问题分析出来的。上面求阶乘程序的终止条件,就是 $n<0$ 或 $n==0$。

9.2 例题:全排列

1. 问题描述

给定一个由不同的小写字母组成的字符串,输出这个字符串的所有全排列。

假设对于小写字母有'a'<'b'<…<'y'<'z',而且给定的字符串中的字母已经按照从小到大的顺序排列。

2. 输入数据

输出只有一行,是一个由不同的小写字母组成的字符串,已知字符串的长度在 $1\sim6$ 之间。

3. 输出要求

输出这个字符串的所有排列方式,每行一个排列。要求字母序比较小的排列在前面。字母序如下定义:

已知 $S=s_1s_2\cdots s_k$,$T=t_1t_2\cdots t_k$,则 $S<T$ 等价于,存在 $p(1\leqslant p\leqslant k)$,使得:$s_1=t_1$,$s_2=t_2$,$\cdots$,$s_{p-1}=t_{p-1}$,$s_p<t_p$ 成立。

4. 输入样例

abc

5. 输出样例

abc
acb
bac
bca
cab
cba

6. 解题思路

求 n 个字母的所有排列,就是求在 n 个位置摆放 n 个各不相同的字母的所有方案。如果 n 是固定的,比如就是 7,则可以通过 7 重循环解决;如果 n 不是固定的,则需要用递归替代循环以实现穷举所有的字母组合。

7. 参考程序

```
1.   #include<iostream>
2.   #include<algorithm>
3.   #include<cstring>
4.   using namespace std;
5.   const int MX=10;
6.   char s[MX];                    //输入的字符串
7.   char result[MX];               //求出的排列放在这里
8.   int L;                         //字符串长度
9.   int used[MX];                  //used[i]表示第 i 个字母是否用过
10.  void permutation(int n)
11.  { //从排列的第 n 个位置开始往后摆放字母
12.      if(n==L) {
13.          result[L]=0;
14.          cout<<result<<endl;
15.          return;
16.      }
17.      for(int i=0;i<L;++i) {     //在第 n 个位置穷举所有可能放法
18.          if(!used[i]) {         //如果第 i 个字母没用过
19.              result[n]=s[i];    //第 n 个位置放第 i 个字母
20.              used[i]=1;
21.              permutation(n+1);
22.              used[i]=0;         //取消第 n 个位置的摆法,以便下次尝试另一种摆法
23.          }
24.      }
25.  }
26.  int main()
27.  {
28.      cin>>s;
29.      L=strlen(s);
30.      memset(used,0,sizeof(used));
31.      sort(s,s+L);               //排序
32.      permutation(0);
33.  }
```

部分语句说明如下。

函数 permutation(int n)的作用是在第 n 个位置及其后位置(位置从 0 开始算)摆放合适的字母。这个任务可以分解成两步:第一步是在第 n 个位置摆放一个合适的(前面没用过的)字母;第二步是在第 $n+1$ 个位置及其后位置摆放字母。第二步可以通过执行 permutation($n+1$)来实现。在第一步中,选好第 n 个位置摆放的字母后,要将其存在 result[n]里。

第 12 行,递归的终止条件是:如果 $n=L$(L 是排列的长度),则说明 L 个位置都已经摆放妥当,那么输出此时 result 的内容就是一个合法的排列。

第 17 行,试图往第 n 个位置摆放字母的时候,按照 i 从小到大的顺序选择字母 $s[i]$,就

是按 ASCII 码从小到大的顺序选择字母。这样就能确保字典序小的排列,一定比字典序大的排列更先生成。

第 20 行,在第 n 个位置已经摆放了字母 $s[i]$,那么就要设置 used$[i]$=1 来标记出,$s[i]$ 这个字母已经用过,这样在 permutation$(n+1)$ 的执行过程中就不会再次使用 $s[i]$。

第 22 行,permutation$(n+1)$ 已经执行完毕,假设 $s[i]$ 是字符 X,则接下来应该在位置 n 尝试摆放非 X 的其他字母,因此这里要将 used$[i]$ 重新置为 0,以便下次循环,第 n 个位置放了别的字母后,后续的 permutation$(n+1)$ 执行过程中依然可以使用 X。

本程序在每一个位置做选择的时候都对每个字母进行了考察(第 17 行),因此时间复杂度是 $O(L^L)$ 的,并不是最佳算法。

9.3 例题:八皇后问题

1. 问题描述

会下国际象棋的人都很清楚:皇后可以在横、竖、斜线上不限步数地吃掉其他棋子。如何将 8 个皇后放在棋盘上(有 8×8 个方格),使它们谁也不能被吃掉!这就是著名的八皇后问题。对于某个满足要求的八皇后的摆放方法,定义一个皇后串 a 与之对应,即 $a=b_1b_2\cdots b_8$,其中 b_i 为相应摆法中第 i 行皇后所处的列数。已经知道八皇后问题一共有 92 组解(即 92 个不同的皇后串)。给出一个数 b,要求输出第 b 个串。串的比较是这样的:皇后串 x 置于皇后串 y 之前,当且仅当将 x 视为整数时比 y 小。

2. 输入数据

第一行是测试数据的组数 n,后面跟着 n 行输入。每组测试数据占一行,包括一个正整数 $b(1\leqslant b\leqslant 92)$。

3. 输出要求

输出有 n 行,每行输出对应一个输入。输出应是一个正整数,是对应于 b 的皇后串。

4. 输入样例

```
2
1
92
```

5. 输出样例

```
15863724
84136275
```

6. 解题思路一

这个题目可以用 8 重循环来完成,也可以用递归替代循环来完成对所有排列方法的尝试。

因为要求出 92 种不同摆放方法中的任意一种,所以不妨把 92 种不同的摆放方法一次性求出来,存放在一个数组里。为求解这道题,需要有一个矩阵仿真棋盘,每次试放一个棋子时只能放在尚未被控制的格子上,一旦放置了一个新棋子就在它所能控制的所有位置上设置标记,如此下去把 8 个棋子放好。当完成一种摆放时,就要尝试下一种摆放方法。若要按照字典序将可行的摆放方法记录下来,就要按照一定的顺序进行尝试。也就是将第一个棋子按照从小到大的顺序尝试;对于第一个棋子的每一个位置,将第二个棋子从可行的位置按照从小到大的顺序尝试;在第一第二个棋子固定的情况下,将第三个棋子从可行的位置按照从小到大的顺序尝试;以此类推。

首先,有一个 8×8 的矩阵仿真棋盘标识当前已经摆放好的棋子所控制的区域。用一个有 92 行、每行 8 个元素的二维数组记录可行的摆放方法。用一个递归程序来实现尝试摆放的过程。基本思想是假设将第一个棋子摆好,并设置了它所控制的区域,则这个问题变成了一个七皇后问题,用与八皇后同样的方法可以获得问题的解。那就把重心放在如何摆放一个皇后棋子上,摆放的基本步骤是:从第 1 到第 8 个位置,顺序地尝试将棋子放置在每一个未被控制的位置上,设置该棋子所控制的格子,将问题变为更小规模的问题向下递归。需要注意的是,每次尝试一个新的未被控制的位置前,要将上一次尝试的位置所控制的格子复原。

7. 参考程序一

```c
1.    #include<stdio.h>
2.    #include<math.h>
3.
4.    int queenPlaces[92][8];              //存放 92 种皇后棋子的摆放方法
5.    int count=0;
6.    int board[8][8];                     //仿真棋盘
7.    void putQueen(int ithQueen);         //递归函数,每次摆好一个棋子
8.
9.    void main()
10.   {
11.       int n, i, j;
12.       for(i=0; i<8; i++){              //初始化
13.           for(j=0; j<8; j++)
14.               board[i][j]=-1;
15.           for(j=0; j<92; j++)
16.               queenPlaces[j][i]=0;
17.       }
18.       putQueen(0);        //从第 0 个棋子开始摆放,运行的结果是将 queenPlaces 生成好
19.       scanf("%d", &n);
20.       for(i=0; i<n; i++){
21.           int ith;
22.           scanf("%d", &ith);
23.           for(j=0; j<8; j++)
24.               printf("%d", queenPlaces[ith-1][j]);
25.           printf("\n");
26.       }
27.   }
28.   void putQueen(int ithQueen){
29.       int i, k, r;
30.       if(ithQueen==8){
```

```
31.          count++;
32.          return;
33.        }
34.     for(i=0; i<8; i++){
35.        if(board[i][ithQueen]==-1){
36.          //摆放皇后
37.          board[i][ithQueen]=ithQueen;
38.          //将其后所有的摆放方法的第 ith 个皇后都放在 i+1 的位置上
39.          //在 i 增加以后,后面的第 ith 个皇后摆放方法后覆盖此时的设置
40.          for(k=count; k<92; k++)
41.             queenPlaces[k][ithQueen]=i+1;
42.          //设置控制范围
43.          for(k=0; k<8; k++)
44.          for(r=0; r<8; r++)
45.             if(board[k][r]==-1 &&
46.                (k==i || r==ithQueen || abs(k-i)==abs(r-ithQueen)))
47.                board[k][r]=ithQueen;
48.          //向下级递归
49.          putQueen(ithQueen+1);
50.          //回溯,撤销控制范围
51.          for(k=0; k<8; k++)
52.          for(r=0; r<8; r++)
53.                if(board[k][r]==ithQueen) board[k][r]=-1;
54.        }
55.     }
56. }
```

8. 解题思路二

上面的方法用一个二维数组来记录棋盘被已经放置的棋子控制的情况,每次有新的棋子放置时用了枚举法来判断它控制的范围。还可以用三个一维数组来分别记录每一列,每个45度的斜线和每个135度的斜线上是否已经被已放置的棋子控制,这样每次有新的棋子放置时不必再搜索它的控制范围,可以直接通过三个一维数组判断它是否与已经放置的棋子冲突,在不冲突的情况下,也可以通过分别设置三个一维数组相应的值来记录新棋子的控制范围。

9. 参考程序二

```
1.   #include<stdio.h>
2.   int record[92][9], mark[9], count=0;      //record 记录全部解,mark 记录当前解
3.   bool range[9], line1[17], line2[17];      //分别记录列方向、45 度和 135 度方向上
                                               //被控制的情况
4.   void tryToPut(int);                       //求全部解的过程
5.   void main()
6.   {
7.      int i, testtimes, num;
8.      scanf("%d", &testtimes);
```

```
9.
10.       for(i=0; i<=8; i++)
11.           range[i]=true;
12.       for(i=0; i<17; i++)
13.           line1[i]=line2[i]=true;
14.
15.       tryToPut(1);
16.
17.       while(testtimes--){
18.           scanf("%d", &num);
19.           for(i=1; i<=8; i++)
20.               printf("%d", record[num-1][i]);
21.           printf("\n");
22.       }
23.   }
24.
25.   void tryToPut(int i){
26.       if(i>8){          //如果最后一个皇后被放置完毕,将当前解复制到全部解中
27.           for(int k=1; k<9; k++)
28.               record[count][k]=mark[k];
29.           count++;
30.       }
31.       for(int j=1; j<=8; j++){ 逐一尝试将当前皇后放置在不同列上
32.           if(range[j] && line1 [i+j] && line2[i-j+9]){    //如果与前面的不冲突,
33.                   //则把当前皇后放置在当前位置
34.               mark[i]=j;
35.               range[j]=line1[i+j]=line2[i-j+9]=false;
36.               tryToPut(i+1);
37.               range[j]=line1[i+j]=line2[i-j+9]=true;
38.           }
39.       }
40.   }
```

10. 解题思路三

这个题目也可以不用仿真棋盘来模拟已放置棋子的控制区域,而只用一个有 8 个元素的数组记录已经摆放的棋子摆在什么位置,当要放置一个新的棋子时,只需要判断它与已经放置的棋子之间是否冲突就行了。

11. 参考程序三

```
1.   #include<stdio.h>
2.   int ans[92][8], n, b, i, j, num, hang[8];
3.   void queen(int i){
4.       int j, k;
5.       if(i==8){                    //一组新的解产生了
6.           for(j=0; j<8; j++) ans[num][j]=hang[j]+1;
7.           num++;
8.           return;
```

```
9.         }
10.         for (j=0; j<8; j++){          //将当前皇后 i 逐一尝试放置在不同的列
11.             for(k=0; k<i; k++)        //逐一判定 i 与前面的皇后是否冲突
12.                 if(hang[k]==j || (k-i)==(hang[k]-j) || (i-k)==(hang[k]-j))
                        break;
13.             if(k==i) {                //放置 i,尝试第 i+1 个皇后
14.                 hang[i]=j;
15.                 queen(i+1);
16.             }
17.         }
18.     }
19. void main(){
20.     num=0;
21.     queen(0);
22.     scanf("%d", &n);
23.     for(i=0; i<n; i++){
24.         scanf("%d", &b);
25.         for(j=0; j<8; j++) printf("%d", ans[b-1][j]);
26.         printf("\n");
27.     }
28. }
```

12. 实现中常见的问题

问题一：使用枚举法,穷举 8 个皇后的所有可能位置组合,逐一判断是否可以互相被吃掉,出现超时错误;

问题二：对于多组输入,有多组输出,没有在每组输出后加换行符,出现格式错;

问题三：对输入输出的函数不熟悉,试图将数字转换成字符或者将 8 个整数转换成 8 位的十进制整数来完成输出,形成不必要的冗余代码。

9.4 例题：逆波兰表达式

1. 问题描述

逆波兰表达式是一种把运算符前置的算术表达式。例如,普通的表达式"2+3"的逆波兰表示法为"+2 3"。逆波兰表达式的优点是运算符之间不必有优先级关系,也不必用括号改变运算次序。例如,"(2+3)×4"的逆波兰表示法为"×+2 3 4"。本题求解逆波兰表达式的值,其中运算符包括+、-、*、/ 4 个。

2. 输入数据

输入为一行,其中运算符和运算数之间都用空格分隔,运算数是浮点数。

3. 输出要求

输出为一行,即表达式的值。

4. 输入样例

```
* +11.0 12.0+24.0 35.0
```

5. 输出样例

1357.000000

6. 解题思路

题目没有明确给出逆波兰表达式的定义。实际上,逆波兰表达式定义如下:

(1) 任何数都是逆波兰表达式。

(2) +、-、×或/后面加上空格,再加上一个逆波兰表达式,再加空格,再加一个逆波兰表达,就能形成一个逆波兰表达式。

这个问题的形式就是递归的,因此可以用递归函数来解决。在递归函数中,针对当前的输入,有 5 种情况:①输入是常数,则表达式的值就是这个常数;②输入是+,则表达式的值是再继续读入两个表达式并计算出它们的值,然后将它们的值相加;③输入是-;④输入是×;⑤输入是/;后三种情况与②相同,只是计算从+变成-、×、/。

7. 参考程序

```
1.   #include<stdio.h>
2.   #include<math.h>
3.   double exp(){
4.       char a[10];
5.       scanf("%s", a);
6.       switch(a[0]){
7.           case'+': return exp()+exp();
8.           case'-': return exp()-exp();
9.           case'*': return exp()*exp();
10.          case'/': return exp()/exp();
11.          default: return atof(a);
12.      }
13.  }
14.  void main()
15.  {
16.      double ans;
17.      ans=exp();
18.      printf("%f", ans);
19.  }
```

8. 实现中常见的问题

问题一:不适应递归的思路,直接分析输入的字符串,试图自己写进栈出栈的程序,逻辑复杂后因考虑不周出现错误;

问题二:不会使用 atof() 函数,自己处理浮点数的读入,逻辑复杂后出现错误。

思考题:改写此程序,要求将逆波兰表达式转换成常规表达式输出。可以包含多余的括号。

9.5 例题:四则运算表达式求值

1. 问题描述

求一个可以带括号的小学算术四则运算表达式的值。

2．输入数据

一行，一个四则运算表达式。'＊'表示乘法，'/'表示除法。

3．输出要求

输出一行，该表达式的值，保留小数点后面两位。

4．输入样例

（1）输入样例1：

3.4

（2）输入样例2：

7+8.3

（3）输入样例3：

3+4.5＊(7+2)＊(3)＊((3+4)＊(2+3.5)/(4+5))-34＊(7-(2+3))

5．输出样例

（1）输出样例1：

3.40

（2）输出样例2：

15.30

（3）输出样例3：

454.75

6．解题思路

四则运算表达式的定义是递归的，可以用图9-1至图9-3来说明。

图9-1说明，从图左边进入，顺着箭头的方向行走，从右边离开时，所经过的东西拼起来就能得到一个表达式。也就是说，表达式可以是一个单独的"项"（经过一个"项"后立即离开），也可以是"项＋项"（经过一个"项"后再经过一个"＋"，然后再经过一个"项"，再离开）或"项－项"，或在图上多次反复行走，得到由任意多个"项"用加号或者减号连接而成的式子。例如，"项＋项＋项－项－…＋项"等。

图9-2则是"项"的定义。说明"项"是由一个因子或由多个"因子"用"×"或"/"连接而成的。

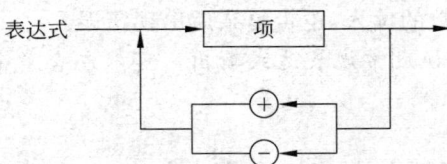

图9-1　表达式的定义　　　　　　　　图9-2　"项"的定义

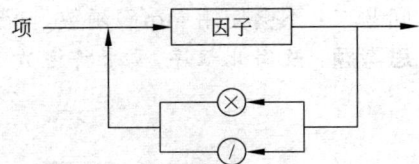

图9-3是"因子"的定义。说明，因子是一个数或者由一个"("加上一个"表达式"再加上一个")"构成的。

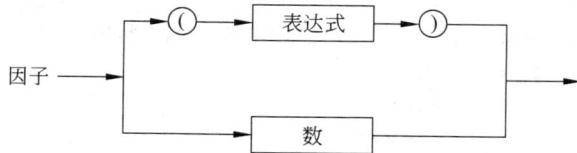

图 9-3　"因子"的定义

　　由于在"表达式"的定义中使用了"项","项"的定义中使用了"因子","因子"的定义中使用了"表达式",因此整个"表达式"的定义就是递归形式的,只不过是间接的递归。这样的递归定义是明确的,不会无限循环下去,是因为"因子"有非递归的定义形式,即"数"就是因子。

　　综上所述,求表达式值这个问题本身的定义就是递归的,因此适合用递归程序来解决。程序如下:

```
1.   #include<iostream>
2.   #include<cstring>
3.   #include<cstdlib>
4.   #include<iomanip>
5.   using namespace std;
6.   double factor();
7.   double term();
8.   double expression();
9.   int main()
10.  {
11.      cout<<fixed<<setprecision(2)<<expression()<<endl;
12.      return 0;
13.  }
14.  double expression()              //求一个表达式的值
15.  {
16.      double result=term();        //求第一项的值
17.      while(true) {
18.          char op=cin.peek();      //看输入流中的下一个字符,不取走
19.          if(op=='+' || op=='-') {
20.              cin.get();           //从输入流中取走一个字符
21.              double value=term();
22.              if(op=='+')
23.                  result+=value;
24.              else
25.                  result-=value;
26.          }
27.          else
28.              break;
29.      }
30.      return result;
31.  }
32.  double term()                    //求一个项的值
```

```cpp
33.    {
34.        double result=factor();         //求第一个因子的值
35.        while(true) {
36.            char op=cin.peek();
37.            if(op=='*' || op=='/') {
38.                cin.get();
39.                double value=factor();
40.                if(op=='*')
41.                    result *=value;
42.                else
43.                    result /=value;
44.            }
45.            else
46.                break;
47.        }
48.        return result;
49.    }
50.    double factor()                     //求一个因子的值
51.    {
52.        double result=0;
53.        char c=cin.peek();
54.        if(c=='(') {
55.            cin.get();
56.            result=expression();
57.            cin.get();
58.        }
59.        else {
60.            bool intPart=true;          //当前处理的数字是不是数的整数部分
61.            double base=0.1;
62.            while(isdigit(c) || c=='.') {
63.                if(isdigit(c)) {
64.                    if(intPart)
65.                        result=10 * result+c-'0';
66.                    else {
67.                        result+=(c-'0') * base;
68.                        base /=10;
69.                    }
70.                }
71.                else
72.                    intPart=false;      //碰到 '.' 则进入小数部分
73.                cin.get();
74.                c=cin.peek();
75.            }
76.        }
77.        return result;
78.    }
```

上面程序中的 expression、term、factor 三个函数,都是一边读入一个表达式、项、因子,一边求其值。由于输入数据符合表达式的递归定义,所以当 factor 被调用时,此时输入流的最前面一定是一个等待处理的因子,factor 能读入并处理掉这个因子。同样,term 被调用时,输入流最前面一定是一个项,term 会读取一个完整的项并求出其值。

9.6　例题:放苹果

1. 问题描述

把 M 个同样的苹果放在 N 个同样的盘子里,允许有的盘子空着不放,问共有多少种不同的分法(用 K 表示)? 注意,5,1,1 和 1,5,1 是同一种分法。

2. 输入数据

第一行是测试数据的数目 $t(0 \leqslant t \leqslant 20)$。以下每行均包含两个整数 M 和 N,以空格隔开,其中 $1 \leqslant M, N \leqslant 10$。

3. 输出要求

对输入的每组数据 M 和 N,用一行输出相应的 K。

4. 输入样例

```
1
7 3
```

5. 输出样例

```
8
```

6. 解题思路

所有不同的摆放方法可以分为两类:至少有一个盘子空着和所有盘子都不空。可以分别计算这两类摆放方法的数目,然后把它们加起来。对于至少空着一个盘子的情况,则 N 个盘子摆放 M 个苹果的摆放方法数目与 $N-1$ 个盘子摆放 M 个苹果的摆放方法数目相同。对于所有盘子都不空的情况,则 N 个盘子摆放 M 个苹果的摆放方法数目等于 N 个盘子摆放 $M-N$ 个苹果的摆放方法数目。可以据此来用递归的方法求解这个问题。

设 $f(m, n)$ 为 m 个苹果、n 个盘子的放法数目,则先对 n 进行讨论,如果 $n > m$,必定有 $n-m$ 个盘子永远空着,去掉它们对摆放苹果方法数目不产生影响,即如果 $(n > m)$,那么 $f(m, n) = f(m, m)$。当 $n \leqslant m$ 时,不同的放法可以分成两类:即有至少一个盘子空着或者所有盘子都有苹果,前一种情况相当于 $f(m, n) = f(m, n-1)$;后一种情况可以从每个盘子中拿掉一个苹果,不影响不同放法的数目,即 $f(m, n) = f(m-n, n)$。总的放苹果的放法数目等于两者的和,即 $f(m, n) = f(m, n-1) + f(m-n, n)$。整个递归过程描述如下:

```
1.   int f(int m, int n){
2.       if(n==1 || m==0) return 1;
3.       if(n>m) return f(m, m);
4.       return f(m, n-1)+f(m-n, n);
5.   }
```

出口条件说明:当 $n=1$ 时,所有苹果都必须放在一个盘子里,所以返回 1;当没有苹果可放时,定义为 1 种放法;递归的两条路,第一条 n 会逐渐减少,终会到达出口 $n==1$;第二条 m 会逐渐减少,因为 $n>m$ 时,会 return $f(m,m)$,所以终会到达出口 $m==0$。

7. 参考程序

```
1.    #include<stdio.h>
2.    int count(int x, int y){
3.        if(y==1 || x==0) return 1;
4.        if(x<y) return count(x, x);
5.        return count(x, y-1)+count(x-y, y);
6.    }
7.    void main()
8.    {
9.        int t, m, n;
10.       scanf("%d", &t);
11.       for(int i=0; i<t; i++){
12.           scanf("%d%d", &m, &n);
13.           printf("%d\n", count(m, n));
14.       }
15.   }
16.
```

8. 实现中常见的问题

问题一:没有想清楚如何递归,用循环模拟逐一枚举的做法时考虑不周出现错误;

问题二:出口条件判断有偏差,或者没有分析出当盘子数大于苹果数时要处理的情况。

9.7 例题:简单的整数划分问题

1. 问题描述

将正整数 n 表示成一系列正整数之和,即 $n=n_1+n_2+\cdots+n_k$,其中 $n_1 \geqslant n_2 \geqslant \cdots \geqslant n_k \geqslant 1, k \geqslant 1$。

正整数 n 的这种表示称为正整数 n 的划分。正整数 n 的不同的划分个数称为正整数 n 的划分数。

2. 输入数据

标准的输入包含若干组测试数据。每组测试数据是一个整数 $N(0<N \leqslant 50)$。

3. 输出要求

对于每组测试数据,输出 N 的划分数。

4. 输入样例

5

5. 输出样例

7

提示:

5, 4+1, 3+2, 3+1+1, 2+2+1, 2+1+1+1, 1+1+1+1+1

6. 解题思路

题目的任务是:用 $1\sim n$ 这 n 个数去凑 n,每个数可以取任意多次,问有多少种凑法? 更具普遍性的问题描述方式是:用 $1\sim i$ 这 i 个数去凑 m,有多少种凑法? 要用 $1\sim i$ 这 i 个数去凑 m,第一步的操作可以是处理数 i,有取和不取两种处理方式。如果取 i,那么接下来的问题就变成用 $1\sim i$ 这 i 个数去凑 $m-i(i$ 可以重复取)。如果不取 i,那么接下来的问题就变成用 $1\sim i-1$ 这 $i-1$ 个数去凑 m。当然,能取 i 的前提是 $i\le m$。于是,可以写出递归调用的关系。递归的终止条件就是,如果 $m=0$,则只有一种凑法即一个数都不取;如果 $m>0$,然而 $i=0$,则没有办法凑出 m,即凑法数为 0。

需要注意的是,本题数据规模较小($n\le 50$),所以用递归的写法就能解决。如果 n 比较大,则下面程序的计算时间恐怕会无法忍受。计算时间长的原因在于,对于任意 i 和 j,ways(i,j) 可能会被重复计算多次。此时就需要使用后面将介绍的"动态规划"的技巧,每算出一个 ways(i,j) 的值就存起来,下次再要算 ways(i,j) 的时候直接取出存好的值即可,这样可以避免重复计算 ways(i,j)。程序如下:

```
1.    #include<iostream>
2.    using namespace std;
3.    int ways(int m,int i)
4.    {//用 1~i 去凑 m,有多少种凑法
5.        if(m==0)
6.            return 1;
7.        if(i==0)
8.            return 0;
9.        if(i<=m)
10.           return ways(m-i,i)+ways(m,i-1);
11.       else
12.           return ways(m,i-1);
13.
14.    }
15.    int main()
16.    {
17.        int n;
18.        while(cin>>n)
19.            cout<<ways(n,n)<<endl;
20.    }
```

9.8　例题:算 24

1. 问题描述

给出 4 个小于 10 的正整数,可以使用加、减、乘、除 4 种运算以及括号把这 4 个数连接

起来得到一个表达式。现在的问题是,是否存在一种方式使得所得到的表达式的结果等于 24。

这里加、减、乘、除以及括号的运算结果和运算的优先级跟平常的定义一致(这里的除法定义是实数除法)。

例如,对于 5,5,5,1,则有 $5 \times (5 - 1/5) = 24$,因此可以得到 24。再如,对于 1,1,4,2,怎么都不能得到 24。

2. 输入数据

输入数据包括多行,每行给出一组测试数据,包括 4 个小于 10 的正整数。最后一组测试数据中包括 4 个 0,表示输入的结束,这组数据不用处理。

3. 输出要求

对于每一组测试数据,输出一行,如果可以得到 24,输出 YES;否则,输出 NO。

4. 输入样例

```
5 5 5 1
1 1 4 2
0 0 0 0
```

5. 输出样例

```
YES
NO
```

6. 解题思路

用 n 个数算 24,第一步一定是先取两个数进行某种运算,然后再用算得的结果,和剩下的 $n-2$ 个数,凑成 $n-1$ 个数去算 24。于是做了第一步操作后,问题变为和原问题形式相同但规模减小(规模由 n 变为 $n-1$)的新问题。这种情况适合用递归解决。这里所说的第一步操作有多种选择,首先是选取两个数有多种选择,其次是选出两个数后做什么运算也有多种选择。有的选择最终导致失败,也有可能有的选择最终导致成功,因此就要枚举所有可能的选择。

本题的关键在于递归函数 Count24 参数的选取。按照上面所述,函数的参数应该描述"用哪几个数去算 24",因此取两个参数:一个是数组 a,存放要用来算 24 的数;另一个是参数 n,表示数组中有 n 个数用来算 24。

本题递归的终止条件是,如果要用 1 个数算 24,那么这个数必须是 24,否则无解。

7. 参考程序

下面程序的做法,实际上就是穷举了所有可能的计算方法。

```
1.   #include<cmath>
2.   #include<iostream>
3.   using namespace std;
4.   double a[5];
5.   #define EPS 1e-6
6.   bool isZero(double x) {
7.   //不能直接用 "=="比较两个浮点数是否相等
8.       return fabs(x)<=EPS;
```

```
9.    }
10.   bool count24(double a[],int n)
11.   {//用数组 a 里的 n 个数算 24,看能否成功
12.       if(n==1) {
13.           if(isZero(a[0]-24))
14.               return true;
15.           else
16.               return false;
17.       }
18.       double b[5];
19.       for(int i=0;i<n-1;++i)
20.           for(int j=i+1;j<n;++j) {
21.               //先对 a 中的两个数进行运算,枚举这两个数
22.               int m=0;
23.               for(int k=0; k<n;++k)
24.                   if(k!=i && k!=j)
25.                       b[m++]=a[k];        //将选出的两个数以外的数存入 b 数组
26.               b[m]=a[i]+a[j];
27.               if(count24(b,m+1))
28.                   return true;
29.               b[m]=a[i]-a[j];
30.               if(count24(b,m+1))
31.                   return true;
32.               b[m]=a[j]-a[i];
33.               if(count24(b,m+1))
34.                   return true;
35.               b[m]=a[i] * a[j];
36.               if(count24(b,m+1))
37.                   return true;
38.               if(!isZero(a[j])) {
39.                   b[m]=a[i]/a[j];
40.                   if(count24(b,m+1))
41.                       return true;
42.               }
43.               if(!isZero(a[i])) {
44.                   b[m]=a[j]/a[i];
45.                   if(count24(b,m+1))
46.                       return true;
47.               }
48.           }
49.       return false;
50.   }
51.
52.   int main()
53.   {
```

```
54.      while(true) {
55.          for(int i=0;i<4;++i)
56.              cin>>a[i];
57.          if(isZero(a[0]))
58.              break;
59.          if(count24(a,4))
60.              cout<<"YES"<<endl;
61.          else
62.              cout<<"NO"<<endl;
63.      }
64.      return 0;
65.  }
```

9.9   例题：红与黑

1. 问题描述

有一间长方形的房子,地上铺了红色和黑色两种颜色的正方形瓷砖。你站在其中一块黑色的瓷砖上,只能向相邻的黑色瓷砖移动。编写一个程序,计算一共能够到达多少块黑色的瓷砖。

2. 输入数据

输入包括多个数据集合。每个数据集合的第一行是两个整数 W 和 H,分别表示 x 方向和 y 方向瓷砖的数量。W 和 H 都不超过 20。在接下来的 H 行中,每行包括 W 个字符。每个字符表示一块瓷砖的颜色,其规则如下:

（1）. 表示黑色的瓷砖;

（2）# 表示白色的瓷砖;

（3）@表示黑色的瓷砖,并且你站在这块瓷砖上,该字符在每个数据集合中唯一出现一次。

当在一行中读入的是两个零时,表示输入结束。

3. 输出要求

对每个数据集合,分别输出一行,显示你从初始位置出发能到达的瓷砖数(记数时包括初始位置的瓷砖)。

4. 输入样例

```
6 9
....#.
.....#
......
......
......
......
......
......
#@...#
```

```
.#..#.
0 0
```

5. 输出样例

45

6. 解题思路

这个题目可以描述成给定一点，计算它所在的连通区域的面积。需要考虑的问题包括矩阵的大小以及从某一点出发向上、下、左、右行走时，可能遇到的三种情况：①出了矩阵边界；②遇到'.'和遇到'#'。

设 $f(x,y)$ 为从点 (x,y) 出发能够走过的黑瓷砖总数，则有：

$$f(x,y) = 1 + f(x-1,y) + f(x+1,y) + f(x,y-1) + f(x,y+1)$$

这里需要注意，凡是走过的瓷砖不能够被重复走过。可以通过每走过一块瓷砖就将它作标记的方法，保证不重复计算任何瓷砖。

7. 参考程序

```c
1.   #include<stdio.h>
2.   int W, H;
3.   char z[21][21];
4.   int f(int x, int y){
5.       if(x<0 || x>=W || y<0 || y>=H)          //如果走出矩阵范围
6.           return 0;
7.     if(z[x][y]=='#')
8.           return 0;
9.       else{
10.          z[x][y]='#';                         //将走过的瓷砖做标记
11.          return 1+f(x-1, y)+f(x+1, y)+f(x, y-1)+f(x, y+1);
12.      }
13.  }
14.  void main()
15.  {
16.      int i, j, num;
17.      while(scanf("%d %d", &H, &W) && W!=0 && H!=0){
18.          num=0;
19.          for(i=0; i<W; i++)                   //读入矩阵
20.              scanf("%s", z[i]);
21.          for(i=0; i<W; i++)
22.          for(j=0; j<H; j++)
23.              if(z[i][j]=='@') printf("%d\n", f (i, j));
24.      }
25.  }
```

8. 实现中常见的问题

问题一：走过某块瓷砖后没有将它做标记，导致重复计算或无限递归；

问题二：在递归出口条件判断时，先判断该网格点是否是'#'，再判断是否出边界，导致数组越界；

问题三：读入数据时，用 scanf 一个字符一个字符读入，没有去掉数据中的行尾标记，导致数据读入出错。

在上面放苹果的例题中可以看出，在寻找从 $f(x)$ 向出口方向的递归方法时，是对可能的情况做了一步枚举，即将所有可能的情况划分为至少有一个盘子空着和所有盘子至少有一个苹果两种情况。这种通过一步枚举进行递归的方法是很常用的。例如，在例题"红与黑"中，枚举了在一个方格点上的 4 种可能的走法。例题"红与黑"与前几个例题不同的地方在于，在该问题中有一个记录地图的全局量，在每一个格点行走时，会改变这个全局量的状态。在处理每个格点时按上下左右的顺序依次走向相邻格点，当走过左边的格点时，改变了全局量的状态，只是这种改变不影响继续走向右边的格点。但是，对于另外一类问题，情况可能会有所不同，在尝试了前面的分支情况后，要将全局量恢复成进入分支前的状态，然后再尝试其他的分支情况。下面几个例题就是这种情况。

9.10 例题：二叉树

1. 问题描述

如图 9-4 所示，由正整数 $1,2,3,\cdots$ 组成了一棵无限大的二叉树。从某一个结点到根结点（编号是 1 的结点）都有一条唯一的路径。例如，从 10 到根结点的路径是 $(10,5,2,1)$；从 4 到根结点的路径是 $(4,2,1)$；从根结点 1 到根结点的路径上只包含一个结点 1，因此路径就是 (1)。对于两个结点 x 和 y，假设它们到根结点的路径分别是 $(x_1,x_2,\cdots,1)$ 和 $(y_1,y_2,\cdots,1)$（这里显然有 $x=x_1,y=y_1$），那么必然存在两个正整数 i 和 j，使得从 x_i 和 y_j 开始，有 $x_i=y_j,x_{i+1}=y_{j+1},x_{i+2}=y_{j+2},\cdots$现在的问题就是，给定 x 和 y，要求出 x_i（也就是 y_j）。

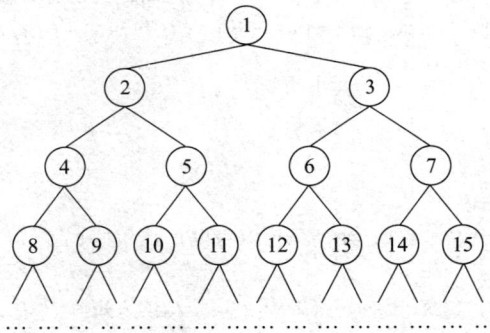

图 9-4 满二叉树

2. 输入数据

输入只有一行，包括两个正整数 x 和 y，这两个正整数都不大于 1000。

3. 输出要求

输出只有一个正整数 x_i。

4. 输入样例

5. 输出样例

2

6. 解题思路

这个题目要求树上任意两个结点的最近公共子结点。分析这棵树的结构不难看出,不论奇数偶数,每个数对 2 做整数除法,就走到它的上层结点。

可以每次让较大的一个数(也就是在树上位于较低层次的结点)向上走一个结点,直到两个结点相遇。如果两个结点位于同一层,并且它们不相等,可以让其中任何一个先往上走,然后另一个再往上走,直到它们相遇。设 common(x,y) 表示整数 x 和 y 的最近公共子结点,那么,根据比较 x 和 y 的值得到三种情况:①x 与 y 相等,则 common(x,y) 等于 x,并且等于 y;②x 大于 y,则 common(x,y) 等于 common$(x/2,y)$;③x 大于 y,则 common(x,y) 等于 common$(x,y/2)$。

7. 参考程序

```
1.    #include<stdio.h>
2.    int common(int x, int y){
3.        if(x==y) return x;
4.        if(x>y) return common(x/2, y);
5.        return common(x, y/2);
6.    }
7.    void main()
8.    {
9.        int m, n, result;
10.       scanf("%d%d", &m, &n);
11.       printf("%d\n", common(m, n));
12.   }
```

8. 实现中常见的问题

问题一:有一种比较直观的解法是,对于两个给定的数,分别求出它们到根结点的通路上的所有结点的值,然后再在两个数组中寻找数码最大的公共结点。这种做法的代码比较繁琐,容易在实现中出错。

问题二:代码实现逻辑不明晰,造成死循环等错误。例如,有人只将其中一个数不停地除以 2,而不理会另外一个数。

9.11　例题:拯救少林神棍

1. 问题描述

相传,少林寺的镇寺之宝是救秦王李世民的十三棍僧留下的若干根相同长度的棍子,在民国某年,少林寺被军阀炮轰,这些棍子被炸成 N 节长度各异的小木棒。战火过后,少林方丈想要用这些木棒拼回原来的棍子。

可他记不得原来到底有几根棍子了,只知道古人比较矮,且为了携带方便,棍子一定比较短。

他想知道这些棍子最短可能有多短。棍子越短,能拼出来的棍子就越多,这也是件好事。

注意:这里的"棍子"是指原来的长木棍,而"木棒"是"棍子"被炸断后形成的短木棍。

2. 输入数据

有多组数据。每组数据2行。第1行是整数 N,表示一共有 N 个木棒($N \leqslant 64$)。第2行是 N 个整数,描述了 N 个木棒的长度。

$N=0$ 意味着输入数据结束。

3. 输出要求

对于每组的输入数据,输出最短的可能棍子长度。

4. 输入样例

```
9
5 2 1 5 2 1 5 2 1
4
1 2 3 4
0
```

5. 输出样例

```
6
5
```

6. 题目来源

ACM-ICPC Central Europe 1995.

7. 解题思路

这是一道搜索题,用递归的方法枚举所有可能的步骤,但是要及早判断出有的局面不可行,从而推翻该局面,而不是在该局面的情况下继续尝试。这个过程就称为"剪枝"。

基本的思路就是枚举所有可能的棍子长度。对于假定的长度,分析能否将全部木棒都用完,拼成若干根棍子。本题中,因希望棍子尽可能短,因此枚举棍子长度的时候就应该从小到大枚举。这实际上也就是对搜索顺序的选择。枚举的范围则是从最长的那根木棒的长度,到木棒长度和的一半。如果都不成功,那就把所有木棒拼成一根棍子。枚举的时候,不必每个长度都试。对于不是木棒长度和的因子的长度,可以直接否定,不需尝试。这是本题中最容易想到,也最强的剪枝。

在假定了一个棍子长度的前提下,如何尝试去拼成若干根该长度的棍子?生活中该怎么做,程序也就怎么做。具体的做法就是一根一根地拼棍子。如果拼好前 i 根棍子,结果发现第 $i+1$ 根无论如何拼不成了,那就只能拆掉已经拼好的第 i 根棍子,用另一种办法拼好第 i 根后再继续。如果第 i 根的所有拼法都试过,还是不能成功,那就只能拆掉第 $i-1$ 根棍子……直至有可能拆掉第1根棍子。如果第1根棍子的所有拼法都试过了还不能成功,那么只好宣告失败,假设的棍子长度不成立。

在本题中,"状态"是一个二元组(R, M),R 表示还没被用掉的木棒数目,M 表示当前正在拼的那根棍子还缺少的长度。若共有 N 节木棒,且假设的棍子长度是 L,则初始状态状态就是(N,L)，目标状态就是$(0,0)$。(N,L)对应的问题是，还剩 N 根木棒，现在要开始拼第一根棍子。$(0,0)$所对应的问题是，现在已经没有木棒剩下，且没有棍子要拼，即什么也不用做这个问题就解决了。所谓"成功拼出若干根长度为 L 的棍子"，就是要在状态空间中找到一条从(N,L)到$(0,0)$的路径。那么，状态之间如何转移呢？在状态(R,M)，拿一根长度为 $S(S{\leqslant}M)$的木棒拼到当前棍子上，状态就会转移到$(R-1,M-S)$。如果剩下的木棒长度都大于 M，那就没法从(R,M)继续往前走了，要回退。

　　还有一个搜索顺序的问题需要解决，就是拼一根棍子的时候，是先拿长的木棒往上拼还是先拿短的去拼。因为长木棒不好安排，即选择少，因此应该优先拿长木棒来拼。

8. 参考程序

```
1.   #include<iostream>
2.   #include<memory.h>
3.   #include<stdlib.h>
4.   #include<vector>
5.   #include<algorithm>
6.   using namespace std;
7.   int N, L;
8.   vector<int>length;              //木棒长度
9.   int used[65];                   //木棒是否用过的标记
10.  int i,j,k;
11.  int Dfs(int R, int M);
12.  int main()
13.  {
14.      while(1) {
15.          cin>>N;
16.          if(N==0)
17.              break;
18.          int totalLen=0;
19.          length.clear();
20.          for(int i=0; i<N; i++) {
21.              int n;
22.              cin>>n;
23.              length.push_back(n);
24.              totalLen+=length[i];
25.          }
26.          sort(length.begin(),length.end(),greater<int>());
27.          //排序是为了要从长到短拿木棒进行尝试
28.          for(L=length[0]; L<=totalLen/2; L++) {
29.              if(totalLen %L)
30.                  continue;
31.              memset(used, 0,sizeof(used));
32.              if(Dfs(N,L)) { //如果能拼成功
33.                  cout<<L<<endl;
34.                  break;
```

```
35.                    }
36.                }
37.            if(L>totalLen/2)
38.                cout<<totalLen<<endl;
39.        }
40.        return 0;
41.    }
42.    int Dfs(int R, int M) {
43.    //R 表示还剩的木棒数,M 表示当前正在拼的棍子和 L 比还缺的长度
44.    //返回值为真则表示从这种状况继续往下拼,最终能拼成功
45.        if(R==0 && M==0)
46.            return true;
47.        if(M==0)                      //一根刚刚拼完
48.            M=L;                      //立即开始拼新的一根
49.        for(int i=0; i<N; i++) {
50.            if(!used[i] && length[i]<=M) {
51.                used[i]=1;
52.                if(Dfs(R-1, M-length[i]))
53.                    return true;
54.                else
55.                    used[i]=0;    //说明本次不能用第 i 根,
56.                                  //第 i 根以后还有用,要将其 used 标志清 0
57.            }
58.        }
59.        return false;
60.    }
```

9. 剪枝方法

上面的程序虽然正确,但是严重超时。要加快搜索速度,需要进行剪枝。本题的剪枝方案有很多,这里列举以下几种。

(1) 剪枝方法 1:不要在同一个位置多次尝试相同长度的木棒。也就是说,如果某次拼接选择长度为 S 的木棒导致最终失败,那么拆掉 S,在同一位置尝试下一根木棒时要跳过所有长度为 S 的木棒。

(2) 剪枝方法 2:如果由于以后的拼接失败,需要重新调整第 i 根棍子的拼法,则不会考虑替换第 i 根棍子中的第一根木棒,因为换了也没用。如果在不替换第一根木棒的情况下怎么都无法成功,那么就要推翻第 $i-1$ 根棍子的拼法,而不是去替换第一根木棒。如果不存在第 $i-1$ 根棍子,那么就推翻本次假设的棍子长度,尝试下一个长度。例如,若棍子 i 如图 9-5 所示的拼法导致最后不能成功。在这种情况下,可以考虑把木棒 2 和木棒 3 换掉重拼棍子 i,但是把木棒 2 和木棒 3 都去掉后,换木棒 1 是没有意义的。原因是:因为假设替换后能全部拼成功,那么这被换下来的木棒 1 必然会出现在以后拼好的某根棍子 k 中,那么原先拼第 i 根棍子时就可以用和棍子 k 同样的构成法来拼,按照这种构成法拼好第 i 根棍子,继续下去,最终也应该能够全部拼接成功,如图 9-6 所示。

(3) 剪枝方法 3:不要希望通过仅仅替换已拼好棍子的最后一根木棒就能够改变失败

| 木棒1 | 木棒2 | 木棒3 |

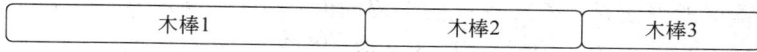

图 9-5　剪枝方法 2 示意图(一)

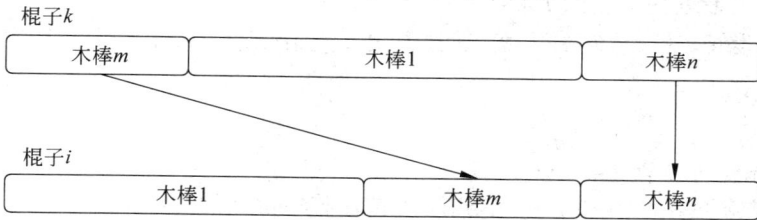

棍子 k

| 木棒 m | 木棒1 | 木棒 n |

棍子 i

| 木棒1 | 木棒 m | 木棒 n |

图 9-6　剪枝方法 2 示意图(二)

的局面。假设由于后续拼接无法成功,导致准备拆除的某根棍子如图 9-7 所示。

棍子 i

| 木棒1 | 木棒2 | 木棒3 |

图 9-7　剪枝方法 3 示意图(一)

　　将木棒 3 拆掉,留下的空用其他更短的木棒来填是徒劳的。因为假设替换木棒 3 后最终能够成功,那么木棒 3 必然出现在后面的某个棍子 k 里。将棍子 k 中的 3 和棍子 i 中用来替换木棒 3 的几根木棒对调,结果当然一样是成功的。这就和棍 i 原来的拼法会导致不成功矛盾,如图 9-8 所示。

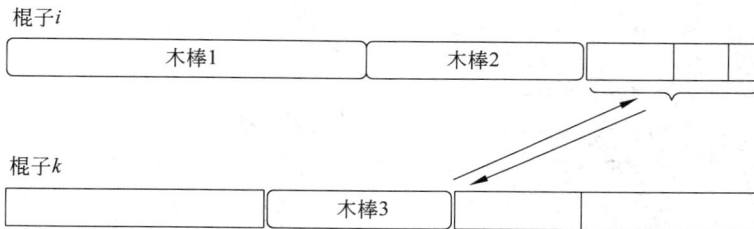

棍子 i

| 木棒1 | 木棒2 | | | |

棍子 k

| | 木棒3 | | |

图 9-8　剪枝方法 3 示意图(二)

　　(4) 剪枝方法 4:拼每一根棍子的时候,应该确保已经拼好的部分,长度是从长到短排列的,即拼的过程中要排除类似图 9-9 所示的这种情况。即木棒 3 比木棒 2 长,这种情况的出现是一种浪费。因为要是这样往下能成功,那么木棒 2 和木棒 3 对调的拼法木棒 132 肯定也能成功。由于取木棒是从长到短的,如果出现了木棒 123 的拼法,那么前面就一定试过木棒 132 的拼法。木棒 132 都试过了还会再试木棒 123,只能说明当初木棒 132 的拼法是不成功的。这和如果木棒 123 拼法能成,那么木棒 132 拼法也能成矛盾。因此结论就是木棒 123 拼法不能成功。

未完成的棍子 i

| 木棒1 | 木棒2 | 木棒3 |

图 9-9　剪枝方法 4 示意图

　　排除上述情况的办法是:每次找一根木棒的时候,只要这不是一根棍子的第一根木棒就不应该从下标为 0 的木棒开始找,而应该从刚刚(最近)接上去的那根木棒的下一根开始找。这样就不会往木棒 2 后面接更长的木棒 3 了。为此,要设置一个全局变量 lastStickNo(初值-1),记住最近拼上去的那根木棒的下标。

　　经过试验发现,这 4 个剪枝方案,剪枝方法 2 是最强的。加上 4 个剪枝方法的 Dfs 函数程序如下:

```
1.   int lastStickNo=-1;
2.   int Dfs(int R, int M)
3.   //R 表示还剩的木棒数,M 表示当前正在拼的棍子和 L 比还缺的长度
4.   //返回值为真,则表示从这种状况继续往下拼最终能拼成功
5.   {
6.       if(R==0 && M==0)
7.           return true;
8.       if(M==0)                            //一根刚刚拼完
9.           M=L;                            //立即开始拼新的一根
10.      int startNo=0;
11.      if(M!=L)                            //不是刚开始拼一根棍子
12.          startNo=lastStickNo+1;
13.      for(int i=startNo; i<N; i++) {   //剪枝方法 4
14.          if(!used[i] && length[i]<=M) {
15.              if(i>0) {
16.                  if(used[i-1]==false && length[i]==length[i-1])
17.                      continue;          //剪枝方法 1
18.              }
19.              used[i]=1;
20.              lastStickNo=i;            //记录最近放上去的木棒下标
21.              if(Dfs(R-1, M-length[i]))
22.                  return true;
23.              else {
24.                  used[i]=0;            //说明本次不能用第 i 根
25.                                        //第 i 根以后还有用,要将其 used 标志清 0
26.                  if(length[i]==M || M==L)
27.                      return false;     //剪枝方法 3,2
28.              }
29.          }
30.      }
31.      return false;
32.  }
```

部分程序语句解释如下。

第 13 行:选木棒的时候从下标 lastStickNo+1 开始,这就是剪枝方法 4。

第 16 行:如果第 i 根木棒长度和第 $i-1$ 根相同,那么前面一定试过第 $i-1$ 根木棒。而此时若 used[$i-1$]为假,则说明到现在并没有使用第 $i-1$ 根木棒。试了却没用,是因为试了发现无法成功,那么在同一个位置就不用尝试相同长度的木棒 i 了。

第 26 行：程序走到这一行，是因为第 21 行 Dfs 的结果为假，即刚才选择木棒 i 拼上去是不成功的。因此在第 24 行，将木棒 i 拆了下来。此时，如果 length$[i]$ 等于 M，则说明木棒 i 是刚才拼的棍子的最后一根木棒。根据剪枝方法 3，把木棒 i 拆下换别的木棒上去是没有意义的，所以程序就不该回到第 13 行选下一根木棒来填拆掉木棒 i 后所留的空，而是应该直接 return false，宣告当前这个状态 (R,M) 一定会导致失败。如果 $M=L$，则说明木棒 i 是刚才拼的棍子的第一根木棒，此时要应用剪枝方法 2，直接宣告状态 (R,M) 导致失败。

练　习　题

1. 城堡

图 9-10 是一个城堡的地形图。请编写一个程序，计算城堡一共有多少房间，最大的房间有多大。城堡被分割成 $m \times n\ (m \leqslant 50, n \leqslant 50)$ 个方块，每个方块可以有 0～4 面墙。

2. 分解因数

给出一个正整数 a，要求分解成若干个正整数的乘积，即 $a = a_1 \times a_2 \times a_3 \times \cdots \times a_n$，并且 $1 < a_1 \leqslant a_2 \leqslant a_3 \leqslant \cdots \leqslant a_n$，问：这样的分解的种数有多少？注意，$a = a$ 也是一种分解。

3. 迷宫

一天 Extense 在森林里探险的时候不小心走入了一个迷宫，迷宫可以看成是由 $n \times n$ 的格点组成的，每个格点只有两种状态：. 和 ♯，前者表示可以通行，而后者表示不能通行。同时，当 Extense 处在某个格点时，他只能移动到东南西北（或者说上下左右）4 个方向之一的相邻格点上，Extense 想要从点 A 走到点 B，问：在不走出迷宫的情况下能不能办到？如果起点或者终点有一个不能通行（即为 ♯），则看成无法办到。

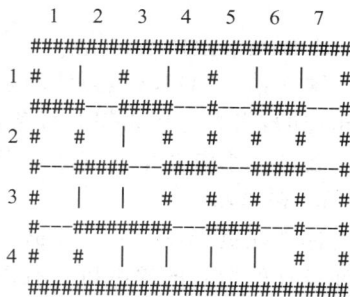

图 9-10　城堡示意图

4. 文件结构"图"

在计算机上看到文件系统的结构通常很有用。Microsoft Windows 上面的 explorer 程序就是这样的一个例子。但是，在有图形界面之前，是没有图形化的表示方法的，那时候最好的方式是把目录和文件的结构显示成一张"图"的样子，如图 9-11 所示，而且使用缩排的形式来表示目录的结构。例如：

这个图说明：ROOT 目录包括两个文件和三个子目录。第一个子目录包含 3 个文件，第二个子目录是空的，第三个子目录包含 1 个文件。

5. 小游戏

一天早上，你起床的时候想："我编程序这么牛，为什么不能靠这个赚点小钱呢?"于是决定编写一个小游戏。

游戏在一个分割成 $w \times h$ 个正方格子的矩形板上进行。如图 9-12 所示，每个正方格子上可以有一张游戏卡片，当然也可以没有。

当下面的情况满足时，认为两个游戏卡片之间有一条路径相连：

路径只包含水平或者竖直的直线段。路径不能穿过别的游戏卡片，但是允许路径临时的离开矩形板。

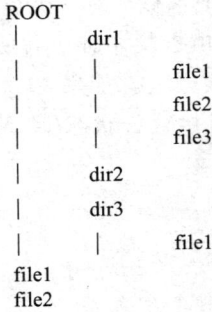

```
ROOT
 |      dir1
 |       |      file1
 |       |      file2
 |       |      file3
 |      dir2
 |      dir3
 |       |      file1
file1
file2
```

图 9-11 将目录和文件的结构显示成一张"图"

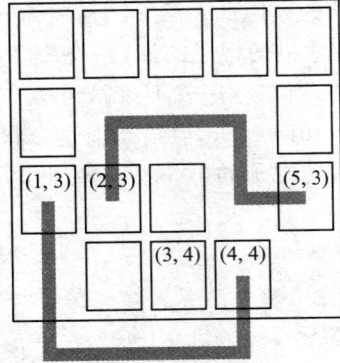

图 9-12 游戏示意图

下面是一个例子：

这里在(1,3)和(4,4)处的游戏卡片是可以相连的。而在(2,3)和(3,4)处的游戏卡片是不相连的,因为连接它们的每条路径都必须要穿过别的游戏卡片。

要求在小游戏里面判断是否存在一条满足题意的路径,能连接给定的两个游戏卡片。

6. 碎纸机

你现在负责设计一种新式的碎纸机。一般的碎纸机会把纸切成小片,变得难以阅读。而你设计的新式的碎纸机具有以下的特点:

(1) 每次切割之前,先要给定碎纸机一个目标数,而且在每张被送入碎纸机的纸片上也需要包含一个数。

(2) 碎纸机切出的每个纸片上都包括一个数。

(3) 要求切出的每个纸片上的数的和要不大于目标数而且与目标数最接近。

举一个例子,如图 9-13 所示,假设目标数是 50,输入纸片上的数是 12 346。碎纸机会把纸片切成 4 块,分别包含 1、2、34 和 6,这样这些数的和是 43(＝1＋2＋34＋6),这是所有的分割方式中不超过 50 而又最接近 50 的分割方式。又如,分割成 1、23、4 和 6 是不正确的,因为这样的总和是 34(＝1＋23＋4＋6),比刚才得到的结果 43 小。分割成 12、34 和 6 也是不正确的,因为这时的总和是 52(＝12＋34＋6),超过了 50。

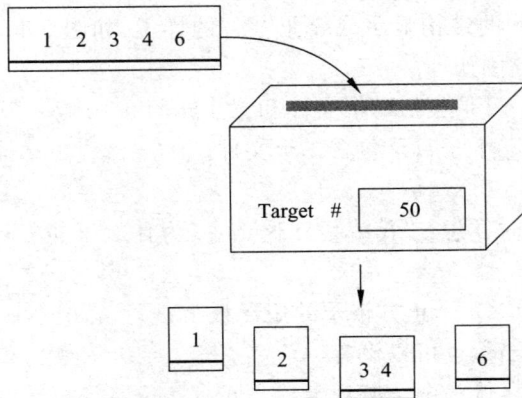

图 9-13 碎纸机示意图

还有三个特别的规则：

（1）如果目标数和输入纸片上的数相同，那么纸片不进行切割。

（2）如果不论怎样切割，分割得到的纸片上数的和都大于目标数，那么打印机显示错误信息。

（3）如果有多种不同的切割方式可以得到相同的最优结果。那么打印机显示拒绝服务信息。例如，如果目标数是 15，输入纸片上的数是 111，那么有两种不同的方式可以得到最优解，分别是切割成 1 和 11 或者切割成 11 和 1，在这种情况下打印机会显示拒绝服务信息。

为了设计这样的一个碎纸机，需要先写一个简单的程序模拟这个打印机的工作。给定两个数，第一个是目标数，第二个是输入纸片上的数，要求给出碎纸机对纸片的分割方式。

7. 棋盘分割

将一个 8×8 的棋盘进行如下分割：将原棋盘割下一块矩形棋盘并使剩下部分也是矩形（如图 9-14 所示），再将剩下的部分继续如此分割，这样割了 $(n-1)$ 次后，连同最后剩下的矩形棋盘共有 n 块矩形棋盘（每次切割都只能沿着棋盘格子的边进行）。

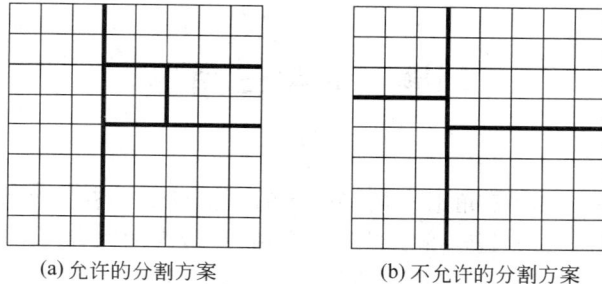

(a) 允许的分割方案   (b) 不允许的分割方案

图 9-14　棋盘分割示意图

原棋盘上每一格有一个分值，一块矩形棋盘的总分为其所含各格分值之和。现在需要把棋盘按上述规则分割成 n 块矩形棋盘，并使各矩形棋盘总分的均方差最小。均方差 $\sigma =$

$$\sqrt{\dfrac{\sum\limits_{i=1}^{n}(x_i - \overline{x})^2}{n}}$$，其中平均值 $\overline{x} = \dfrac{\sum\limits_{i=1}^{n} x_i}{n}$，$x_i$ 为第 i 块矩形棋盘的总分。

编写程序对给出的棋盘及 n，求出 σ 的最小值。

8. 棋盘问题

在一个给定形状的棋盘（形状可能是不规则的）上面摆放棋子，棋子没有区别。要求摆放时，任意的两个棋子不能放在棋盘中的同一行或者同一列，请编程求解对于给定形状和大小的棋盘，摆放 k 个棋子的所有可行的摆放方案。

第 **10** 章

动态规划

10.1 什么是动态规划

前面学习了用递归的方法解决问题。但是,单纯的递归在解决某些问题的时候,效率会很低。例如,下面这道题目。

例题:数字三角形

1. 问题描述

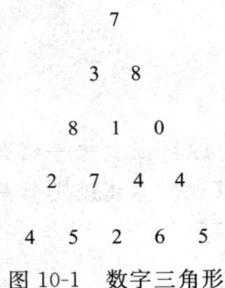

图 10-1 给出了一个数字三角形。从三角形的顶部到底部有很多条不同的路径。对于每条路径,把路径上面的数加起来可以得到一个和,和最大的路径称为最佳路径。你的任务就是求出最佳路径上的数字之和。

注意:路径上的每一步只能从一个数走到下一层上和它最近的左边的数或者右边的数。

2. 输入数据

输入的第一行是一个整数 $N(1 < N \leqslant 100)$,给出三角形的行数。下面的 N 行给出数字三角形。数字三角形上的数的范围都在 $0 \sim 100$ 之间。

```
        7
      3   8
    8   1   0
  2   7   4   4
4   5   2   6   5
```

图 10-1 数字三角形

3. 输出要求

输出最大的和。

4. 输入样例

```
5
7
3 8
8 10
2 7 4 4
4 5 2 6 5
```

5. 输出样例

6. 解题思路

这道题目可以用递归的方法解决。基本思路是：

以 $D(r,j)$ 表示第 r 行的第 j 个数字（r 和 j 都从 1 开始算），以 $\text{MaxSum}(r,j)$ 代表从第 r 行的第 j 个数字到底边的最佳路径的数字之和，则本题是要求 $\text{MaxSum}(1,1)$。

从某个 $D(r,j)$ 出发，显然下一步只能走 $D(r+1,j)$ 或者 $D(r+1,j+1)$。如果走 $D(r+1,j)$，那么得到的 $\text{MaxSum}(r,j)$ 就是 $\text{MaxSum}(r+1,j)+D(r,j)$；如果走 $D(r+1,j+1)$，那么得到的 $\text{MaxSum}(r,j)$ 就是 $\text{MaxSum}(r+1,j+1)+D(r,j)$。所以，选择往哪里走，就看 $\text{MaxSum}(r+1,j)$ 和 $\text{MaxSum}(r+1,j+1)$ 哪个更大。

7. 参考程序

```
1.   #include<stdio.h>
2.   #define MAX_NUM 100
3.   int D[MAX_NUM+10][MAX_NUM+10];
4.   int N;
5.   int MaxSum(int r, int j)
6.   {
7.       if(r==N)
8.           return D[r][j];
9.       int nSum1=MaxSum(r+1, j);
10.      int nSum2=MaxSum(r+1, j+1);
11.      if(nSum1>nSum2)
12.          return nSum1+D[r][j];
13.      return nSum2+D[r][j];
14.
15.  }
16.  main()
17.  {
18.      int m;
19.      scanf("%d", &N);
20.      for(int i=1; i<=N; i++)
21.          for(int j=1; j<=i; j++)
22.              scanf("%d", &D[i][j]);
23.      printf("%d", MaxSum(1, 1));
24.  }
```

上面的程序，效率非常低，在 N 值并不大，如 $N=100$ 的时候，就慢得几乎永远算不出结果了。为什么会这样呢？这是因为过多的重复计算。不妨将对 MaxSum 函数的一次调用称为一次计算。那么，每次计算 $\text{MaxSum}(r,j)$ 的时候，都要计算一次 $\text{MaxSum}(r+1,j)$，而每次计算 $\text{MaxSum}(r,j+1)$ 的时候，也要计算一次 $\text{MaxSum}(r+1,j)$，重复计算因此产生。在题目中给出的例子里，如果将 $\text{MaxSum}(r,j)$ 被计算的次数都写在位置 (r,j)，那么就能得到如图 10-2 所示新的数字三角形。

```
        1
       1 1
      1 2 1
     1 3 3 1
    1 4 6 4 1
```

图 10-2 新的数字三角形

从图 10-2 可以看出，最后一行的计算次数总和是 16，倒数第二行的计算次数总和是 8。不难总结出规律,对于 N 行的三角形,总的计算次数是 $2^0+2^1+2^2+\cdots+2^{N-1}=2^N$。当 $N=100$ 时,总的计算次数是一个让人无法接受的大数字。

既然问题出在重复计算,那么解决的办法就是一个值一旦算出来就要记住,以后不必重新计算。也就是说,第一次算出 MaxSum(r,j) 的值时就将该值存放起来,下次再需要计算 MaxSum(r,j) 时,直接取用已存好的值即可,不必再次调用 MaxSum 进行函数递归计算了。这样,每个 MaxSum(r,j) 都只需要计算 1 次即可,那么总的计算次数(即调用 MaxSum 函数的次数)就是三角形中的数字总数,即 $1+2+3+\cdots+N=N(N+1)/2$。

如何存放计算出来的 MaxSum(r,j) 值呢? 显然,用一个二维数组 aMaxSum$[N][N]$ 就能解决。aMaxSum$[r][j]$ 就存放 MaxSum(r,j) 的计算结果。下次再需要 MaxSum(r,j) 的值时,不必再调用 MaxSum 函数,只需直接取 aMaxSum$[r][j]$ 的值即可。程序如下:

```
1.    #include<stdio.h>
2.    #include<memory.h>
3.    #define MAX_NUM 100
4.    int D[MAX_NUM+10][MAX_NUM+10];
5.    int N;
6.    int aMaxSum[MAX_NUM+10][MAX_NUM+10];
7.    int MaxSum(int r, int j)
8.    {
9.        if(r==N)
10.           return D[r][j];
11.       if(aMaxSum[r+1][j]==-1)         //如果 MaxSum(r+1, j)没有计算过
12.           aMaxSum[r+1][j]=MaxSum(r+1, j);
13.       if(aMaxSum[r+1][j+1]==-1)       //如果 MaxSum(r+1, j+1)没有计算过
14.           aMaxSum[r+1][j+1]=MaxSum(r+1, j+1);
15.       if(aMaxSum[r+1][j]>aMaxSum[r+1][j+1])
16.           return aMaxSum[r+1][j]+D[r][j];
17.       return aMaxSum[r+1][j+1]+D[r][j];
18.
19.   }
20.   main()
21.   {
22.       int m;
23.       scanf("%d", & N);
24.       //将 aMaxSum 全部置成-1, 表示开始所有的 MaxSum(r, j)都没有算过
25.       memset(aMaxSum,-1, sizeof(aMaxSum));
26.       for(int i=1; i<=N; i++)
27.           for(int j=1; j<=i; j++)
28.               scanf("%d", & D[i][j]);
29.       printf("%d", MaxSum(1, 1));
30.   }
```

这种将一个问题分解为子问题递归求解,并且将中间结果保存以避免重复计算的办法,就叫做"**动态规划**"。动态规划通常用来求最优解,能用动态规划解决的求最优解问题必须

满足,最优解的每个局部解也都是最优的。以上题为例,最佳路径上面的每个数字到底部的那一段路径,都是从该数字出发到达到底部的最佳路径。

实际上,递归的思想在编程时未必要实现为递归函数。在上面的例子里,有递推公式:

$$aMaxSum[r][j]=\begin{cases} D[r][j] & r=N \\ Max(aMaxSum[r+1][j],aMaxSum[r+1][j+1])+D[r][j] & \text{其他} \end{cases}$$

因此,不需要写递归函数,从 aMaxSum[N-1] 这一行元素开始向上逐行递推,就能求得最终 aMaxSum[1][1] 的值了。程序如下:

```
1.    #include<stdio.h>
2.    #include<memory.h>
3.    #define MAX_NUM 100
4.    int D[MAX_NUM+10][MAX_NUM+10];
5.    int N;
6.    int aMaxSum[MAX_NUM+10][MAX_NUM+10];
7.    main()
8.    {
9.        int i, j;
10.       scanf("%d", & N);
11.       for(i=1; i<=N; i++)
12.           for(j=1; j<=i; j++)
13.               scanf("%d", &D[i][j]);
14.       for(j=1; j<=N; j++)
15.           aMaxSum[N][j]=D[N][j];
16.       for(i=N; i>1; i--)
17.           for(j=1; j<i; j++) {
18.               if(aMaxSum[i][j]>aMaxSum[i][j+1])
19.                   aMaxSum[i-1][j]=aMaxSum[i][j]+D[i-1][j];
20.               else
21.                   aMaxSum[i-1][j]=aMaxSum[i][j+1]+D[i-1][j];
22.           }
23.       printf("%d", aMaxSum[1][1]);
24.   }
```

思考题:上面的几个程序只算出了最佳路径的数字之和。如果要求输出最佳路径上的每个数字,该如何解决?

10.2 动态规划解题的一般思路

许多求最优解的问题可以用动态规划来解决。用动态规划解题,首先要把原问题分解为若干个子问题,这一点和前面的递归方法类似。区别在于,单纯的递归往往会导致子问题被重复计算,而用动态规划的方法,子问题的解一旦求出就会被保存起来,所以每个子问题只需求解一次。

子问题经常和原问题形式相似,有时甚至完全一样,只不过规模变小。找到子问题,就意味着找到了将整个问题逐渐分解的办法,因为子问题可以用相同的思路分解成子子问题,一直分解下去,直到最底层规模最小的子问题可以一目了然地看出解(像上面数字三角形的递推公式中,$r=N$ 时,解就是一目了然的)。每一层子问题的解决,会导致上一层子问题的解决,逐层向上,就会导致最终整个问题的解决。如果从最底层的子问题开始,自底向上地推导出一个个子问题的解,那么编程的时候就不需要写递归函数了。

在用动态规划解题时,往往将和子问题相关的各个变量的一组取值,称之为一个"状态"。一个"状态"对应于一个或多个子问题,所谓某个"状态"下的"值",就是这个"状态"所对应的子问题的解。

具体到数字三角形的例子,子问题就是"从位于 (r,j) 数字开始,到底边路径的最大和"。这个子问题和两个变量 r 和 j 相关,那么一个"状态",就是 r,j 的一组取值,即每个数字的位置就是一个"状态"。该"状态"所对应的"值",就是从该位置的数字开始,到底边的最佳路径上的数字之和。

定义出什么是"状态"以及在该"状态"下的"值"后,就要找出不同的状态之间如何迁移,即如何从一个或多个"值"已知的"状态",求出另一个"状态"的"值"。状态的迁移可以用递推公式表示,此递推公式也称为"状态转移方程"。

如下的递推公式就说明了状态转移的方式:

$$\text{aMaxSum}[r][j]=\begin{cases} D[r][j] & r=N \\ \text{Max}(\text{aMaxSum}[r+1][j],\text{aMaxSum}[r+1][j+1])+D[r][j] & \text{其他} \end{cases}$$

上面的递推式表明,如果知道状态 $(r+1,j)$ 和状态 $(r+1,j+1)$ 对应的值,该如何求出状态 (r,j) 对应的值,即两个子问题的解决如何导致一个更高层的子问题的解决。

所有"状态"的集合,构成问题的"状态空间"。"状态空间"的大小,与用动态规划解决问题的时间复杂度直接相关。在数字三角形的例子里,一共有 $N \times (N+1)/2$ 个数字,所以这个问题的状态空间里一共就有 $N \times (N+1)/2$ 个状态。在该问题里每个"状态"只需要经过一次,且在每个状态上进行计算所花的时间都是和 N 无关的常数。

用动态规划解题,经常碰到的情况是,K 个整型变量能构成一个状态(例如数字三角形中的行号和列号这两个变量构成"状态")。如果这 K 个整型变量的取值范围分别是 N_1,N_2,$\cdots$,N_k,那么就可以用一个 K 维的数组 array$[N_1][N_2]\cdots[N_k]$ 来存储各个状态的"值"。这个"值"未必就是一个整数或浮点数,可能是需要一个结构才能表示的,那么 array 就可以是一个结构数组。一个"状态"下的"值"通常会是一个或多个子问题的解。

用动态规划解题,如何寻找"子问题"、定义"状态","状态转移方程"是什么样的,并没有一定之规,需要具体问题具体分析,题目做多了就会有感觉。甚至,对于同一个问题,分解成子问题的办法可能不止一种,因而"状态"也可以有不同的定义方法。不同的"状态"定义方法可能会导致时间、空间效率上的区别。

10.3 例题:最长上升子序列

1. 问题描述

一个数的序列 b_i,当 $b_1 < b_2 < \cdots < b_S$ 的时候,称这个序列是上升的。对于给定的一个序列 $(a_1,a_2,\cdots,a_N)$,可以得到一些上升的子序列 $(a_{i1},a_{i2},\cdots,a_{iK})$,这里 $1 \leqslant i_1 < i_2 < \cdots < i_K \leqslant$

N。比如,对于序列$(1,7,3,5,9,4,8)$,有它的一些上升子序列,如$(1,7)$,$(3,4,8)$等。这些子序列中最长的长度是 4,如子序列$(1,3,5,8)$。

你的任务就是对于给定的序列,求出最长上升子序列的长度。

2. 输入数据

输入的第一行是序列的长度 $N(1\leqslant N\leqslant 1000)$。第二行给出序列中的 N 个整数,这些整数的取值范围都在 0~10 000。

3. 输出要求

最长上升子序列的长度。

4. 输入样例

```
7
1 7 3 5 9 4 8
```

5. 输出样例

```
4
```

6. 解题思路

如何把这个问题分解成子问题呢? 经过分析发现"求以 $a_k(k=1,2,3,\cdots,N)$ 为终点的最长上升子序列的长度"是个好的子问题。这里把一个上升子序列中最右边的那个数,称为该子序列的"终点"。虽然这个子问题和原问题形式上并不完全一样,但是只要这 N 个子问题都解决了,那么这 N 个子问题的解中,最大的那个就是整个问题的解。

由上所述的子问题只和一个变量相关,就是数字的位置。因此,序列中数的位置 k 就是"状态",而状态 k 对应的"值",就是以 a_k 作为"终点"的最长上升子序列的长度。这个问题的状态一共有 N 个。状态定义出来后,转移方程就不难想了。假定 MaxLen(k) 表示以 a_k 作为"终点"的最长上升子序列的长度,那么

MaxLen$(1)=1$

MaxLen$(k)=$Max$\{$MaxLen$(i):1<i<k$ 且 $a_i<a_k$ 且 $k\neq1\}+1$

这个状态转移方程的意思就是,MaxLen(k) 的值,就是在 a_k 左边,"终点"数值小于 a_k,且长度最大的那个上升子序列的长度再加 1。因为 a_k 左边任何"终点"小于 a_k 的子序列,加上 a_k 后就能形成一个更长的上升子序列。

实际实现的时候,可以不必编写递归函数,因为从 MaxLen(1) 就能推算出 MaxLen(2),有了 MaxLen(1) 和 MaxLen(2) 就能推算出 MaxLen(3),……。

7. 参考程序

```
1.   #include<iostream>
2.   #include<cstdio>
3.   using namespace std;
4.   #define MAX_N 1000
5.   int b[MAX_N+10];
6.   int maxLen[MAX_N+10];
7.   int main()
8.   {
```

```
9.        int N;
10.       scanf("%d", & N);
11.       for(int i=1;i<=N;i++)
12.           scanf("%d", & b[i]);
13.       maxLen[1]=1;
14.       for(int i=2; i<=N; i++) {
15.           //每次求以第 i 个数为终点的最长上升子序列的长度
16.           int tmp=0;          //记录满足条件的第 i 个数左边的上升子序列的最大长度
17.           for(int j=1; j<i; j++) {
18.               //查看以第 j 个数为终点的最长上升子序列
19.               if(b[i]>b[j]) {
20.                   if(tmp<maxLen[j])
21.                       tmp=maxLen[j];
22.               }
23.           }
24.           maxLen[i]=tmp+1;
25.       }
26.       int maxL=-1;
27.       for(int i=1;i<=N;i++)
28.           if(maxL<maxLen[i])
29.               maxL=maxLen[i];
30.       printf("%d\n", maxL);
31.       return 0;
32.   }
```

8. 常见问题

试图枚举全部上升子序列,然后在其中寻找最长的一个,导致超时错。

思考题:改进此程序,使之能够输出最长上升子序列。

10.4 例题:帮助 Jimmy

1. 问题描述

"帮助 Jimmy"是在图 10-3 所示的场景上完成的游戏。

场景中包括多个长度和高度各不相同的平台。地面是最低的平台,高度为零,长度无限。

Jimmy 老鼠在时刻 0 从高于所有平台的某处开始下落,它的下落速度始终为 1m/s。当 Jimmy 落到某个平台上时,游戏者选择让它向左还是向右跑,它跑动的速度也是 1m/s。当 Jimmy 跑到平台的边缘时,开始继续下落。Jimmy 每次下落的高度不能超过 MAXm,否则就会摔死,游戏也会结束。

设计一个程序,计算 Jimmy 到地面时可能的最早

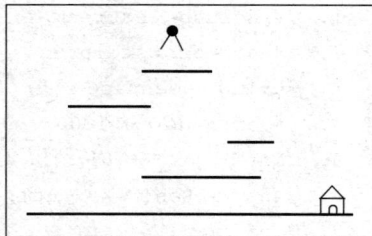

图 10-3 帮助 Jimmy 游戏场景

时间。

2. 输入数据

第一行是测试数据的组数 $t(0 \leqslant t \leqslant 20)$。每组测试数据的第一行是 4 个整数 N、X、Y、MAX，用空格分隔。N 是平台的数目（不包括地面），X 和 Y 是 Jimmy 开始下落的位置的横坐标和竖坐标，MAX 是一次下落的最大高度。接下来的 N 行每行描述一个平台，包括三个整数，$X_1[i]$、$X_2[i]$ 和 $H[i]$。$H[i]$ 表示平台的高度，$X_1[i]$ 和 $X_2[i]$ 表示平台左右端点的横坐标。$1 \leqslant N \leqslant 1000$，$-20\ 000 \leqslant X, X_1[i], X_2[i] \leqslant 20\ 000$，$0 < H[i] < Y \leqslant 20\ 000(i=1, 2, \cdots, N)$。所有坐标的单位都是米。

Jimmy 的大小和平台的厚度均忽略不计。如果 Jimmy 恰好落在某个平台的边缘，被视为落在平台上，所有的平台均不重叠或相连，测试数据保证 Jimmy 一定能安全到达地面。

3. 输出要求

对输入的每组测试数据，输出一个整数，即 Jimmy 到地面时可能的最早时间。

4. 输入样例

```
1
3 8 17 20
0 10 8
0 10 13
4 14 3
```

5. 输出样例

```
23
```

6. 解题思路

这道题目的"子问题"是什么呢？Jimmy 跳到一块板上后，可以有两种选择：向左走或向右走。走到左端和走到右端所需的时间是很容易算的。如果能知道以左端为起点到达地面的最短时间，和以右端为起点到达地面的最短时间，那么向左走还是向右走就很容易选择了。因此，整个问题就被分解成两个子问题，即 Jimmy 所在位置下方第一块板左端为起点到地面的最短时间，以及下方第一块板右端为起点到地面的最短时间。这两个子问题在形式上和原问题是完全一致的。将板子从上到下从 1 开始进行无重复的编号（越高的板子编号越小，高度相同的几块板子，哪块编号在前无所谓），那么，和上面两个子问题相关的变量就只有板子的编号，所以本题目的"状态"就是板子编号，而一个"状态"对应的"值"有两部分，是两个子问题的解，即从该板子左端出发到达地面的最短时间，和从该板子右端出发到达地面的最短时间。不妨认为 Jimmy 开始的位置是一个编号为 0，长度为 0 的板子，假设 LeftMinTime(k) 表示从 k 号板子左端到地面的最短时间，RightMinTime(k) 表示从 k 号板子右端到地面的最短时间，那么求板子 k 左端点到地面的最短时间的方法如下：

```
if(板子 k 左端正下方没有别的板子) {
    if(板子 k 的高度 h(k)>Max)
        LeftMinTime(k)=∞;
    else
        LeftMinTime(k)=h(k);
}
```

```
else if(板子 k 左端正下方的板子编号是 m)
    LeftMinTime(k)=h(k)-h(m)+
        Min(LeftMinTime(m)+Lx(k)-Lx(m), RightMinTime(m)+Rx(m)-Lx(k));
}
```

上面的 $h(i)$ 就代表 i 号板子的高度，$Lx(i)$ 就代表 i 号板子左端点的横坐标，$Rx(i)$ 就代表 i 号板子右端点的横坐标。那么 $h(k)-h(m)$ 就是从 k 号板子跳到 m 号板子所需要的时间，$Lx(k)-Lx(m)$ 就是从 m 号板子的落脚点走到 m 号板子左端点的时间，$Rx(m)-Lx(k)$ 就是从 m 号板子的落脚点走到右端点所需的时间。

求 RightMinTime(k) 的过程类似。

不妨认为 Jimmy 开始的位置是一个编号为 0，长度为 0 的板子，那么整个问题就是要求 LeftMinTime(0)。

输入数据中，板子并没有按高度排序，所以程序中一定要首先将板子排序。

7. 参考程序

这个程序没有写注释是因为有时需要锻炼同学们读懂别人程序的能力。

```
1.    #include<stdio.h>
2.    #include<memory.h>
3.    #include<stdlib.h>
4.    #define MAX_N 1000
5.    #define INFINITE 1000000
6.    int t, n, x, y, max;
7.    struct Platform{
8.        int Lx, Rx, h;
9.    };
10.   Platform aPlatform[MAX_N+10];
11.   int aLeftMinTime[MAX_N+10];
12.   int aRightMinTime[MAX_N+10];
13.   int MyCompare(const void * e1, const void * e2)
14.   {
15.       Platform * p1, * p2;
16.       p1=(Platform * ) e1;
17.       p2=(Platform * ) e2;
18.       return p2->h-p1->h;
19.   }
20.   int MinTime(int L, bool bLeft)
21.   {
22.       int y=aPlatform[L].h;
23.       int x;
24.       if(bLeft)
25.           x=aPlatform[L].Lx;
26.       else
27.           x=aPlatform[L].Rx;
28.       for(int i=L+1;i<=n;i++) {
```

```
29.            if(aPlatform[i].Lx<=x && aPlatform[i].Rx>=x)
30.                break;
31.        }
32.        if(i<=n) {
33.            if(y-aPlatform[i].h>max)
34.                return INFINITE;
35.        }
36.        else {
37.            if(y>max)
38.                return INFINITE;
39.            else
40.                return y;
41.        }
42.        int nLeftTime=y-aPlatform[i].h+x-aPlatform[i].Lx;
43.        int nRightTime=y-aPlatform[i].h+aPlatform[i].Rx-x;
44.        if(aLeftMinTime[i]==-1)
45.            aLeftMinTime[i]=MinTime(i, true);
46.        if(aRightMinTime[i]==-1)
47.            aRightMinTime[i]=MinTime(i, false);
48.        nLeftTime+=aLeftMinTime[i];
49.        nRightTime+=aRightMinTime[i];
50.        if(nLeftTime<nRightTime)
51.            return nLeftTime;
52.        return nRightTime;
53.    }
54.    main()
55.    {
56.        scanf("%d", &t);
57.        for(int i=0;i<t; i++) {
58.            memset(aLeftMinTime,-1, sizeof(aLeftMinTime));
59.            memset(aRightMinTime,-1, sizeof(aRightMinTime));
60.            scanf("%d%d%d%d", &n, &x, &y, &max);
61.            aPlatform[0].Lx=x;
62.            aPlatform[0].Rx=x;
63.            aPlatform[0].h=y;
64.            for(int j=1; j<=n; j++)
65.                scanf("%d%d%d", & aPlatform[j].Lx, & aPlatform[j].Rx, & aPlatform[j].h);
66.            qsort(aPlatform, n+1, sizeof(Platform), MyCompare);
67.            printf("%d\n", MinTime(0, true));
68.        }
69.    }
```

思考题：重新编写此程序，要求不使用递归函数。

10.5 例题：公共子序列

1. 问题描述

我们称序列 $Z=<z_1,z_2,\cdots,z_k>$ 是序列 $X=<x_1,x_2,\cdots,x_m>$ 的子序列当且仅当存在严格上升的序列 $<i_1,i_2,\cdots,i_k>$，使得对 $j=1,2,\cdots,k$，有 $x_{ij}=z_j$。例如，$Z=<a,b,f,c>$ 是 $X=<a,b,c,f,b,c>$ 的子序列。

现在给出两个序列 X 和 Y，你的任务是找到 X 和 Y 的最大公共子序列。也就是说，要找到一个最长的序列 Z，使得 Z 既是 X 的子序列，也是 Y 的子序列。

2. 输入数据

输入包括多组测试数据。每组数据包括一行，给出两个长度不超过 200 的字符串表示两个序列。两个字符串之间由若干个空格隔开。

3. 输出要求

对每组输入数据，输出一行，给出两个序列的最大公共子序列的长度。

4. 输入样例

```
abcfbc        abfcab
programming   contest
abcd          mnp
```

5. 输出样例

```
4
2
0
```

6. 解题思路

如果用字符数组 $s1$、$s2$ 存放两个字符串，用 $s1[i]$ 表示 $s1$ 中的第 i 个字符，$s2[j]$ 表示 $s2$ 中的第 j 个字符（字符编号从 1 开始，不存在"第 0 个字符"），用 $s1_i$ 表示 $s1$ 的前 i 个字符所构成的子串，$s2_j$ 表示 $s2$ 的前 j 个字符构成的子串，$\mathrm{MaxLen}(i,j)$ 表示 $s1_i$ 和 $s2_j$ 的最长公共子序列的长度，那么递推关系如下：

```
if(i==0 || j==0) {
    MaxLen(i, j)=0        //两个空串的最长公共子序列长度是 0
}
else if(s1[i]==s2[j])
    MaxLen(i, j)=MaxLen(i-1, j-1)+1;
else {
    MaxLen(i, j)=Max(MaxLen(i, j-1), MaxLen(i-1, j));
}
```

$\mathrm{MaxLen}(i,j)=\mathrm{Max}(\mathrm{MaxLen}(i,j-1),\mathrm{MaxLen}(i-1,j))$，这个递推关系需要证明。用反证法来证明，$\mathrm{MaxLen}(i,j)$ 不可能比 $\mathrm{MaxLen}(i,j-1)$ 和 $\mathrm{MaxLen}(i-1,j)$ 都大。先假设 $\mathrm{MaxLen}(i,j)$ 比 $\mathrm{MaxLen}(i-1,j)$ 大。如果是这样的话，那么一定是 $s1[i]$ 起作用了，即

$s1[i]$ 是 $s1_i$ 和 $s2_j$ 的最长公共子序列里的最后一个字符。同样,如果 MaxLen(i,j) 比 MaxLen$(i,j-1)$ 大,也能够推导出,$s2[j]$ 是 $s1_i$ 和 $s2_j$ 的最长公共子序列里的最后一个字符。也就是说,如果 MaxLen(i,j) 比 MaxLen$(i,j-1)$ 和 MaxLen$(i-1,j)$ 都大,那么,$s1[i]$ 应该和 $s2[j]$ 相等。但这是和应用本递推关系的前提——$s1[i]\neq s2[j]$ 相矛盾的。因此,MaxLen(i,j) 不可能比 MaxLen$(i,j-1)$ 和 MaxLen$(i-1,j)$ 都大。MaxLen(i,j) 当然不会比 MaxLen$(i,j-1)$ 和 MaxLen$(i-1,j)$ 中的任何一个小,因此,MaxLen$(i,j)=$ Max(MaxLen$(i,j-1)$,MaxLen$(i-1,j)$) 必然成立。

显然本题目的"状态"就是 $s1$ 中的位置 i 和 $s2$ 中的位置 j。"值"就是 MaxLen(i,j)。状态的数目是 $s1$ 长度和 $s2$ 长度的乘积。可以用一个二维数组来存储各个状态下的"值"。本问题的两个子问题,和原问题形式完全一致,只不过规模小了一点。

7. 参考程序

```
1.    #include<cstdio>
2.    #include<cstring>
3.    #include<iostream>
4.    using namespace std;
5.    #define MAX_LEN 1000
6.    char str1[MAX_LEN];
7.    char str2[MAX_LEN];
8.    int maxLen[MAX_LEN][MAX_LEN];
9.    int main()
10.   {
11.       while(scanf("%s%s", str1+1,str2+1)>0) {
12.           int length1=strlen(str1+1);
13.           int length2=strlen(str2+1);
14.           int tmp;
15.
16.           for(int i=0;i<=length1; i++)
17.               maxLen[i][0]=0;
18.           for(int i=0;i<=length2; i++)
19.               maxLen[0][i]=0;
20.           for(int i=1;i<=length1;i++) {
21.               for(int j=1; j<=length2; j++) {
22.                   if(str1[i]==str2[j])
23.                       maxLen[i][j]=
24.                           maxLen[i-1][j-1]+1;
25.                   else {
26.                       int len1=maxLen[i][j-1];
27.                       int len2=maxLen[i-1][j];
28.                       if(len1>len2)
29.                           maxLen[i][j]=len1;
30.                       else
31.                           maxLen[i][j]=len2;
```

```
32.                    }
33.                }
34.            }
35.            printf("%d\n", maxLen[length1][length2]);
36.        }
37.    return 0;
38. }
```

上面的程序,maxLen 数组的每个元素只计算一次,且计算一次所花的时间是常数,因此,复杂度是 $O(n^2)$ 的。

8. 常见问题

求解最长公共子序列时,当比较到两个字符串的两个字母不同时,应该分别将两个字符串向后移动一个字符,比较这两种情况中哪个得到的公共子序列最长。有些同学只将其中的一个字符串向后移动,或者两个同时移动,都是不对的。

10.6 例题：Charm Bracelet(神奇口袋)

1. 问题描述

有 N 种物品和一个容积为 M 的背包。第 i 种物品的体积 $W[i]$,价值是 $D[i]$。求解将哪些物品装入背包可使得价值总和最大。每种物品只有一件,可以选择放或者不放($N \leqslant 3500, M \leqslant 13\ 000$)。

2. 输入数据

第一行是整数 N 和 M。第二行到第 $N+1$ 行：每行两个整数 W 和 D,描述一个物品的体积和价值。

3. 输出要求

输出一个整数,表示所能放入背包的物品的最大价值总和。

4. 输入样例

```
4 6
1 4
2 6
3 12
2 7
```

5. 输出样例

```
23
```

6. 题目来源

USACO 2007 December Silver。

7. 解题思路

如果用最笨的办法枚举,每种物品有取和不取两种可能,则总的取法有 2^N 种,显然无法接受。

将物品编号,并用 $W[i]$ 表示第 i 种物品的体积,$D[i]$ 表示其价值。可以先考虑处理第 N 种物品,看看处理过后剩下的问题是否会和原问题相同且规模变小,这样也许就能形成递归或者递推。将问题抽象成一个函数 $F(N,M)$,表示在前 N 种物品中取若干物品,在其总体积不超过 M 的条件下所能获得的最大价值。更具一般性地,可以研究 $F(i,j)$,即在前 i 种物品中取若干物品,在其总体积不超过 j 的条件下能获得的最大价值。将所有取法分成两类:第一类是取第 i 种物品的;第二类是不取它的。若取了第 i 种物品,由于第 i 种物品的体积是 $W[i]$,则剩下要做的事情就是求从前 $i-1$ 种物品中选取若干,在其总体积不超过 $j-W[i]$ 的条件下所能获得的最大价值——此问题即 $F(i-1,j-W[i])$。若不取第 i 种物品,则剩下的问题就变成 $F(i-1,j)$。于是,第一类取法所能获得的最大价值是:

$$F(i-1,j-W[i])+D[i]$$

而第二类取法所能获得的最大价值是:

$$F(i-1,j)$$

对两者作比较,较大的那个就是 $F(i,j)$ 的值。还需要注意到,若第 i 种物品体积大于 j,则不可取之。

综上所述,写出递推式:

$$F(i,j) = \begin{cases} \max(F(i-1,j),F(i-1,j-W[i])+D[i]) & i>1 \\ D[1] & i=1 且 W[1] \leqslant j \\ 0 & i=1 且 W[1] > j \end{cases}$$

将 $F(i,j)$ 看成一个递归函数,则递归需要有出口。这个出口就是当 i 为 1 时,若第 1 种物品的体积不超过 j,则必取之,$F(1,j)$ 的值为 $D[1]$;若第 1 种物品的体积大于 j,则不能取,$F(1,j)$ 的值为 0。

用二维数组 f 的元素 $f[i][j]$ 来存放 $F(i,j)$ 的值。不需要递推就能求出 $f[1]$ 这一行的值,然后就能由递推公式依次求得 $f[2]$,$f[3]$,$\cdots$,$f[N]$ 各行的值。由于要求的最终结果是 $f[N][M]$,所以 f 的元素个数至少是 $3500 \times 13\,000$。每个元素都是 int,则 f 数组需要的体积是约 180M,这超过了大多数 OJ 平台的内存限制,这样的程序提交上去会得到 Memory Limit Exceeded 的结果。如何减少内存需求呢?可以考虑使用滚动数组。

根据递推式:

$$f[i][j] = \max(f[i-1][j],f[i-1][j-W[i]]+D[i])$$

注意到,$f[i][j]$ 的值只和它正上方的元素 $f[i-1][j]$ 以及上一行左边的元素 $f[i-1][j-W[i]]$ 有关。

如果能将求出的 $F[i][j]$ 的值存放在 $F[i-1][j]$,则 f 数组就只需要一行即可,即 f 数组实际上可以是一维数组。若按照从左到右的顺序求 $f[i]$ 这一行的元素,即先求 $f[i][1]$,再求 $f[i][2]$,$f[i][3]$,$\cdots$则不能将 $f[i][j]$ 放在 $f[i-1][j]$,因为原来的 $f[i-1][j]$ 的值,可能在求某个 $f[i][k]$ $(k>j)$ 的时候会用到。但是如果按照从右到左的顺序求 $f[i]$ 这一行的元素,则将 $f[i][j]$ 放到 $f[i-1][j]$ 是没有问题的,因为原 $f[i-1][j]$ 的值对求任何 $f[i][k]$ $(k<j)$ 都没有用,即 $f[i][j]$ 一旦求出,则 $f[i-1][j]$ 的值就没用了。

8. 参考程序

综上所述,可以写出使用滚动数组的动态规划程序如下:

```
1.  #include<iostream>
```

```
2.    #include<algorithm>
3.    using namespace std;
4.    int N,M;
5.    struct Item {
6.        int w,d;
7.    };
8.    Item items[3500];
9.    int f[13000];
10.   int main()
11.   {
12.       cin>>N>>M;
13.       for(int i=1; i<=N;++i)
14.           cin>>items[i].w>>items[i].d;
15.       for(int j=0; j<=M;++j)
16.           if(items[1].w<=j)
17.               f[j]=items[1].d;
18.           else
19.               f[j]=0;
20.       for(int i=2; i<=N;++i) {
21.           for(int j=M; j>=0;--j) {
22.               if(items[i].w<=j)
23.                   f[j]=max(f[j],f[j-items[i].w]+items[i].d);
24.           }
25.       }
26.       cout<<f[M]<<endl;
27.       return 0;
28.   }
```

部分程序语句解释如下。

第15行到第19行是对 f 数组进行初始化,初始化结束后,$f[j]$ 的值代表在前1种物品中选取,总体积不能超过 j,此时所能获得的最大价值即为前述 $F(1,j)$。

第20行的 i 代表从前 i 种物品中选取,第21行中的 j 表示总体积不能超过 j。

第21行到第25行,就是从右到左计算 f 的值。第23行中等号右边的 $f[j]$ 的值就是 $F(i-1,j)$,$f[j-items[i].w]$ 的值就是 $F(i-1,j-items[i].w)$。执行完赋值后,$f[j]$ 就是 $F(i,j)$。

第26行:最终 $f[M]$ 的值就是 $F(N,M)$,输出即可。

9. 复杂度分析

二维数组 f 一共 $N \times M$ 个元素,每个元素计算一次,计算每个元素的时间是与 M 和 N 无关的常数,因此程序的复杂度是 $O(N \times M)$。

10.7　例题：Dividing the Path(灌溉草场)

1. 问题描述

在一片草场上有一条长度为 L($1 \leqslant L \leqslant 1\,000\,000$,$L$ 为偶数)的线段。John 的 N($1 \leqslant N$

≤1000)头奶牛都沿着草场上这条线段吃草,每头牛的活动范围是一个开区间(S,E),其中 S 和 E 都是整数。不同奶牛的活动范围可以有重叠。

　　John 要在这条线段上安装喷头灌溉草场。每个喷头的喷洒半径可以随意调节,调节范围是[A B]($1 \leqslant A \leqslant B \leqslant 1000$),其中 A 和 B 都是整数。要求:

　　(1) 线段上的每个整点恰好位于一个喷头的喷洒范围内。

　　(2) 每头奶牛的活动范围要位于一个喷头的喷洒范围内。

　　(3) 任何喷头的喷洒范围不可越过线段的两端(左端是 0,右端是 L)。

　　问:John 最少需要安装多少个喷头?

　　灌溉草场如图 10-4 所示,在位置 2 和 6,喷头的喷洒范围不算重叠。

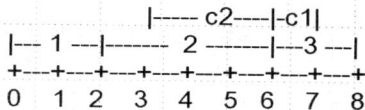

```
                    |----- c2----|-c1|
|--- 1 ---|------- 2 -------|-3 ---|
+--+--+--+--+--+--+--+--+--+
0  1  2  3  4  5  6  7  8
```

图 10-4　灌溉草场示意图

2. 输入数据

第 1 行:输入两个整数 N、L。

第 2 行:输入两个整数 A、B。

第 $3 \sim N+2$ 行:每行输入两个整数 S、E($0 \leqslant S < E \leqslant L$),表示某头牛活动范围的起点和终点在线段上的坐标,即到线段起点的距离。

3. 输出数据

输出最少需要安装的喷头数量;若没有符合要求的喷头安装方案,则输出 -1。

4. 输入样例

```
2 8
1 2
6 7
3 6
```

5. 输出样例

```
3
```

6. 题目来源

USACO 2004 December Gold。

7. 解题思路

基本思路是:先安放好最右边的喷头,然后看看剩下的问题变成什么样。令 $F(X)$ 表示安装完喷头后喷洒范围恰好覆盖直线上的区间[0,X]时,最少需要的喷头数量。

显然,$F(X)$ 若有解,则 X 必须同时满足下列条件:

　　(1) X 为偶数(因为喷头的覆盖范围长度是偶数)。

　　(2) X 所在位置不会出现奶牛,即 X 不属于任何一个区间(S,E)。

　　(3) $X \geqslant 2A$。

　　(4) 当 $X \geqslant 2B$ 时,存在 $Y \in [X-2B, X-2A]$ 且 Y 满足上述三个条件。

关于第(4)条的解释如下:

当 $X > 2B$ 时,一个喷头肯定是不够的。因为喷头的喷洒范围半径可以是从 A 到 B,故假设最右边的喷头覆盖范围的左端点是 Y,则 Y 必位于区间 [$X-2B, X-2A$]中。那么除最右边喷头以外的其他喷头,覆盖范围正好是[0,Y],因此 Y 必满足(1)、(2)、(3)三个条件。

程序设计导引及在线实践(第 2 版)

选定了 Y 值,即安排好最右边的喷头后,剩下的问题就变成了求 $F(Y)$,即如何用最少的喷头正好覆盖区间 $[0, Y]$。显然,Y 可能有多种选择,但不论如何选,必有 $F(X) = F(Y) + 1$,那当然要选使得 $F(Y)$ 值最小的那个 Y。

综上所述,可以写出 $F(X)$ 的状态转移方程:

```
if(X 是奇数)
    F(X)=∞ (代表无解);
else if(X<2A)
    F(X)=∞
else if(2A≤X≤2B 且 X 位于任何奶牛的活动范围之外)
    F(X)=1;
else if(X>2B 且 X 位于任何奶牛的活动范围之外)
    F(X)=1+min{F(Y):Y∈[X-2B,X-2A]且 Y 位于任何奶牛的活动范围之外};
else
    F(X)=∞
```

如何找出使 $F(Y)$ 值最小的那个 Y 呢?最简单粗暴的方法就是把所有可能的 Y 对应的 $F(Y)$ 值都算出来,即对 $[X-2B, X-2A]$ 中满足条件(1)、(2)和(3)的每个整数 Y 都求出 $F(Y)$,这需要遍历区间 $[X-2B, X-2A]$。对每个 X 求 $F(X)$,都要遍历区间 $[X-2B, X-2A]$,而 X 的范围是 $[0, L]$,则该算法总的时间复杂度为 $L \times (2B-2A)$,即 $L \times B$,等于 1 000 000×1000,实在是太慢。快速找到 $[X-2B, X-2A]$ 中使得 $F(Y)$ 最小的元素 Y 是问题求解速度的关键。

可以使用 C++ STL 中的优先队列 priority_queue 来快速找到区间 $[X-2B, X-2A]$ 中 $F(Y)$ 值最小的 Y。具体做法如下:

求 $F(X)$ 时,若坐标属于 $[X-2B, X-2A]$ 的所有二元组 $(i, F(i))$ 都已经保存在一个 priority_queue 中,并且该 priority_queue 是根据 $F(i)$ 值排序的,则队头的元素就是 $F(i)$ 值最小的。查看队头元素,时间复杂度是常数。实际上,队列里只要保存坐标为偶数的点即可。

在求 X 点的 $F(X)$ 时,必须确保队列中包含所有坐标属于 $[X-2B, X-2A]$ 的点。而且,队列中不允许出现坐标大于 $X-2A$ 的点,因为这样的点离 X 太近对求 $F(X)$ 无用,如果有这样的一个点碰巧由于 F 值最小而出现在队头,因其对求 X 右边的点的 F 值可能有用,故不能从队列中取出抛弃,于是算法就无法继续了。

队列中可以出现坐标小于 $X-2B$ 的点。这样的点若出现在队头,则直接将其取出抛弃,因为其对求 X 以及 X 右边的点的 F 值都没用。

因为求 F 值是从左到右进行的,因此若 X 的 F 值求出,则对于任何 $Y < X$,$F(Y)$ 的值必已经求出。于是求出 X 点的 F 值后,可将二元组 $(X-2A+2, F(X-2A+2))$ 放入队列,为求 $F(X+2)$ 作准备。

还有一个问题,就是如何判断一个点 X 是否位于某个奶牛的活动范围之内。最笨的办法是考察所有奶牛的活动区间 (S, E),看 X 是否位于其中。奶牛最多有 1000 头,而 X 的范围是 $[0, 1\ 000\ 000]$,于是对所有的 X 看它们是否位于某个奶牛的活动范围内,这件事的复杂度就已经达到了 1 000 000×1000,必然导致超时。

实际上可以用 $O(L)$ 的时间,就可判断出所有的 X 是否位于奶牛活动范围之内。具体的办法将在下面的程序中体现并解释。

8. 参考程序

```cpp
//program 4.7.cpp
1.    #include<iostream>
2.    #include<cstring>
3.    #include<queue>
4.    using namespace std;
5.    const int INFINITE=1<<30;
6.    const int MAXL=1000010;
7.    const int MAXN=1010;
8.    int F[MAXL];                            //F[L]就是问题的答案
9.    int cows[MAXL];                         //cows[i]表示点 i 位于多少头奶牛活动区间内
10.   int cowVary[MAXL];                      //cowVary[i]表示经过点 i 时,所处奶牛区间数的变化量
11.   int N,L,A,B;
12.   struct Fx {
13.       int x;      int F;
14.       bool operator< (const Fx & a) const { return F>a.F; }
15.       Fx(int xx=0,int ff=0):x(xx),F(ff) { }
16.   };                                      //在优先队列里 F 值越小的越优先
17.   priority_queue<Fx> qFx;
18.   int main()
19.   {
20.       cin>>N>>L;
21.       cin>>A>>B;
22.       A<<=1; B<<=1;                        //A 和 B 的定义变为覆盖的直径
23.       memset(cowVary,0,sizeof(cowVary));
24.       for(int i=0;i<N;++i) {
25.           int s,e;
26.           cin>>s>>e;
27.           ++cowVary[s+1];      //从 s+1 起进入一个奶牛区
28.           --cowVary[e];        //从 e 起退出一个奶牛区
29.       }
30.       int inCows=0;                        //表示当前点位于多少个奶牛区内
31.       for(int i=0;i<=L; i++) {      //算出每个点位于多少个奶牛区内
32.           F[i]=INFINITE;
33.           inCows+=cowVary[i];
34.           cows[i]=inCows;
35.       }
36.       for(int i=A;i<=B; i+=2)         //初始化优先队列
37.           if(! cows[i]) {             //i 点无奶牛出没
38.               F[i]=1;
39.               if(i<=B+2-A)
40.                   //在求 F[i]的时候,要确保队列里的点 x,x<=i-A
```

```
41.                    qFx.push(Fx(i,1));
42.                }
43.        for(int i=B+2; i<=L; i+=2) {
44.            if(!cows[i]) {
45.                Fx fx;
46.                while(!qFx.empty()) {
47.                    fx=qFx.top();
48.                    if(fx.x<i-B)
49.                        qFx.pop();
50.                    else
51.                        break;
52.                }
53.                if(!qFx.empty())
54.                    F[i]=fx.F+1;
55.            }
56.            if(F[i-A+2]!=INFINITE) {
57.                qFx.push(Fx(i-A+2, F[i-A+2]));
58.            }
59.        }
60.        if(F[L]==INFINITE)
61.            cout <<-1<<endl;
62.        else
63.            cout<<F[L]<<endl;
64.        return 0;
65.    }
```

部分程序解释如下。

第 8 行：$F[i]$ 就是前述 $F(i)$ 的值。

第 9 行：cows 是一个标记数组，只需要花 $O(L)$ 的时间就能计算好这个数组。算好以后，要判断某个点 x 位于几头奶牛的活动区间内（奶牛活动区间是可以重叠的），则只需看 cows$[x]$ 的值即可，这个时间是 $O(1)$ 的。计算 cows 数组值的工作在第 $23\sim35$ 行。

第 10 行：假设农夫站在坐标轴上的某点，且此时他位于 n 头奶牛的活动区间之内，就说此时他的奶牛数为 n。设想农夫从 0 点开始朝着 L 点走去。在行走过程中，农夫的奶牛数会不断变化。cowVary$[i]$ 的含义为，农夫 John 从 i 点左边走到 i 点后，他的奶牛数会增加 cowVary$[i]$（cowVary$[i]$ 为负数就是减少了）。一开始，cowVary 所有元素值为 0（第 23 行），表示农夫走过任何一个点其奶牛数都不会变化，奶牛数都是 0。

第 $24\sim29$ 行：经过这几行的处理，所有奶牛的活动区间都被读入，且处理完后，cowVary$[i]$ 表示农夫从 i 点左边走到 i 点时其奶牛数的增量。为了实现这一点，读入一个奶牛活动区间 (s,e) 后（该奶牛正式活动范围是 $[s+1,e-1]$）就需要执行 ++cowVary$[s+1]$（不是执行 cowVary$[s+1]=1$，因为可能有多个奶牛的活动区间都从 $s+1$ 正式开始）。相应地，由于 cowVary$[e]$ 表示农夫从 e 点左边走到 e 点时其奶牛数的变化量，而一个奶牛活动区间的终点是 e（不包括 e），则 --cowVary$[e]$ 也是必然的。

第 30 到 35 行：这部分完成的工作，相当于农夫从 0 点一直走到 L 点，一路上把到达每个点时的奶牛数记录到 cows 数组中去。inCows 就表示当前农夫的奶牛数是多少,初值是 0。每到达一个点 i,农夫的当前奶牛数 inCows 就要增加 cowVary$[i]$。当前奶牛数 inCows 自然也就是 i 点所处的奶牛区间个数。因此要将改变后的 inCows 记录到 cows$[i]$。这几行还顺便将每个点的 F 值初始化成无穷大。

第 36~42 行:初始化优先队列 qFx。qFx 里的每个元素都是 struct Fx 类型的,且 Fx 中规定的排序规则,使得队列中 F 值最小的元素会出现在队头。区间 $[0,B]$ 内的所有满足前述条件(1)和(2)的点,其 F 值均为 1(程序中此时 A,B 已代表喷头的最小和最大喷洒直径)。初始化队列的目的是为了下一步求 $F(B+2)$,因此队列中的点的坐标必须不超过 $B+2-A$。

第 43 行:此循环每次求出 i 点的 $F(i)$。

第 46~52 行:根据递推式求 $F(i)$。此时坐标位于 $[i-A,i-B]$ 中的所有的有效点 x 所对应的二元组 $(x,F(x))$ 都已经在队列 qFx 中。另外,队列中也可能有一些元素的坐标是小于 $i-B$ 的。这样的元素如果出现在队头,则将其取出直接抛弃。直到队头元素的坐标值在 $[i-A,i-B]$ 范围内,则队头元素的 F 值再加上 1 就是 $F(i)$ 的值。

第 56~57 行:$F(i)$ 的值求出后,下一步要求 $F(i+2)$ 的值。为此,需要将原来不在队列中的二元组 $(i+2-A,F(i+2-A))$ 放入队列。放入后,队列就做好了求 $F(i+2)$ 的准备。

9. 复杂度分析

第 35 行前面的程序,复杂度为 $O(L)$。

第 36 到 42 行,qFx. push(Fx$(i,1)$) 的复杂度是 $\log(n)$,n 为优先队列的元素个数。n 即便大到 L 的最大值 1 000 000,$\log(n)$ 也只是 30 左右。因此,这几行的复杂度最多 $B\times30$。

第 43 行的循环,不妨就算它要做 L 次。每次都可能从队列里删除若干元素,并且添加一个元素。在优先队列里删除和添加元素的操作,复杂度都是 $O(\log(n))$ 的,不妨按最大值估算为 $O(\log(L))$。但是不清楚每次循环到底会做多少次删除操作,可能一次也没有,也可能有很多次。于是这个循环的复杂度,貌似不好估计。其实,每个点 i 对应的二元组 $(i,F(i))$,最多进队列一次,那当然也最多出队列 1 次,因此,在 qFx 里删除元素的操作 qFx. pop 最多也就执行 L 次。于是,可以说每次执行的循环,qFx. pop 平均执行 1 次。这样看来,此循环的复杂度最多就是 $O(L\times\log(L))$ 了。

综上分析,整个程序的复杂度最多 $O(L\times\log(L))$,大概几千万的量级,实际上很可能比这个少许多,所以不会超时。

10.8　例题:Blocks(方盒游戏)

1. 问题描述

N 个方盒(box)摆成一排,每个方盒有自己的颜色。连续摆放的同颜色方盒构成一个"大块"(Block)。图 10-5 中共有 4 个方盒片段,每个方盒片段分别有 1、4、3、1 个方盒。

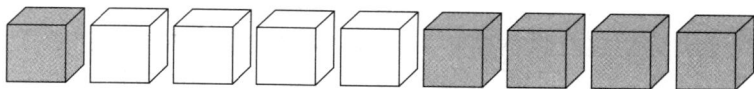

图 10-5　方盒示意图

玩家每次单击一个方盒,则该方盒所在大块就会消失。若消失的大块中共有 k 个方盒,则玩家获得 $k \times k$ 个积分。

问:给定游戏开始时的状态,玩家可获得的最高积分是多少?

2. 输入数据

第一行是一个整数 $t(1 \leqslant t \leqslant 15)$,表示共有多少组测试数据。每组测试数据包括两行:第一行是一个整数 $n(1 \leqslant n \leqslant 200)$,表示共有多少个方盒;第二行包括 n 个整数,表示每个方盒的颜色。这些整数的取值范围是 $[1, n]$。

3. 输出要求

对每组测试数据,分别输出该组测试数据的序号以及玩家可以获得的最高积分。

4. 样例输入

```
2
9
1 2 2 2 2 3 3 3 1
1
1
```

5. 样例输出

```
Case 1: 29
Case 2: 1
```

6. 题目来源

Liu Rujia@POJ。

7. 解题思路

开始一共有 n 个"大块",编号从左到右依次为 1 到 n。用 color[i] 表示第 i 个大块的颜色,len[i] 表示其包含的方块数目即长度,用 ClickBox(i) 表示从大块 1 到大块 i 这一段消除后所能得到的最高分,整个问题就是求 ClickBox(n)。按照惯常的想法,求 ClickBox(i) 时,先处理第 i 个大块。对大块 i,有直接将其消除和留着等待以后消除两种处理方式。对于第一种方式,剩下的问题就是 lickBox($i-1$),但是对于第二种方式,原问题的形式已经无法描述剩下的问题,所以无法形成递推关系。

在无法形成递推关系的时候,可以考虑把问题的描述形式细化(复杂化),即描述问题时增加一个条件,这样用来描述问题的函数(也称为"状态")其参数就会增加一个。例如,考虑用 ClickBox(i,j) 表示从大块 i 到大块 j 这一段消除后所能得到的最高分,则整个问题就是求 ClickBox($1,n$)。这里,增加的条件就是大块起点。同样,要求 ClickBox(i,j) 时,考虑最右边的大块 j,对它有以下两种处理方式,要取其优者:

(1) 直接消除它,此时能得到最高分就是:

$$\text{ClickBox}(i,j-1) + \text{len}[j] \times \text{len}[j]$$

(2) 留着它,期待以后它能和左边的某个同色大块合并。左边的同色大块可能有很多个,到底和哪个合并最好,暂不知道,只能枚举,然后取最优的。假设大块 j 和左边的大块 $k(i \leqslant k < j-1)$ 合并,此时能得到的最高分为:

$$\text{ClickBox}(k+1,j-1) + (\text{len}[k]+\text{len}[j])^2 + \text{ClickBox}(i,k-1)$$

上述式子表达的是,要将 $k+1$ 到 $j-1$ 这连续的几个大块合并且消去,这样大块 j 才能和大块 k 相邻。消去 $k+1$ 到 $j-1$ 能得的最高分是 ClickBox$(k+1,j-1)$。然后,将 j 和 k 一起消去,得分为 $(\text{len}[k]+\text{len}[j])^2$。最后,将大块 i 到 $k-1$ 都消去,最高得分是 ClickBox$(i,k-1)$。三者相加就是 ClickBox(i,j),即将大块 j 和大块 k 合并的情况下所能得到的最高分。显然这是不对的,因为上面的式子规定了大块 k 和大块 j 合并后就要一起消去,但实际上 k 和 j 合并后还可以留着,等待以后和左边的同色大块进一步合并。于是,ClickBox(i,j) 这种问题描述方式还是不能形成递推关系。实际上,如果允许状态转移的过程更复杂,状态转移的时间成本更高,例如,如果按照上述问题描述方式,设计一个复杂度达到 $O(n^2)$ 状态转移方式,则 ClickBox(i,j) 这种描述问题的方式也能形成递推关系。但是,动态规划的核心思想是要用空间换时间,所以希望能用增加空间的方式,降低状态转移的时间成本。为此,可以将问题描述进一步细化(复杂化),即为 ClickBox 函数再增加一个参数,相应地,记录 ClickBox 计算结果的数组也要增加一维(用更多的空间换时间),则可将问题描述成:

用 ClickBox$(i,j,\text{extraLen})$ 表示,在大块 j 的右边已经有一个长度为 extraLen 的大块(该大块可能是在合并过程中形成的,不妨就称其为大块 extraLen),且其颜色和大块 j 相同,在此情况下将大块 i 到 j 以及大块 extraLen 都消除所能得到的最高分。

于是整个问题就是求:ClickBox$(1,n,0)$。

用这种方式描述问题,就可以形成递推关系。假设 j 和 extraLen 合并后的大块称为 Q(其长度为 $\text{len}[j]+\text{extraLen}$),求 ClickBox$(i,j,\text{extraLen})$ 时,有以下两种处理方法,取最优者:

(1) 将 Q 直接消除,这种做法能得到的最高分就是:

$$\text{ClickBox}(i,j-1,0)+(\text{len}[j]+\text{extraLen})^2$$

(2) 期待 Q 以后能和左边的某个同色大块合并。需要枚举可能和 Q 合并的同色大块。假设让大块 k 和 Q 合并,则此时能得到的最高分数就是:

$$\text{ClickBox}(k+1,j-1,0)+\text{ClickBox}(i,k,\text{len}[j]+\text{extraLen})$$

将大块 $k+1$ 到 $j-1$ 消去所能得到的最高分是 ClickBox$(k+1,j-1,0)$。消去完成后,大块 Q 和大块 k 相邻了,且两者同色,因为大块 Q 的长度是 $\text{len}[j]+\text{extraLen}$,所以剩下的问题就是求 ClickBox$(i,k,\text{len}[j]+\text{extraLen})$ 了。

用程序具体实现的时候,用递归+记录计算结果的方式编写,比较直观好写。即将 ClickBox 写成一个递归函数,另用三维数组元素 score$[i][j][k]$ 记录函数 ClickBox(i,j,k) 的计算结果。递归的终止条件,就是当 $i==j$ 时,ClickBox$(i,j,\text{extraLen})$ 的值为 $(\text{len}[i]+\text{extraLen})^2$。

8. 参考程序

```cpp
//program 4.8.1.cpp
1.    #include<cstring>
2.    #include<iostream>
3.    #include<algorithm>
4.    #define MAXN 210
5.    using namespace std;
```

```
6.    struct Block {                          //表示一个大块
7.        int color;
8.        int len;
9.    };
10.   struct Block blocks[MAXN];              //存放所有的大块信息
11.   int score[MAXN][MAXN][MAXN];
12.   int ClickBox(int i,int j,int extraLen)
13.   {
14.       if(score[i][j][extraLen]!=-1)
15.           return score[i][j][extraLen];
16.       int newLen=blocks[j].len+extraLen;
17.       if(i==j) {
18.           score[i][j][extraLen]=newLen * newLen;
19.           return    score[i][j][extraLen];
20.       }
21.       int sc=ClickBox(i,j-1,0)+newLen * newLen;       //大块 Q 单独消去的情况
22.       for(int k=j-1; k>=i;--k) {      //枚举可能和大块 j 合并的大块 k
23.           if(blocks[k].color==blocks[j].color) {
24.               int tmp=ClickBox(k+1,j-1,0)+ClickBox(i,k,newLen);
25.               sc=max(sc,tmp);
26.           }
27.       }
28.       score[i][j][extraLen]=sc;
29.       return sc;
30.   }
31.   int main()
32.   {
33.       int t;
34.       cin>>t;
35.       for (int c=1; c<=t;++c) {
36.           int n;
37.           cin>>n;
38.           int blocksNum=1;                  //大块总数
39.           blocks[1].len=1;
40.           cin>>blocks[1].color;
41.           for(int j=2; j<=n;++j) {
42.               int color;
43.               cin>>color;
44.               if(color==blocks[blocksNum].color)
45.                   ++blocks[blocksNum].len;
46.               else {
47.                   ++blocksNum;
48.                   blocks[blocksNum].len=1;
49.                   blocks[blocksNum].color=color;
```

```
50.              }
51.          }
52.          memset(score,0xff,sizeof(score));
53.          cout<<"Case "<<c<<": "<<ClickBox(1,blocksNum,0)<<endl;
54.      }
55.      return 0;
56.  }
```

也可以不用递归函数，而写成递推的形式，由 score 数组中值已知的边界元素（score[i][i][x]，$i = 1, 2, \cdots,$ blocksNum，$x = 0, 1, \cdots, n$），逐渐推算出最终的答案 score[1][blocksNum][0]。写成递推形式，就要考虑在 score 数组中由已知元素推出未知元素的顺序问题。相比递归写法的直接，这需要一些思考，也容易犯错。

```
//program 4.8.2.cpp
1.   #include<cstring>
2.   #include<iostream>
3.   using namespace std;
4.   #define MAXN 210
5.   struct Block {
6.       int color;
7.       int len;
8.   };
9.   struct Block blocks[MAXN];
10.  int score[MAXN][MAXN][MAXN];
11.  int main(){
12.      int t;
13.      cin>>t;
14.      for (int c=1; c<=t;++c) {
15.          int n;
16.          cin>>n;
17.          int blocksNum=1;
18.          blocks[1].len=1;
19.          cin>>blocks[1].color;
20.          for(int j=2; j<=n;++j) {
21.              int color;
22.              cin>>color;
23.              if(color==blocks[blocksNum].color)
24.                  ++blocks[blocksNum].len;
25.              else {
26.                  ++blocksNum;
27.                  blocks[blocksNum].len=1;
28.                  blocks[blocksNum].color=color;
29.              }
30.          }
31.          memset(score,0,sizeof(score));
```

```
32.            for(int i=1; i<=blocksNum;++i)
33.                for(int extraLen=0; extraLen<=n;++extraLen)
34.                    score[i][i][extraLen]=(blocks[i].len+extraLen) *
35.                                          (blocks[i].len+extraLen);
36.            for(int i=blocksNum;i>=1;--i) {
37.                for(int j=i+1; j<=blocksNum;++j) {
38.                    for(int extraLen=0; extraLen<=n;++extraLen) {
39.                        //求 score[i][j][extraLen]
40.                        int newLen=blocks[j].len+extraLen;
41.                        int sc=score[i][j-1][0]+newLen * newLen;
42.                        for(int k=i; k<=j-1;++k) {
43.                            if(blocks[k].color==blocks[j].color) {
44.                                int tmp=score[k+1][j-1][0]+
45.                                        score[i][k][newLen];
46.                                sc=max(sc,tmp);
47.                            }
48.                        }
49.                        score[i][j][extraLen]=sc;
50.                    }
51.                }
52.            }
53.            cout<<"Case "<<c<<": "<<score[1][blocksNum][0]<<endl;
54.        }
55.        return 0;
56.    }
```

程序说明如下。

第 31 行：这一行是必要的，它将各种非法(无意义)情况的分值都置成 0。例如，如果 $i>j$，则 ClickBox(i,j,k) 实际上是无意义的，此时 score$[i][j][k]$ 的值就是 0。

第 32～35 行：初始化 score 数组中的边界元素，以供以后进行递推。

第 36 行：循环控制变量 i 的变化必须是从大到小。因为在第 44 行用到了 score$[k+1]$ $[j-1][0]$ 的值，而此时 $k+1$ 是大于 i 的。如果 i 是从小到大变化，则在本行执行时，score$[k+1][j-1][0]$ 的正确值尚未求出，使用它必然导致程序错误。

第 37 行：j 的变化必须是从小到大。因为第 41 行求 score$[i][j][$extraLen$]$ 时用到了 score$[i][j-1][0]$。

第 38 行的 extraLen 和第 42 行的 k，变化顺序是从小到大或从大到小，都没有关系。

9. 复杂度分析

从 4.8.1.cpp 这个递归的程序来看，score 数组的每个元素都只需要求值一次，这个复杂度已经是 $O(n^3)$ 的了；而且对 score 数组的一个元素进行求值，复杂度并非常数，需要通过第 22 行的循环才能完成。因此，总的复杂度约是 $O(n^4)$。

从 4.8.2.cpp 这个递推的程序来看，有 4 重循环，复杂度也约是 $O(n^4)$。

实际上，本题的时限特别长，因此上述两个程序在 POJ 上都能通过。

10.9　例题：A decorative fence(美妙栅栏)

1．题目描述

N 个木棒，长度分别为 $1,2,\cdots,N$，用它们可以组成一个美妙的栅栏。美妙栅栏需要满足条件：除了两端的木棒外，每一跟木棒，要么比它左右的两根都长，要么比它左右的两根都短。即木棒呈现波浪状分布，这一根比上一根长了，那下一根就比这一根短，或者反过来，如图 10-6 所示。

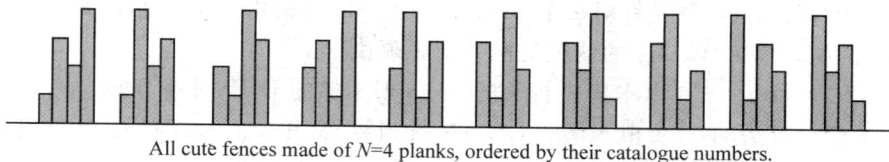

All cute fences made of *N*=4 planks, ordered by their catalogue numbers.

图 10-6　美妙栅栏示意图

符合上述条件的栅栏建法有很多种，对于满足条件的所有栅栏，按照字典序（从左到右，从低到高）排序。例如，3 根木棒的情况，132 和 312 都是美妙栅栏，排序后 132 在 312 前面。

给定一个栅栏的排序号（从 1 开始算），请输出该栅栏，即每一个木棒的长度。

2．输入数据

第一行是测试数据的组数 $K(1\leqslant K\leqslant 100)$。接下来的 K 行，每一行描述一组输入数据。每一组输入数据包括两个整数 N 和 C，其中 $N(1\leqslant N\leqslant 20)$ 表示栅栏的木棒数，C 表示要找的栅栏的排列号。

3．输出数据

输出第 C 个栅栏，　即每一个木棒的长度。

设 20 个木棒可以组成的栅栏数是 T，假设 T 可以用 64 位长整数表示，$1<C\leqslant T$。

4．输入样例

```
2
2 1
3 3
```

5．输出样例

```
1 2
2 3 1
```

6．题目来源

CEOI 2002。

7．解题思路

这个问题的本质是：给定 $1\sim N$ 这 N 个数字，将这些数字高低交替进行排列。把这些排列按字典序排序，然后问第 C 个排列是一个怎样的排列。

首先要能计算出一共有多少种"美妙"的排列。设 $A[i]$ 为 i 根木棒（长度不需要是从 1

到 i, 只要各不相同即可)所组成的美妙排列数, 并且称 i 根木棒的美妙排列的集合为 $S(i)$。看看能否由 $A[k]\{k=1,2,\cdots,i-1\}$ 推出 $A[i]$。

对 i 根木棒的情况, 在选定了其中第 x 短的木棒(称为木棒 x)作为第一根木棒的情况下, 剩下 $i-1$ 根木棒的美妙排列数是 $A[i-1]$。但是, 这 $A[i-1]$ 种美妙排列并不是每种都能和 x 形成新的美妙排列。将第一根比第二根长的美妙排列称为 DOWN 排列, 第一根比第二根短的美妙排列称为 UP 排列, 则在 $S(i-1)$ 中, 第一根木棒比 x 长的 DOWN 排列以及第一根木棒比 x 短的 UP 排列, 才能和 x 构成 $S(i)$ 中的排列。

为求 $A[i]$, 先将其值初始化成 0。然后枚举第一根木棒 x(其值从 1 变到 i, 表示第 1 短, 第 2 短, $\cdots$, 第 i 短), 并且针对每个 x, 枚举 x 后面的那根木棒 y(y 指的是在 i 根木棒里面第 y 短)。如果 $y>x$($x<y$ 的情况类推), 则必须执行:

$$A[i] \mathrel{+}= \text{以木棒 } y \text{ 打头的 } i-1 \text{ 根木棒的 DOWN 排列数}$$

但以木棒 y 打头的 $i-1$ 根木棒的 DOWN 排列数, 又和 y 的长短有关, 无法直接表示成 $A[k]$ 这样的形式, 于是难以直接从 $A[k]\{k=1,2,\cdots,i-1\}$ 递推出 $A[i]$。

在无法形成递推关系的时候, 就要考虑将问题或状态的描述方式 $A[i]$ 细化。细化的方式可以是直接增加一个代表某种条件的维度, 使得 A 变成二维数组, 也可以将 $A[i]$ 这种状态表示成由若干个新的状态 B 所推导出来, 而状态 B 的维度是 2。实际上, 可以发现:

$$A[i] = \sum B[i][k] \quad k=1,2,\cdots,i$$

其中 $B[i][k]$ 表示 $S(i)$ 中以 i 根木棒里的第 k 短的木棒打头的排列数。现在可以看看能否对 B 进行递推。发现:

$$B[i][k] = \sum B[i-1][n]_{(\text{UP})} + \sum B[i-1][m]_{(\text{DOWN})}$$
$$n=1,2,\cdots,k-1, \quad n=k,k+1,\cdots,i-1$$

其中 $B[i-1][n]_{(\text{UP})}$ 表示 $S(i-1)$ 中以 $i-1$ 根木棒里的第 n 短的木棒打头的 UP 排列数。这里 n 的取值范围是 $1,2,\cdots,k-1$。因为前面的木棒 k 是 i 根木棒里第 k 短的, 若木棒 n 是去掉木棒 k 后剩下的 $i-1$ 根木棒里第 1 短到第 $k-1$ 短的, 则木棒 n 必定短于前面的木棒 k, 这样以木棒 n 打头的 UP 排列就能和木棒 k 一起组成一个新的美妙排列。

类似地, $B[i-1][m]_{(\text{DOWN})}$ 表示 $S(i-1)$ 中以 $i-1$ 根木棒里的第 m 短的木棒打头的 DOWN 排列数。这里 m 的取值范围是 $k,k+1,\cdots,i-1$, 因为前面的木棒 k 是 i 根木棒里第 k 短的, 若木棒 m 是去掉木棒 k 后剩下的 $i-1$ 根木棒里第 k 短到第 $i-1$ 短的, 则木棒 m 必定长于前面的木棒 k, 这样以木棒 m 打头的 DOWN 排列就能和木棒 k 一起组成一个新的美妙排列。

但是, 毕竟 $B[i-1][m]_{(\text{DOWN})}$、$B[i-1][n]_{(\text{UP})}$ 和 $B[i][k]$ 从形式上看是不一样的, 因此还是无法形成递推关系。可以将 $B[i][k]$ 进行分解:

$$B[i][k] = E[i][k][\text{DOWN}] + E[i][k][\text{UP}] \quad \text{DOWN}=0, \quad \text{UP}=1$$

其中, $E[i][k][\text{DOWN}]$ 表示 $S(i)$ 中以第 k 短的木棒打头的 DOWN 方案数。$E[i][k][\text{UP}]$ 表示 $S(i)$ 中以第 k 短的木棒打头的 UP 方案数。此时就可以对 E 进行递推:

$$E[i][k][\text{DOWN}] = \sum E[i-1][n][\text{UP}] \quad n=1,2,\cdots,k-1, \quad \text{DOWN}=0, \quad \text{UP}=1$$

注意, $E[i-1][n][\text{UP}]$ 指的是从 i 根木棒里去掉第 k 短的木棒后剩下的 $i-1$ 根木棒, 以其中第 n 短的打头, 所能组成的 UP 排列数。要求这些 UP 排列能和其左边的木棒 k 构成一个 DOWN 排列,所以木棒 n 必须短于木棒 k,即 n 的取值范围必须是 $1,2,\cdots,k-1$。类似地,还有:

$$E[i][k][\text{UP}] = \sum E[i-1][m][\text{DOWN}] \quad m = k,k+1,\cdots,i-1,$$
$$\text{DOWN} = 0, \quad \text{UP} = 1$$

对 E 进行递推的初始条件是:

$$E[1][1][\text{UP}] = E[1][1][\text{DOWN}] = 1$$

求出数组 E 的值后,根据:

$$B[i][k] = E[i][k][\text{DOWN}] + E[i][k][\text{UP}] \quad \text{DOWN} = 0, \quad \text{UP} = 1$$
$$A[i] = \sum B[i][k] \quad k = 1,2,\cdots,i$$

就能求出数组 A 的所有值。$A[i]$ 就是 i 根木棒所能组成的美妙排列数目。到此,整个问题已经解决了大部分。

本题是将所有美妙排列排序后,要求第 C 个美妙排列的样子。用排序计数的思想可以解决这个问题。先看下面的小问题:

$1,2,3,4$ 这 4 个数字的全排列,共有 4!种,把它们按字典序排序后,求第 10 个排列是什么。(1234 是第一个排列)。

如果把所有排列都求出来,复杂度就是 $O(n!)$ 的。但实际上有如下复杂度是 $O(n^2)$ 的办法:

① 先假定待求排列的首位是 1,首位为 1 的排列共有 $3! = 6$ 种,$6 < 10$,说明首位为 1 不成立。尝试首位为 2,跳过首位为 1 的 6 个排列,则问题转换成求 2 开头的第 $10 - 6 = 4$ 个排列,称为待求序号减为 4。首位为 2 的排列共有 6 个,$6 \geqslant 4$,说明首位恰是 2。

② 接下来试第二位。先试 1(因 1 没用过),前两位为 21 的排列共有 $2! = 2$ 个,$2 < 4$,因此第二位是 1 不成立。第二位换成 3 再试(2 用过了),跳过了前两位为 21 的 2 个排列,待求序号也再减去 2,变为 2。而以 23 打头的排列共有 2 个,说明第二位恰好是 3。

③ 第三位先试 1,前三位为 231 的排列只有 1 种,此时待求序号是 2,因此第三位须改用 4,同时将待求序号减到 1。前三位是 234 的排列正好 1 种,就是 2341,于是得出第 10 个排列是 2341。

对于本题,类似地,要求 i 根木棒的第 C 个美妙排列,可以先假设第 1 短的木棒作为第一根,看此时的排列数 $B[i][1]$ 是否大于等于 C,如果否,则应该用第 2 短的作为第一根,且 C 减去 $B[i][1]$,再看此时方案数 $B[i][2]$ 和 C 比如何。如果还小于 C,则应以第 3 短的作为第一根,C 再减去 $B[i][2]$,……。

若发现以第 k 短的作为第一根时,美妙排列数 $B[i][k]$ 已经不小于 C,则可确定就应该以第 k 短的作为第一根。然后再去试第二根。先假设第二根是剩下 $i-1$ 根里第一短的,若其长于第一根,则要拿 $E[i-1][1][\text{DOWN}]$($\text{DOWN}=0$)和 C 比较;若其短于第一根,则要拿 $E[i-1][1][\text{UP}]$($\text{UP}=1$)和 C 比较,……,直到 C 被减为 1,整个排列就确定了。

8. 参考程序

```
//program 4.9.cpp
1.   #include<iostream>
2.   #include<algorithm>
```

```
3.    #include<cstring>
4.    #include<cstdio>
5.    using namespace std;
6.    const int UP=1;     const int DOWN=0;
7.    const int MAXN=25;
8.    long long E[MAXN][MAXN][2];
9.    //E[i][k][UP] 是 S(i)中以第 k 短的木棒打头的 UP 排列数,第 k 短指 i 根中第 k 短
10.   //E[i][k][DOWN] 是 S(i)中以第 k 短的木棒打头的 DOWN 排列数
11.   void Init(int n) {              //求出 E 数组,n 是木棒总数,复杂度 n^3
12.       memset(E,0,sizeof(E));
13.       E[1][1][UP]=E[1][1][DOWN]=1;
14.       for(int i=2;i<=n;++i)
15.           for(int k=1; k<=i;++k){    //枚举第一根木棒的长度,第 k 短
16.               for(int N=1; N<=k-1;++N)
17.               //枚举第二根木棒的长度,比第一根短
18.                   E[i][k][DOWN]+=E[i-1][N][UP];
19.               for(int m=k; m<i;++m)   //枚举第二根木棒的长度,比第一根长
20.                   E[i][k][UP]+=E[i-1][m][DOWN];
21.           }
22.       //n 根木棒的总美妙排列数是
23.       //Sum{E[n][k][DOWN]+E[n][k][UP] } k=1,…,n;
24.   }
25.   void PerfectFence(int n, long long C) {
26.   //输出 n 个木棒的第 C 个美妙排列
27.       int seq[MAXN];              //最终要输出的答案,seq[i]就是第 i 跟木棒的长度
28.       int used[MAXN];             //木棒是否用过
29.       memset(used,0,sizeof(used));
30.       for(int i=1; i<=n;++i) {    //依次确定每一个位置 i 的木棒
31.           int k;
32.           int No=0;
33.           //长度为 k 的木棒是剩下的 n-i+1 根木棒里的第 No 短的,No 从 1 开始算
34.           for(k=1; k<=n;++k) {          //枚举位置 i 的木棒的长度 k
35.               long long skipped=0;      //位置 i 放 k 所能形成的美妙排列数
36.               if(!used[k]) {
37.                   ++No;                 //k 是剩下的木棒里的第 No 短的
38.                   if(i==1)
39.                       skipped=E[n][No][UP]+E[n][No][DOWN];
40.                   else {
41.                       if(k>seq[i-1] &&(i==2 || seq[i-2]>seq[i-1]))
42.                           skipped=E[n-i+1][No][DOWN];      //合法放置
43.                       else if(k<seq[i-1]
44.                           && (i==2 || seq[i-2]<seq[i-1]))
45.                           skipped=E[n-i+1][No][UP];        //合法放置
46.                   }
47.                   if(skipped>=C)
```

```
48.                    break;
49.                else
50.                    C-=skipped;          //跳过一些美妙排列
51.                }
52.            }
53.            used[k]=true;
54.            seq[i]=k;                     //位置 i 确定要放长度为 k 的木棒
55.        }
56.        for(int i=1;i<=n;++i)
57.            if(i<n)
58.                printf("%d ",seq[i]);
59.            else
60.                printf("%d",seq[i]);
61.        printf("\n");
62.    }
63.    int main()
64.    {
65.        int T,n;      long long c;
66.        Init(20);
67.        scanf("%d",&T);
68.        while(T--)    {
69.            scanf("%d %lld",&n,&c);
70.            PerfectFence(n,c);
71.        }
72.        return 0;
73.    }
```

第 41 行:本行的条件表达的是长度为 k 的木棒打算放在位置 i,在 $k>$ seq$[i-1]$(即位置 i 处的木棒比位置 $i-1$ 处的木棒长)的情况下,如果 i 是第 2 根木棒,则没有问题;否则,就要求第 $i-2$ 根木棒必须长于第 $i-1$ 根木棒,这样 $i-2$、$i-1$、i 这三个位置的木棒才能形成波浪状。

9. 复杂度分析

主要时间花在求 E 数组上了。求 E 数组的 Init 函数复杂度是 $O(n^3)$,PerfectFence 函数的复杂度是 $O(n^2)$,整个程序的复杂度就是 $O(n^3)$。

练 习 题

1. 开餐馆

共有 n 个地点($n<100$)可供开设数量不限的餐馆。这 n 个地点排列在同一条直线上。用一个整数序列 $m_1,m_2,\cdots,m_n$ 来表示它们的坐标。用 p_i 表示在 m_i 处开餐馆的利润。为了避免餐馆的内部竞争,餐馆之间的距离必须大于 $k(k>0\ \&\&\ k<1000)$。求利润最大的地点选择方案的利润。

2. Divisibility(序列是否可分)

一个随机的整数序列,可以在数之间放置＋和－运算符,产生出算术表达式。例如,给

定序列 17,5,−21,15,可以产生以下算术表达式(没有列出全部):

$$17+5++-21-15=-14$$
$$17+5+--21+15=58$$
...

如果其中有一个表达式的值为 K,则称该序列对 K 可分。给定整数序列和 K,判断该序列是否对 K 可分($1 \leqslant N \leqslant 10\ 000, 2 \leqslant K \leqslant 100$)。

题目来源:Northeastern Europe 1999。

3. 复杂的整数划分问题

将正整数 n 表示成一系列正整数之和,$n = n_1 + n_2 + \cdots + n_k$,其中 $n_1 \geqslant n_2 \geqslant \cdots \geqslant n_k \geqslant 1$,$k \geqslant 1$。正整数 n 的这种表示称为正整数 n 的划分。正整数 n 的不同的划分个数称为正整数 n 的划分数。

给定两个整数 N 和 K ($0 < N \leqslant 50, 0 < K \leqslant N$),求:

(1) N 划分成 K 个正整数之和的划分数目。

(2) N 划分成若干个不同正整数之和的划分数目。

(3) N 划分成若干个奇正整数之和的划分数目。

4. 硬币

一共有 n 个面值不同的硬币,面值分别为 $a_1, a_2, \cdots, a_n$。问要凑成 X 元,哪些硬币是必须要用到的($1 \leqslant n \leqslant 200, 1 \leqslant X \leqslant 10\ 000$)。

5. 宠物小精灵之收服

皮卡丘要收服一个小精灵就需要花费若干个精灵球,并且要消耗若干体力。皮卡丘体力若降为 0,就再也不能收服小精灵。皮卡丘要收服尽可能多的小精灵,如果可以收服的小精灵数量一样,皮卡丘剩余体力越大越好。已知皮卡丘的精灵球数量 $N(0 < N < 1000)$ 和初始体力 $M(0 < M < 500)$,小精灵的总数 $K(0 < K < 100)$,以及每一个小精灵需要消耗的精灵球数量和体力,求最多能收服多少个小精灵,以及收服任务结束时皮卡丘的体力是多少?

6. 股票买卖

假设已经准确预知某只股票在未来 N 天的价格($1 \leqslant N \leqslant 100\ 000$),希望买卖两次,使得获得的利润最高。卖出的价格减去买入的价格即为利润。同一天可以进行多次买卖。但是在第一次买入之后,必须要先卖出,然后才可以第二次买入。问最多可以获得多少利润?

7. 切割回文

如果一个字符串从左往右看和从右往左看完全相同的话,那么就认为这个串是一个回文串。例如,"abcaacba"是一个回文串,"abcaaba"则不是一个回文串。任给一个字符串,可以通过切割它,使得切割完之后得到的子串都是回文的。给定字符串,问最少切割多少次就可以达到目的? 例如,对于字符串"abaacca",最少切割一次,就可以得到"aba"和"acca"这两个回文子串。字符串长度不超过的 1000 且只包含小写字母。

8. 滑雪

Michael 喜欢滑雪,因为滑雪的确很刺激。可是为了获得速度,滑雪的区域必须向下倾斜,而且当滑到坡底,就不得不再次走上坡或者等待升降机来载你。Michael 想知道在一个区域中最长的滑坡。区域由一个二维数组给出。数组的每个数字代表点的高度。下面是一个例子:

```
 1    2    3    4    5
16   17   18   19    6
15   24   25   20    7
14   23   22   21    8
13   12   11   10    9
```

　　一个人可以从某个点滑向上下左右相邻 4 个点之一，当且仅当高度减小。在上面的例子中，一条可滑行的滑坡为 24－17－16－1。当然 25－24－23－…－3－2－1 更长。事实上，这是最长的一条。你的任务就是求出最长区域的长度。

第11章

链 表

所谓"链表",是用指针按顺序连接起来的一组存储空间,每个存储空间分别存储一个元素的值,这个值称为链表的一个"结点"。一个链表中结点的总数称作它的长度。任何链表,它的初始长度总为 0。程序执行过程中,为新的结点动态分配存储空间,插入到链表中。程序退出前,要删除链表的全部结点,每次删除一个,释放它们占用的存储空间。例如,多项式 $5x^8+18x^5+20x^3+100$,用链表存储时如图 11-1 所示。

图 11-1　用链表存储多项式

上面链表的长度为 4。每个结点存储多项式中的一项,用一个结构类型的元素描述,包括三个分量。前两个分量分别是多项式中一项的系数和指数。最后一个分量是一个指针,指向存储多项式中下一项的那个结点。在最后一个结点中,第三个分量的值为 NULL,表示链表的结束。在程序中,通过指向第一个结点的指针 first 来访问整个链表中的元素。

像数组一样,链表既可以用来存储整数、浮点数等基本类型的元素,也可以存储结构类型的元素。各个结点中所存储元素的数据类型必须一致。与数组不同的是,链表采用不连续存储空间、用指针表达元素之间邻接关系。每个结点中除了存储一个元素的值外,都有专门的指针域,用来指向相邻的结点。使用链表结构可以克服数组需要预先知道数据大小的缺点,充分利用计算机内存空间,实现灵活的内存动态管理。在进行元素的插入、删除、排序时,不需要进行大批的数据移动,只要修改结点的指针。但是,链表失去了数组随机读取的优势,同时链表由于增加了结点的指针域,空间开销比较大。

常用的链表有单向链表、双向链表和循环链表。

11.1　单向链表、链表结点的插入

单向链表中,每个结点中有一个指针,指向它的下一个结点,而且最后一个结点的指针值为 NULL。在程序中,用一个与链表结点的数据类型一致的指针,指向链表的第一个结点。如果链表的长度为 0,这个指针指向 NULL。每次访问链表进行结点的插入、删除、查找时,都要使用这个指针。

　　下面的程序是建立、使用单向连表的例子。首先输入一组学生的学号、姓名和课程成绩,当输入的成绩为负数时,表示输入结束。程序将输入的数据存储在一个单向的链表中,每个结点存储一个学生的数据。然后计算并输出全部学生的平均成绩。

```
1.   #include<stdio.h>
2.
3.   struct Student {            //定义链表结点的结构
4.       //数据域部分:记录链表元素的值
5.       char ID[20];
6.       char name[50];
7.       float score;
8.       //指针域部分:指向链表的下一个结点
9.       Student * next;
10.  };
11.
12.  main()
13.  {
14.      Student * linkHead, * linkTail, * student;
15.      float aveScore;
16.      int totalStudents;
17.
18.      linkHead=linkTail=NULL;
19.      //输入学生的成绩,建立链表
20.      while (1) {
21.          student=new Student;
22.          scanf("%s%s%f", student->ID, student->name, &student->score);
23.          if(student->score<0) {
24.              //输入学生的成绩为负数,表示输入结束
25.              delete student;
26.              break;
27.          }
28.          student->next=NULL;
29.          if(linkTail==NULL)
30.              //链表为空,加入第一个结点
31.              linkHead=linkTail=student;
32.          else {
33.              //链表中已有结点,将新的结点加入到链表的末尾
34.              linkTail->next=student;
35.              linkTail=student;
36.          }
37.      }
38.      //统计学生的平均成绩
39.      aveScore=0.0;
40.      totalStudents=0;
```

```
41.        student=linkHead;
42.        while(student!=NULL) {
43.            totalStudents++;                              //统计学生的人数
44.            aveScore=aveScore+student->score;    //统计学生的成绩
45.            student=student->next;
46.        }
47.        aveScore=aveScore/totalStudents;
48.        printf("课程平均成绩: %5.2f\n",aveScore);  //输出学生的平均成绩
49.
50.        //删除链表中的结点,释放它们占用的存储空间
51.        while(linkHead!=NULL) {
52.            student=linkHead;
53.            linkHead=student->next;
54.            delete student;
55.        }
56.
57.        return 0;
58.    }
```

程序的第 3～10 行首先定义了链表结点的数据类型。第 5～7 行定义链表结点的数据域,用来存储结点的值。第 9 行定义链表结点的指针域,声明了构建链表需要的指针,这个指针的类型必须与链表结点的数据类型一致。

程序的第 14 行声明了三个指针型变量:linkHead、linkTail、student。linkHead、linkTail 分别指向所要建立的链表的第一个结点和最后一个结点。在第 18 行,将 linkHead、linkTail 都赋值为 NULL,表示一个结点也没有。student 则用来访问链表中的结点。

在程序的 20～37 行是建立链表的过程,每次总是先创建一个结点,然后将新的结点添加在链表的末尾。向链表中添加第一个结点时,将 linkHead 和 linkTail 都指向这个结点,因为整个链表中就只有一个结点。以后再添加新的结点时,就只需要修改 linkTail。使用 linkTail 的根本目的就是为了方便在链表的末尾添加新的结点。

程序的 39～48 行是使用链表统计学生的平均成绩。使用链表时,总是从 linkHead 指向的第一个结点开始,依次访问后续的结点。注意,访问单向链表的结点时,除非要删除链表的首结点,否则不能修改链表首结点指针 linkHead 的值。一般是用另一个同类型的指针 student,把 linkHead 的值赋给 student,再通过 student 访问链表的其他结点。

程序的第 55～59 行在程序结束之前,释放链表占用的存储空间。释放的办法是从链表的第一个结点开始,依次删除。每次删除一个结点。在删除一个结点之前,一定要先将下一个结点的地址保存下来,否则就没有办法删除剩下的结点了。

建立链表的过程归纳如下:

(1) 定义链表结点的数据类型。在这个数据类型中有数据域和指针域两部分。数据域定义链表结点的值的构成和类型,可以使用任何基本的数据类型和自定义结构。指针域定义一个与链表结点的数据类型一致的指针,用来指向链表中的下一个结点。

（2）定义一个链表结点类型的指针，准备存储链表的第一个结点的地址。开始时，将这个指针赋值为 NULL，表示链表的长度为 0。

（3）在链表中插入新的结点。先用动态内存分配的办法，创建要插入的新结点，对这个结点的数据域赋值后，插入到链表中合适的位置。可以把新结点插入在链表的第一个结点之前、链表的末尾或者两个相邻结点之间。也可以先把结点插入到链表中，再对结点的数据域进行赋值。

向链表 link 插入新结点 newNode，如果要将新结点插入到链表的第一个结点之前，只要将新结点的指针指向 link 指向的结点就可以了。然后将 link 指向新的结点。图 11-2 是将新结点插入到链表的第一个结点之前的示意图。用语句表示如下：

```
newNode->next=link;
link=newNode;
```

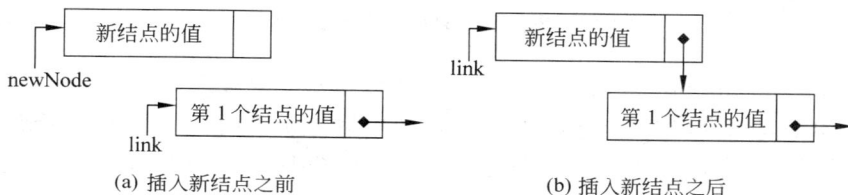

(a) 插入新结点之前　　　　　　　(b) 插入新结点之后

图 11-2　在链表的首结点前插入新结点

向链表 link 插入新结点 newNode，如果要将新结点插入到链表中值为 v 的结点之后，则要先找到值为 v 的结点，然后再插入新的结点。从链表的第一个结点开始，依次进行比较，直到找到一个结点 node，其中存储的元素值恰好为 v。图 11-3 是将新结点插入到链表的一个已有结点之后的示意图。用下列语句进行 node 和 newNode 的指针域修改：

```
newNode->next=node->next;
node->next=newNode;
```

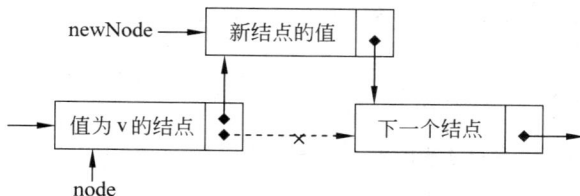

图 11-3　在链表中一个结点之后插入新结点

如果新结点在链表中的插入位置位于最后一个结点之后，插入的过程与上面的过程类似。需要注意的是，如果在程序中有一个指针专门指向链表的末尾，在完成结点的插入后，一定要对这个指针进行相应的修改。插入的方法参考上面的程序示例。

注意：在释放单向链表占用的存储空间时，要从链表的首结点开始逐个删除，每次释放链表的一个结点；在释放一个结点之前，要保存好下一个结点的地址。

11.2 带表头的单向链表、链表的搜索

所谓"带表头的单向链表"是一个单向链表以及专用于描述这个链表的一个结构型变量。在这个结构型变量中,除了包含链表首结点的指针外,还可以有其他方便链表使用的信息,例如链表的长度、链表最后一个结点的指针、链表元素的最大值/最小值等。这个结构型变量称为链表的"表头"。一个带表头的单向链表,无论其中是否有链表结点,它的表头都存在。例如,多项式 $5x^8 + 18x^5 + 20x^3 + 100$,用带表头的单向链表存储时如图 11-4 所示。

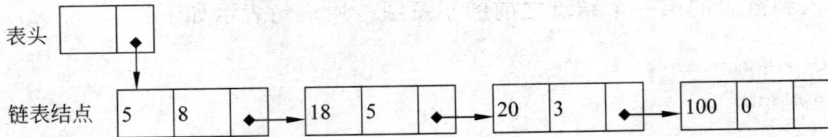

图 11-4 用带表头的单向链表存储多项式

在程序中,一个链表有了"表头"之后,可以被当作一个带有指针域的普通结构型变量。这个指针指向链表的首结点。在程序中要向链表中插入新结点、查找或删除符合某个条件的结点、对链表的结点进行排序时,都通过链表的表头获得首结点的地址以及其他有用的信息。链表的结点数据类型、表头数据类型需要分别定义。定义了链表结点的数据类型后,再定义链表表头的数据类型。

下面的程序是建立、使用带表头单向链表的示例。这个例子与上一节的例子基本相同,只是增加了链表的查找功能,并使用了表头。首先输入一组学生的学号、姓名和课程成绩,当输入的成绩为负数时表示输入结束。程序将输入的数据存储在一个带表头的单向链表中。然后计算并输出全部学生的平均成绩,查找并输出成绩不及格的学生。

```
1.   #include<stdio.h>
2.
3.   struct Student {              //定义链表结点的结构
4.       //数据域部分:记录链表元素的值
5.       char ID[20];
6.       char name[50];
7.       float score;
8.       //指针域部分:指向链表的下一个结点
9.       Student * next;
10.  };
11.  struct StudentList {          //定义链表表头的结构
12.      //表头的数据域:描述链表的其他信息,方便程序中的链表使用
13.      Student * tail;
14.      int totalStudents;
15.      float totalScore;
16.      int unqualifiedStudents;
17.      //表头的指针域:指向链表的第一个结点
18.      Student * head;
```

```
19.    };
20.
21.    main()
22.    {
23.        StudentList link;
24.        Student * student;
25.        float aveScore;
26.
27.        link.head=NULL;
28.        link.tail=NULL;
29.        link.totalScore=0;
30.        link.totalStudents=0;
31.        link.unqualifiedStudents=0;
32.
33.        //输入学生的成绩,建立链表
34.        while (1) {
35.            student=new Student;
36.            scanf("%s%s%f", student->ID, student->name, &student->score);
37.            if(student->score<0) {
38.                //输入学生的成绩为负数,表示输入结束
39.                delete student;
40.                break;
41.            }
42.            student->next=NULL;
43.            if(link.tail==NULL)
44.                //链表为空,加入第一个结点
45.                link.head=link.tail=student;
46.            else {
47.                //链表中已有结点,将新的结点加入到链表的末尾
48.                link.tail->next=student;
49.                link.tail=student;
50.            }
51.            link.totalScore+=student->score;
52.            link.totalStudents++;
53.            if(student->score<60) link.unqualifiedStudents++;
54.        }
55.
56.        //统计学生的平均成绩
57.        aveScore=link.totalScore/link.totalStudents;
58.        printf("课程平均成绩: %5.2f\n", aveScore);        //输出学生的平均成绩
59.
60.        //输出不及格学生的名单
61.        student=link.head;
62.        printf("不及格学生的学号、姓名, 共: %d 名\n", link.unqualifiedStudents);
63.        while(student!=NULL) {
```

```
64.          if(student->score<60)
65.             printf("%s      %s\n", student->ID, student->name);
66.          student=student->next;
67.      }
68.
69.      //删除链表结点占用的存储空间
70.      while(link.head!=NULL) {
71.          student=link.head;
72.          link.head=student->next;
73.          delete student;
74.      }
75.
76.      return 0;
77.  }
```

程序的第 4～11 行首先定义了链表结点的数据类型。第 12～20 行定义了一个链表表头的数据类型。其中,第 13～17 行是表头的数据域部分,可以根据程序的需要定义任意的结构成员,也可以没有结构成员。在本程序中,共定义了三个成员:totalStudents、totalScore、unqualifiedStudents。totalStudents 用来记录链表中学生的总数,也是链表的长度。totalScore 记录链表中各个学生的成绩总和,目的是方便统计平均成绩。unqualifiedStudents 记录链表中不及格学生的人数,用于成绩不及格学生的输出。第 18 行定义表头的指针域,是指向链表第一个结点的指针。在定义链表表头的数据类型时,一定要有这个结构成员。

程序的第 24 行用所定义的表头数据类型,在主程序中声明了一个结构型变量 link,代表一个带表头的单向链表。第 28～32 行对链表表头进行初始化。在第 28 行先将 link.head 赋值为 NULL,表示一个结点也没有。然后对表头中的其他成员变量分别赋初始值。

在程序的第 35～55 行是建立链表的过程。每次总是先创建一个结点,然后将新的结点添加在 link.head 所指向的链表的末尾,并修改表头数据域部分的各个分量值。

程序的第 58～59 行是使用链表统计、输出学生的平均成绩。由于在表头中已经记录了学生的总人数、他们的成绩之和,在计算平均成绩时就不再需要访问链表中的结点,只要使用表头中记录的信息就可以了。

程序的第 62～68 行搜索并输出成绩不及格学生的名单。在输出这些学生的姓名和学号之前,先根据表头所记录的信息输出不及格学生的总数,这样程序的输出信息更直接、更容易被理解。在搜索不及格学生的名单时,先从表头中得到链表第一个结点的地址,然后依次比较每个结点中的学生成绩,直到链表的末尾。

程序的第 71～75 行在程序结束之前,释放链表结点占用的存储空间。每次删除链表中排在最前面的一个结点,剩余部分的地址仍然记录在表头中。

由于链表中的结点存储在不连续的存储空间中,因此访问链表的元素时,不能像访问数组元素一样,用下标指定要访问第几个元素。在访问连表的元素时,总是说要访问满足什么条件的元素。然后从链表的第一个结点开始,依次比较每个结点的值,看是否满足指定的条件或者到达连表的末尾。无论链表是否有表头,搜索的过程都是相同的。

11.3　双向链表、链表结点的排序

在双向链表中,每个结点的指针域都包括两个指针:后续结点指针和前驱结点指针。后续结点指针指向它的下一个结点;前驱结点指针指向它的上一个结点。在第一个结点中,前驱结点指针始终为 NULL。在最后一个结点中,后续结点指针始终为 NULL。双向链表也可以有表头。例如,多项式 $5x^8+18x^5+20x^3+100$,用双向链表、带表头的双向链表存储时,分别如图 11-5 和图 11-6 所示。

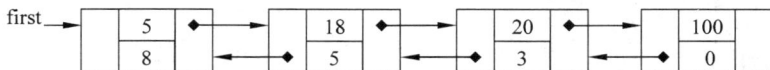

图 11-5　用不带表头的双向链表存储多项式

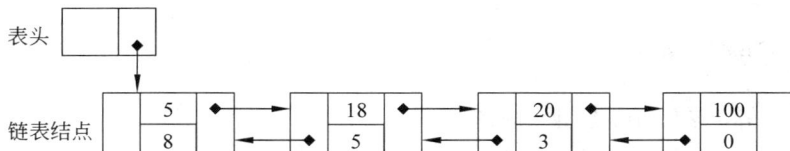

图 11-6　用带表头的双向链表存储多项式

在双向链表中,只要知道其中任何一个结点,就能够访问到链表中的全部结点。而在单向链表中,知道其中的某一个结点后,只能访问到该结点之后的结点。下面的程序是建立、使用双向链表的示例。这个例子首先输入一组学生的学号、姓名和课程成绩,当输入的成绩为负数时表示输入结束。程序将输入的数据存储在一个双向链表中,每个学生的数据占用一个结点,它们在链表中按照学号顺序排列。然后按照链表顺序,输出全部学生的学号、姓名和成绩。

```
1.    #include<stdio.h>
2.    #include<string.h>
3.
4.    struct Student {       //定义链表结点的结构
5.        //数据域部分:记录链表元素的值
6.        char ID[20];
7.        char name[50];
8.        float score;
9.        //指针域部分:分别指向链表的上一个结点和下一个结点
10.       Student * previous, * next;
11.   };
12.
13.   Student * getPosition(Student * link, Student * student) {
14.       if(strcmp(student->ID, link->ID)<0) {
15.           if(link->previous==NULL)
16.               return (link);
17.           if(strcmp(student->ID, link->previous->ID)<0)
```

```
18.                    return(getPosition(link->previous, student));
19.        }
20.        if(strcmp(student->ID, link->ID)>0) {
21.            if(link->next==NULL)
22.                return (link);
23.            if(strcmp(student->ID, link->next->ID)>0)
24.                    return(getPosition(link->next, student));
25.        }
26.        return(link);
27. }
28.
29. main()
30. {
31.     Student * link, * student, * previous, * next;
32.
33.     link=NULL;
34.
35.     //输入学生的成绩,建立链表
36.     while(1) {
37.         student=new Student;
38.         scanf("%s%s%f", student->ID,student->name,&student->score);
39.         if(student->score<0) {
40.             //输入学生的成绩为负数,表示输入结束
41.             delete student;
42.             break;
43.         }
44.         student->next=student->previous=NULL;
45.         if(link==NULL) {
46.             //链表为空,加入第一个结点
47.             link=student;
48.             continue;
49.         }
50.         //寻找 student 在 link 中的位置
51.         link=getPosition(link, student);
52.         if(strcmp(student->ID, link->ID)<0) {
53.             //在 link 所指向的结点之前插入新结点
54.             previous=link->previous;
55.             student->next=link;
56.             link->previous=student;
57.             if(previous!=NULL) {
58.                 student->previous=previous;
59.                 previous->next=student;
60.             }
61.         }
62.         if(strcmp(student->ID, link->ID)>0) {
```

```
63.              //在 link 所指向的结点之后插入新结点
64.              next=link->next;
65.              student->previous=link;
66.              link->next=student;
67.              if(link->next!=NULL) {
68.                  student->next=next;
69.                  next->previous=student;
70.              }
71.          }
72.      }
73.
74.      //寻找链表的第一个结点
75.      while (link->previous!=NULL) link=link->previous;
76.      //按照学号顺序输出学生的名单
77.      while(link->next!=NULL) {
78.          printf("%s     %s     %5.2f\n", link->ID, link->name, link->score);
79.          link=link->next;
90.      }
81.      printf("%s     %s     %5.2f\n", link->ID, link->name, link->score);
82.      //释放链表占用的存储空间
83.      while(link->previous!=NULL) {
84.          link=link->previous;
85.          delete (link->next);
86.      }
87.      delete (link);
88.
89.      return 0;
90. }
```

程序的第 5～12 行首先定义了链表结点的数据类型。在指针域部分,定义了两个指针,分别指向链表的上一个结点和下一个结点。

在程序的第 37～71 行是建立链表的过程。每次总是先创建一个结点,然后将新的结点添加在 link 所指向的链表的合适位置。link 总是指向链表的一个结点,不要求一定指向链表的第一个结点。在插入新结点 student 时,先调用函数 getPosition(Student * link, Student * student)寻找 student 在 link 所指向链表中的位置:

- 如果 student 的学号比双向链表中各结点存储的学号都要小,则 student 应插在第一个结点之前,此时返回值指向双向链表的首结点。因此,student 应插在返回值指向的结点之前。
- 如果 student 的学号比双向链表中一些结点存储的学号大,则 student 应插在这些结点之后。此时返回值指向双向链表中的某个结点,该结点上存储的学号比 student 的学号小,该结点之后的各结点所存储的学号比 student 的学号大。因此,student 应插在返回值指向的结点之后。

程序的第 74～80 行进行程序的输出。先找到双向链表的首结点,然后依次输出每个学生的信息。

程序的第82～86行在程序结束之前,释放链表结点占用的存储空间。每次删除链表中排在最后面的一个结点。

在双向链表中插入一个新的结点时,向链表 link 插入新结点 newNode,如果要将新结点插入到链表中结点 node 之后,那么将涉及 newNode、node 和 node 的后一个结点的指针域的修改。图 11-7 是向双向循环链表中插入新结点的示意图,实现代码如下:

```
newNode->next=node->next;
newNode->previous=node;
node->next->previous=newNode;
node->next=newNode;
```

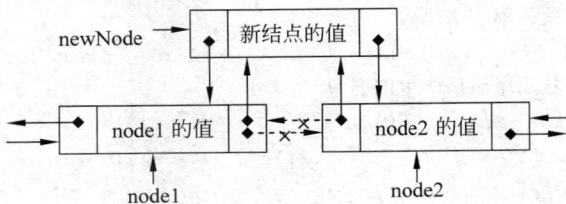

图 11-7　在双向链表中插入新结点

在释放双向链表占用的存储空间时,既可以像单向链表一样,从首结点开始逐个释放。也可以像本节中的示例程序那样,从链表的尾部开始,删除一个结点后,再删除它前面的结点。也可以为双向链表定义表头,记录对双向链表的描述信息。定义的方法与单向链表的类似,在此不再重述。

双向链表的每个结点都有两个指针,专用于表示结点之间的邻接关系。存储相同数量的同类元素,需要的存储空间比使用单向链表时更大,但在结点的插入、删除方面比单向链表灵活。在单向链表中,只能将新结点插入到一个已知的结点之后。删除结点 node 时,必须知道该结点之前的某个结点,这样才能在删除 node 后将其前驱的指针域指向它的后继。而向双向链表插入新结点时,即可以像单向链表一样,将新结点插在一个已知结点之后;也可以像上面程序第54～60行所演示的那样,将新结点插在一个已知结点之后。删除双向链表的一个结点时,只要知道这个结点的地址,就能把它的前驱、后继通过各自的指针域连接起来,确保结点的删除不影响其他结点的邻接关系。

在上面的程序示例中,链表结点的邻接关系反映了结点值的大小关系,学号小的结点排在链表的前面,学号大的排在后面,这种链表称为"有序链表"。在有序链表中,也可以将元素值大的结点排在链表前面,元素值小的排在后面。单向链表也可以是有序链表,只要其中结点的邻接关系与结点值的大小关系一致:要么链表前面结点的元素值一定不大于后面结点的元素值;要么链表前面结点的元素值一定不小于后面结点的元素值。如果在一组有序的元素中,要频繁地插入、删除元素,用双向链表通常更合适些。

11.4　循环链表、链表结点的删除

"循环链表"分为单向循环链表和双向循环链表两种。一个单向的链表,将它最后一个结点的指针指向它的首结点就是一个单向循环链表。与单向循环链表相比,单向循环链表的好处是：从其中任意一个结点出发，能够访问到链表的每个结点。只有一个结点的单循环链表中，结点的指针将指向自己。同样，将一个双向循环链表最后一个结点的后续结点指针指向首结点；同时，将首结点的前驱指针指向最后一个结点就是一个双向循环链表。在编程实践中，使用比较多的是单向循环连表。例如，多项式 $5x^8+18x^5+20x^3+100$，用单向循环链和双向循环表存储时分别如图 11-8 和图 11-9 所示。

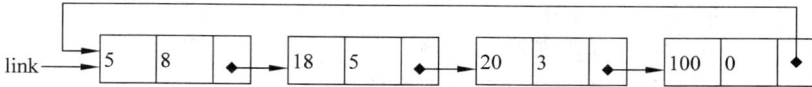

图 11-8　单向循环链表示意图

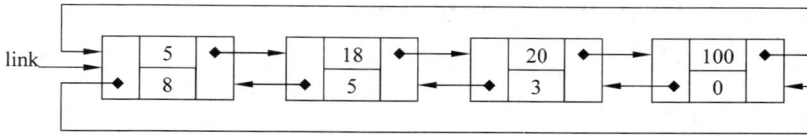

图 11-9　双向循环链表示意图

下面的程序演示了单向循环链表的建立和表结点的删除，我们要求解的问题如图 11-10 所示：猴子选大王。有 N 只猴子，从 1 到 N 进行编号。它们按照编号的顺时针方向排成一个圆圈，然后从第一只猴子开始报数。第一只猴子报的第一个数字为 1，以后每只猴子报的数字都是它前面猴子所报的数字加 1。如果一只猴子报的数字是 M，则该猴子出列，下一只猴子重新从 1 开始报数。剩下的猴子继续排成一个圆圈报数，直到全部的猴子都出列为止。最后一个出列的猴子胜出。

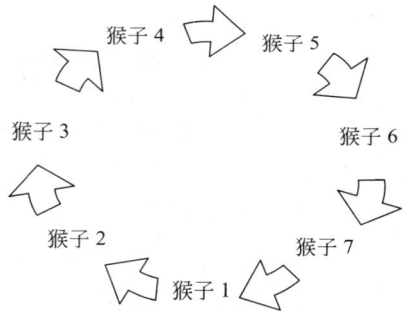

图 11-10　猴子选大王

```
1.   #include<stdio.h>
2.
3.   struct Monkey {
4.       int ID;
5.       Monkey * next;
6.   };
7.
8.   main()
9.   {
10.      Monkey * link, * monkey, * lastMonkey;
11.      int totalMonkeys, stride, count;
12.
13.      printf("输入猴子的总数:");
14.      scanf("%d", &totalMonkeys);
15.      printf("输入猴子报数的出队数字: ");
16.      scanf("%d", &stride);
```

```
17.
18.        //建立链表
19.        link=NULL;
20.        for(int i=0; i<totalMonkeys; i++) {
21.            monkey=new Monkey;
22.            monkey->ID=i+1;
23.            if(link==NULL)
24.                //链表为空,加入第一只猴子
25.                link=lastMonkey=monkey;
26.            else {
27.                //链表中已有结点,将新的猴子加入到链表的末尾
28.                lastMonkey->next=monkey;
29.                lastMonkey=monkey;
30.            }
31.        }
32.        lastMonkey->next=link; //将链表的最后一个结点指向它的第一个结点
33.
34.        //计算猴子出队的顺序
35.        count=1;
36.        printf("猴子出队的顺序: ");
37.        while(link!=NULL) {
38.            if(link->next==link) {//只剩下最后一只猴子
39.                printf("%4d\n", link->ID);
40.                delete link;
41.                break;
42.            }
43.            if(count==stride-1) {//link 指向的猴子之后的那只猴子要出队
44.                //找到要出队的猴子
45.                monkey=link->next;
46.                //让 monkey 指向的猴子出队
47.                link->next=monkey->next;
48.                printf("%4d", monkey->ID);
49.                delete monkey;
50.                count=0;
51.            }
52.            link=link->next;
53.            count++;
54.        }
55.
56.        return 0;
57.    }
```

程序的第 3～6 行首先定义了链表结点的数据类型。像单向链表一样,在指针域部分定义了一个指针,指向链表的下一个结点。

在程序的第 19～32 行是建立循环链表的过程。第 19～31 行首先建立单向链表,每个

结点代表一只猴子。第 32 行将链表最后一个结点的指针指向它的首结点,这样就建立了一个循环链表。

　　程序的第 35～54 行计算猴子的出队顺序。当一只猴子出队后,就将代表该猴子的链表结点删除。删除一个结点之前,一定要将前一个结点的指针域指向被删除结点的下一个结点,保持链表的连通。循环链表中,每个结点的指针域都非空。当整个链表中只有一个结点时,它的指针域指向自己。

　　这个程序中,在计算猴子的出队顺序时已经释放了循环链表的全部结点。因此,在程序结束前,不需要再执行删除链表结点的操作。

　　在链表中删除一个结点时,要注意保持结点删除后链表的连通性。单向循环链表的结点删除操作与单向链表的结点删除操作类似,如图 11-11 所示。删除一个结点之前,先要找到它的前一个结点,并将前一个结点的指针域指向被删除结点的下一个结点。如果删除的是链表的首结点,只要在删除前记下它的指针域的值,作为链表的新的首结点。双向链表的结点删除操作要复杂一些,如图 11-12 所示。在执行结点删除操作之前,要同时记录它的前一个结点的地址指针、后一个结点的地址指针,然后分别对这两个结点的指针域进行相应的修改操作。

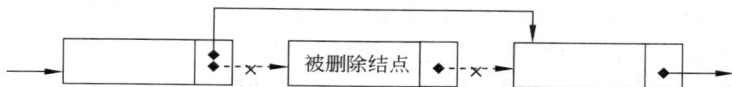

图 11-11　删除单向/循环链表的结点

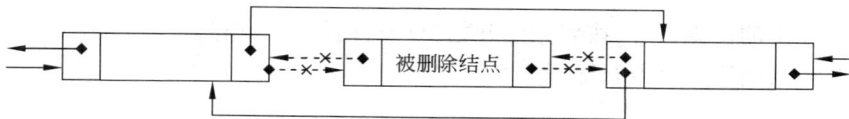

图 11-12　删除双向链表的结点

11.5　链表的应用：计算每个作业的运行时间

1. 问题描述

　　在一个网络计算系统中,有很多台计算机。每台计算机分别作为一个资源,用一个由‘0’～‘9’的数字组成的字符串表示。当要计算一个任务时,网络计算系统自动从空闲的计算机中找一台,并在这台计算机上完成计算任务。每个计算任务用一个以小写字母打头并包含有下划线字符‘_’的唯一的字符串表示。

　　网络计算系统用一个运行日志文件记录了所发生的每个“事件”。日志文件是文本文件,每个事件占用其中的一行。共有三类“事件”:

　　(1) 计算机启动。日志中记录了事件发生的时间、网络系统为该计算机分配的资源号。例如,下列日志记录表示:一台标号为“1249630811312610”的计算机在 2016 年 11 月 21 日 11 点 55 分 56 秒时启动了。

```
2016-11-21 11:55:56 resource created: 1249630811312610
```

（2）计算任务开始。日志中记录了事件发生的时间、计算任务的标号、是在哪台计算机上执行的。例如，下列日志记录表示：一个标号为"mm_1080_p"的计算任务被分配到"1283135310662341"标识的计算机上执行，开始执行的时间是 2016 年 11 月 21 日 11 点 57 分 57 秒。

```
2016-11-21 11:57:17 mm_1080_p started on resource 1283135310662341
```

（3）计算任务结束。日志中记录了事件发生的时间、计算任务的标号、是在哪台计算机上执行的。例如，下列日志记录表示：一个标号为"mm_1069_p"的计算任务在 2016 年 11 月 21 日 12 点 1 分 58 秒时运行结束，它是在"1283135310662341"标识的计算机上完成的。

```
2016-11-21 12:1:58 mm_1069_p finished on resource 1318717414378778
```

预先不知道这些计算机的启动时间，而且各计算机的启动时间也不相同。一些计算机已经开始计算了，甚至已经完成了一些计算任务，另一些计算机才启动。每台计算机只有在启动之后才开始执行计算任务。在日志文件中，每个事件占一行，并按照事件发生的时间顺序排列。

请编写一个日志分析程序，统计在每台计算机上完成的计算任务，并计算各计算任务开始运行的时间、消耗的时间。将结果存储在另一个文本文件中，具体格式是：

- 每个资源占文本的一段，第一行是资源的标号，然后是在该资源上完成的各个计算任务的统计信息。启动时间早的计算机，所在的段排在文本的前面。
- 每个计算任务的统计信息占一行，记录计算任务执行的时间、消耗的时间、计算任务的标号。
- 同一段中的计算任务，按照它们开始执行时间的顺序排列。
- 段与段之间用一个空行隔开。

2. 解题思路

在解决这个问题时，首先是要将日志文件中记录的每个事件区别开来。每个事件占用文本的一行，分别出现"created"、"started"、"finished"中的一个。由于在计算任务的标号中一定有下划线字符'_'，因此这三个单词在每一行中一定只出现一次。由此不难判断每一行分别记录什么样的事件。

每个计算任务与日志中记录的三个事件有关：①计算任务开始的事件；②计算任务结束的事件；③负责该计算任务的计算机启动的事件。在日志文件中，计算机启动的事件总是排在其他事件的前面；计算任务开始的事件一定排在计算任务结束的事件之前。

因此，只要对日志文件中的事件依次进行处理，就能找到在每个台计算机上发生的全部事件。然后用字符串处理的方法，计算出每个计算任务开始和结束的时间。关键是在程序中如何记录所读到的事件，因为不知道：①日志文件中事件的总数；②共有多少台计算机；③每台计算机上所完成的计算任务数量。

3. 解决方案

用一个有序的单向链表 resList 表示网络计算机系统中的全部计算机，每台计算机用其中的一个结点表示。在这个链表中，按照各计算机的启动时间排列结点。用一个有序的单向链表表示在一台计算机上完成的全部计算任务，并以该计算机在 resList 中的结点作为单向链表的表头。每个计算任务用一个结点表示。它们按照计算任务开始的时间在链表中排列,开始时间早的排在前面。

整个计算网络系统中完成的计算任务可以用图 11-13 表示。每台计算机以及在该计算机上完成的全部计算任务用一个带表头的单向链表表示。表头一方面记录链表首、尾结点的指针,同时记录该计算机的资源号。记录尾结点指针的目的是方便插入新的结点,因为从日志文件的第一行开始读,先读到的事件总是先发生、后读到的事件总是后发生。每次读到一个计算任务开始的事件时,只要将表示该任务的结点插入到对应单向链表的末尾,就可以保证单向链表中的顺序。

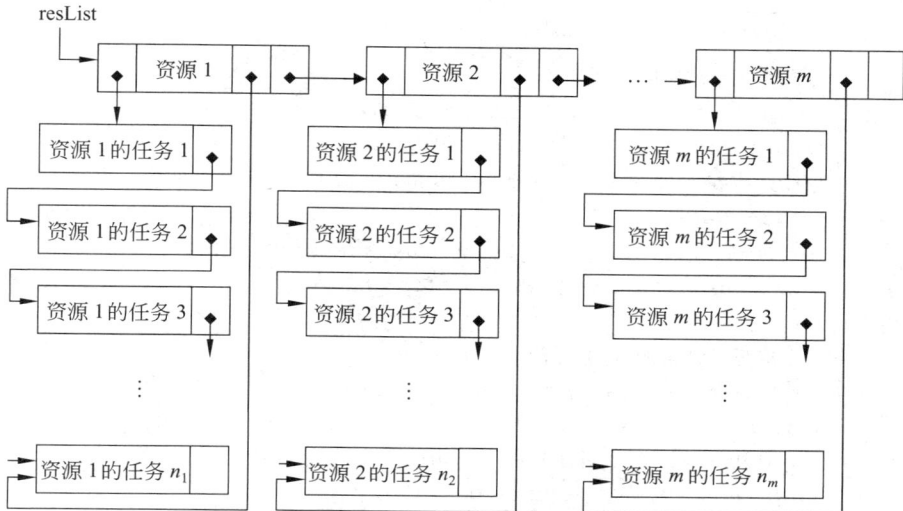

图 11-13 系统完成的计算任务

4. 参考程序

```
1.  #include<stdio.h>
2.  #include<string.h>
3.
4.  struct Task{
5.      char name[50];      //任务名称
6.      char sDate[15];     //开始执行的日期 xxxx-xx-xx
7.      char sTime[15];     //开始执行的时间 xx:xx:xx
8.      char eDate[15];     //完成的日期 xxxx-xx-xx
9.      char eTime[15];     //完成的时间 xx:xx:xx
10.     int cost;           //消耗的时间(秒)
11.     Task * next;
12. };
13.
14. struct Resource{
15.     char ID[50];
16.     Task * fstTask;
17.     Task * lstTask;
18.     Resource * next;
```

```
19.    };
20.
21.    int daysInMon[12]={31, 28, 31, 30, 31, 30, 31, 31, 30, 31, 30, 31};
22.    void computeTimeCost(Task * task) {        //计算一个计算任务消耗的时间
23.        int sYear, sMon, sDay, sHour, sMin, sSec;
24.        int eYear, eMon, eDay, eHour, eMin, eSec;
25.        int sDays, sSeconds;
26.        int eDays, eSeconds;
27.        int i;
28.
29.        //读取任务开始的日期、时间
30.        sscanf(task->sDate, "%d-%d-%d",&sYear, &sMon, &sDay);
31.        sscanf(task->sTime, "%d:%d:%d",&sHour, &sMin, &sSec);
32.        //计算从 sYear 的 1 月 1 日的 00:00:00 到 t1 时间,共有多少秒
33.        sDays=sDay-1;
34.        for (i=1; i<sMon; i++) sDays=sDays+daysInMon[i-1];
35.        sSeconds=((sDays * 24+sHour) * 60+sMin) * 60+sSec;
36.
37.        //读取任务结束的日期、时间
38.        sscanf(task->eDate, "%d-%d-%d", &eYear, &eMon, &eDay);
39.        sscanf(task->eTime, "%d:%d:%d", &eHour, &eMin, &eSec);
40.        //计算从 eYear 的 1 月 1 日的 00:00:00 到 t1 时间,共有多少秒
41.        eDays=eDay-1;
42.        for(i=1; i<eMon; i++) eDays=eDays+daysInMon[i-1];
43.        eSeconds=((eDays * 24+eHour) * 60+eMin) * 60+eSec;
44.
45.        //计算该任务从开始到结束总共消耗了多少秒
46.        task->cost=(eYear-sYear) * 365 * 24 * 3600-sSeconds+eSeconds;
47.
48.        return;
49.    }
50.
51.    Resource *processLog(char log[], Resource * resList) {
52.        char date[30], time[30], taskName[30];
53.        Resource * curRes, * temp;
54.        Task * curTask;
55.
56.        //日志表示一台计算机的启动
57.        if(strstr(log, "created")) {
58.            curRes=new Resource;
59.            curRes->fstTask=curRes->lstTask=NULL;
60.            sscanf(strstr(log, "created")+9, "%s", curRes->ID);
61.            curRes->next=NULL;
62.            if(resList==NULL)
63.                return(curRes);
```

```
64.          temp=resList;
65.          while(temp->next!=NULL) temp=temp->next;
66.          temp->next=curRes;
67.          return(resList);
68.      }
69.
70.      sscanf(log, "%s%s%s", date, time, taskName);
71.      //找到负责任务处理的资源
72.      curRes=resList;
73.      while (strstr(log, curRes->ID)==NULL) curRes=curRes->next;
74.      //日志表示开始一个新的计算任务,将该任务添加到所在资源的任务列表末尾
75.      if(strstr(log, "started")) {
76.          curTask=new Task;
77.          strcpy(curTask->name, taskName);
78.          strcpy(curTask->sDate, date);
79.          strcpy(curTask->sTime, time);
80.          curTask->next=NULL;
81.          if(curRes->fstTask==NULL)
82.              curRes->fstTask=curTask;
83.          else
84.              curRes->lstTask->next=curTask;
85.          curRes->lstTask=curTask;
86.      }
87.      //日志表示完成一个任务的计算,将完成的时间记录到对应的任务列表结点上
88.      if(strstr(log, "finished")) {
89.          curTask=curRes->fstTask;
90.          while(strcmp(curTask->name, taskName)!=0) curTask=curTask->next;
91.          strcpy(curTask->eDate, date);
92.          strcpy(curTask->eTime, time);
93.          computeTimeCost(curTask);
94.      }
95.      return(resList);
96.  }
97.
98.  void main()
99.  {
100.     FILE * fin, * fout;
101.     char log[80], logFile[30], resultFile[30];
102.     Resource * resList, * curRes;
103.     Task * task;
104.
105.     printf("input log file's name: ");
106.     scanf("%s", logFile);
107.     printf("input the file name for saving results: ");
```

```
108.         scanf("%s", resultFile);
109.
110.         resList=NULL;
111.         fin=fopen(logFile, "r");
112.         fgets(log, 80, fin);
113.         while (strlen(log)>1) {
114.             resList=processLog(log, resList);
115.             fgets(log, 80, fin);
116.             if(feof(fin)) break;
117.         }
118.         fclose(fin);
119.
120.         //向输出文件写处理的结果
121.         fout=fopen(resultFile,"w");
122.         while (resList!=NULL) {
123.             curRes=resList;
124.             resList=curRes->next;
125.
126.             sprintf(log, "Tasks performed on resource %s\n", curRes->ID);
127.             fputs(log, fout);
128.             while (curRes->fstTask!=NULL) {
129.                 task=curRes->fstTask;
130.                 curRes->fstTask=task->next;
131.                 sprintf(log, "%s%10s%8d(s)%15s\n", task->sDate, task->sTime,
132.                     task->cost, task->name);
133.                 fputs(log, fout);
134.                 delete task;
135.             }
136.             fputc('\n', fout);
137.             delete curRes;
138.         }
139.         fclose(fout);
140.         return;
141.    }
```

程序的第 4~12 行定义了计算任务链表中结点的结构。第 14~19 行所定义的结构既表示一台计算机,也是计算任务链表的表头结构。

程序的第 22~49 行定义了一个函数 computeTimeCost(Task * task),计算一个计算任务消耗的时间。方法是分别计算:①从计算任务开始日期年份的 1 月 1 日 00:00:00 开始,到计算任务开始的时间,共有多少秒;②从计算任务结束日期年份的 1 月 1 日 00:00:00 开始,到计算任务结束的时间,共有多少秒。然后根据这两个数值,就很容易计算出计算任务消耗的时间了。

程序的第 22~49 行定义了一个日志中的对一个事件进行处理的函数 processLog(char

log[],Resource * resList)。这个函数每次处理日志文件中的一个事件,也就是其中的一行字符串。如果字符串中有"created"子串,表示一台计算机启动的事件。此时,在 resList 的末尾增加一个新的结点。否则,这个事件是一个计算任务的开始或者结束,此时要找到负责该计算任务的计算机在 resList 中对应的结点。然后再根据是计算任务开始的事件还是计算任务结束的事件,分别进行相应的处理。对于计算任务开始的事件,要添加一个新的结点到相应的计算任务链表末尾;对于计算任务结束的时间,要从相应的计算任务链表中找到该任务对应的结点。记录它的完成时间,计算总的时间开销。需要说明的是,这个函数需要返回一个 Resource 型指针的原因是:在向 resList 添加第一个结点时,需要将该结点的地址返回给主函数。

主函数中,第 121～139 行输出处理的结果。结果被存储在一个文本文件中。从 resList 中的第一个结点开始处理,每个资源以及在这个资源上完成的全部计算任务的信息作为一段。每次输出一个计算任务的信息后,就立即将这个计算任务对应的结点删除。当一个资源上的全部计算任务的信息都输出之后,就将这个资源对应的结点删除。完成全部的信息输出后,表示计算机的表头结点以及表示在计算机上所完成计算机任务的链表结点也完全删除了。因此,在主函数中,没有专门用来删除链表结点的代码。

练 习 题

1. 两个多项式的加法运算

编写一个程序,实现两个多项式的加法运算。在输入中,先输入第一个多项式,再输入第二个多项式。输入一组整数,两个相邻的整数表示多项式的一项,分别是它的系数和幂。当输入的幂为负数时,表示一个多项式的结束。一个多项式中各项的顺序是随机的。输出结果中,每一项用"[x y]"形式的字符串表示,其中 x 是该项的系数,y 是该项的幂数。要求按照每一项的幂从高到低排列,即先输出幂数高的项,再输出幂数低的项。系数为零的项不要输出。

例如,要执行 $2x^{20} - x^{17} + 5x^9 - 7x^7 + 16x^5 + 10x^4 + 22x^2 - 15$ 和 $2x^{19} + 3x^{17} + 15x^{10} + 7x^7 - 10x^5 + 4x^4 + 13x^2 - 7$ 的相加,输入的数据有多种形式,每两个连续的整数表示一项:

参考输入一

-1 17 2 20 5 9 -7 7 10 4 22 2 -15 0 16 5 0 -1 2 19 7 7 3 17
4 4 15 10 -10 5 13 2 -7 0 8 -8

参考输入二

-1 17 2 20 22 2 5 9 -7 7 -15 0 16 5 10 4 0 -1
7 7 -7 0 3 17 4 4 15 10 -10 5 13 2 2 19 9 -7

相加的结果输出如下:

[2 20] [2 19] [1 17] [15 10] [5 9] [6 5] [14 4] [35 2] [-22 0]

提示:用一个有序的链表表示一个多项式,每一项用一个结点表示。在链表中按照项的幂数进行排列。

2. 计算每个作业的运行时间

改写"计算每个作业的运行时间"的程序,使得在输出结果的格式满足下列要求:

- 每个资源占文本的一段,第一行是资源的标号,然后是在该资源上完成的各个计算任务的统计信息。
- 每个计算任务的统计信息占一行,记录计算任务执行的时间、消耗的时间、计算任务的标号。
- 同一段中的计算任务,按照它们消耗时间的排列,耗时少的排在前面、耗时多的排在后面。
- 段与段之间用一个空行隔开。

第 **12** 章

二叉树

第 11 章介绍了链表结构,即一种用非连续存储空间进行数据存储的线性结构。每个存储空间作为一个结点,存储一个元素;所有结点存储的元素的类型相同。指针表示结点之间的前后关系,整个数据结构看起来像一根链条。与链表类似,"二叉树"也是用一组不连续的存储空间来存储一组同类型的元素,并用指针将这些存储空间连接起来,每个存储空间称为树上的一个"结点"。不同的是,二叉树的指针表示"结点"之间的"父-子"关系,形成一种非线性的数据存储结构。它看起来像一棵倒立的树。例如,图 12-1 是一棵二叉树,所存储的多项式 $x^9+4x^8-8x^7+3x^5+18x^4-4x^3+7x^2+15$。每个结点存储两个整数,代表多项式的一项,分别是它的系数和幂。

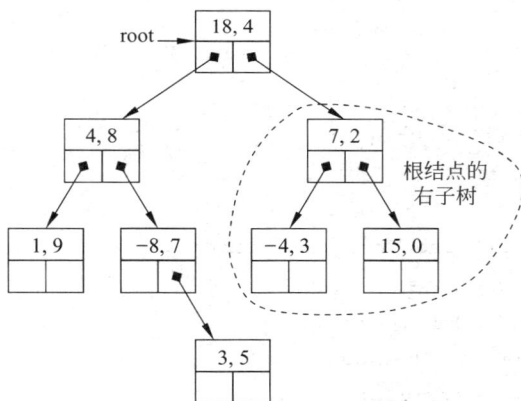

图 12-1 用二叉树表示多项式的例子

二叉树可用来存储任何类型的元素,每个结点存储一个元素的值,并有两个指针:左指针、右指针。两个结点 A 和 B,如果 A 有一个指针指向 B,则将 A 称为 B 的"父结点",B 称为 A 的"子结点"。每个结点最多可以有两个子结点,左指针指向的结点称为"左子结点",右指针指向的结点称为"右子结点"。一个结点最多只有一个父结点。

下面介绍二叉树的几个相关概念。

- 叶子结点:一个结点如果没有任何子结点,则将其称为一个"叶子结点",或者简称"叶子"。
- 根结点:一棵二叉树中有唯一的一个结点,不是其他任何结点的子结点,这个结点称为二叉树的"根结点",或者简称"根"。根结点位于二叉树的最顶层。

- 结点的层数:根所在的层数为 0;其他结点的层数是父结点所在的层数加 1。
- 二叉树的深度:叶子结点所在的最大层数称为树的深度。上例中二叉树的深度是 3。
- 子树:假设 B 是 A 的子结点,从 B 出发能达到的全部结点构成一棵以 B 为根的树,称为 A 的一棵子树。如果 B 是 A 的左子结点,则该子树称为 A 的左子树;如果 B 是 A 的右子结点,则该子树称为 A 的右子树。

12.1　二叉树的建立

本节介绍有了一组数据后,如何建立一棵二叉树来存储这些元素的值。先看一个例子:从一个文本文件中读入一组整数,用一棵二叉树存储这些整数。读入的第一个整数存储在根结点 root 上。以后每读一个整数时,向 root 代表的二叉树上插入一个新的结点,存储所读入的整数。在最终的二叉树上,任取一个结点 A:A 的值不小于它左子树上任何的值、它右子树上每个值都大于 A 的值。下面的程序演示了建立这样的一棵二叉树的过程。

```
1.    #include<stdio.h>
2.    #include<stdlib.h>
3.
4.    struct TreeNode{          //二叉树结点的数据类型
5.        //数据域
6.        int val;
7.        //指针域
8.        TreeNode * left, * right;
9.    };
10.
11.   TreeNode * insertTree(TreeNode * root, int val) {      //向二叉树中添加新的结点
12.       TreeNode * newNode;
13.       if(root==NULL) {
14.           newNode=new TreeNode;
15.           newNode->val=val;
16.           newNode->left=NULL;
17.           newNode->right=NULL;
18.           return(newNode);
19.       }
20.
21.       if(val<=root->val)
22.           root->left=insertTree(root->left, val);
23.       else
24.           root->right=insertTree(root->right, val);
25.
26.       return(root);
```

```
27.    }
28.
29.    void delTree(TreeNode * root) {         //删除二叉树占用的存储空间
30.        if(root->left!=NULL) delTree(root->left);
31.        if(root->right!=NULL) delTree(root->right);
32.        delete root;
33.        return;
34.    }
35.
36.    void printTree(TreeNode * root, char offset[]){         //输出二叉树的形状
37.        char str[81];
38.        printf("%s%d\n",offset, root->val);
39.        sprintf(str, "%s%s", offset, "  ");
40.
41.        if(root->left!=NULL)
42.            printTree(root->left, str);
43.        else
44.            printf("%s$\n",str);
45.        if(root->right!=NULL)
46.            printTree(root->right, str);
47.        else
48.            printf("%s$\n",str);
49.
50.        return;
51.    }
52.
53.    void main()
54.    {
55.        FILE * fin;
56.        TreeNode * root;
57.        int val;
58.        char str[81], inFile[30];
59.
60.        printf("input the data file's name: ");
61.        scanf("%s", inFile);
62.        fin=fopen(inFile, "r");
63.        //从输入文件中读入数据,建立一棵二叉树
64.        root=NULL;
65.        while(fscanf(fin,"%d", &val)!=EOF) root=insertTree(root, val);
66.        fclose(fin);
67.        //看看所建立的二叉树的形状
68.        sprintf(str, "%s", "");
69.        printTree(root, str);
70.        //删除所建立的二叉树
```

```
71.        delTree(root);
72.        return;
73.    }
```

　　程序的第4~9行首先定义了二叉树结点的数据类型,包括两部分:数据域、指针域。数据域部分定义了要存储的数据元素的类型;指针域定义两个指针:左指针、右指针,它们的类型必须与二叉树结点的数据类型一致。

　　程序的第11~27行定义了一个递归函数 insertTree(TreeNode * root, int val),向root 所指向的二叉树添加新的结点。每次添加一个结点,存储元素值 val。如果 root 所指向的二叉树为空,则将新结点作为二叉树的根结点,否则:

　　(1) 如果 val 小于或等于 root 结点的值,将新结点插在 root 结点的左子树上;

　　(2) 如果 val 大于 root 结点的值,将新结点插在 root 结点的右子树上。

　　程序的第29~34行定义了一个递归函数 delTree(TreeNode * root),删除 root 所指向的二叉树,释放各个结点占用的存储空间。先分别删除根结点的左子树和右子树,最后删除根结点。

　　程序的第36~51行定义了一个递归函数 printTree(TreeNode * root),用来查看 root 所指向的二叉树的形状。每个结点占一行,根结点的值输出在第1行的第1个位置。输出一个结点之后,接着输出它的左子树,再输出它的右子树。第 K 层的结点向右缩进 K 个位置。如果一个子树为空,则在对应的行输出一个'$'字符。例如,图 12-2 中左边是一棵二叉树的形状,图 12-3 是 printTree()函数的输出结果。

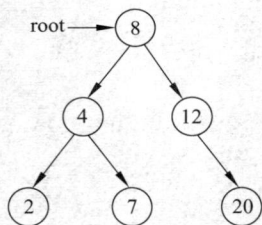

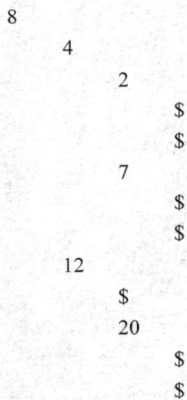

图 12-2　二叉树的形状　　　　　　图 12-3　printTree()函数的输出结果

　　在主函数中,用一个 TreeNode 类型的指针 root 来记录二叉树的根结点。开始时,二叉树为空。以后每从输入文件中读入一个整数 val,就调用一次函数 insertTree(TreeNode * root, int val),将 val 存储到 root 所指向的二叉树上。

　　对上面的示例程序稍作分析不难发现,一棵二叉树的形状与三个方面的因素有关:①存储的元素的数量;②结点的插入顺序;③元素值的大小关系。同样一组元素,插入的顺序不同,得到的二叉树的形状也可能不同。例如,用上面的程序建立一棵二叉树,存储6个整数:2、4、7、8、12、20。按照不同的插入顺序,将产生形状完全不同的两棵二叉树,如

图 12-4 所示。这是非线性存储结构与线性存储结构不同的一个重要方面。而对于线性存储结构,无论是数组还是链表,只要确定了要存储的元素的数量,存储结构的形状也就确定了。

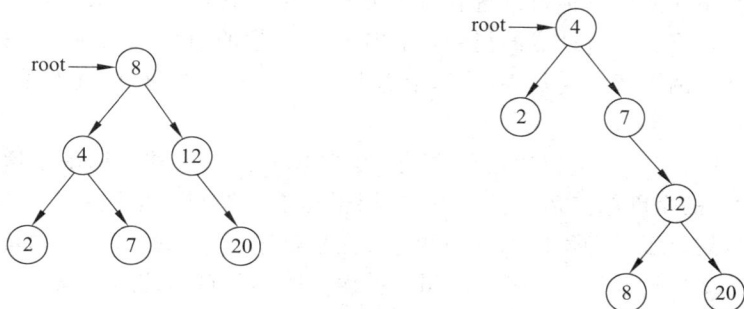

(a) 按照 8、12、4、7、2、20的顺序插入   (b) 按照 4、7、12、2、20、8的顺序插入

图 12-4   二叉树的形状与元素插入顺序的关系

此外,在建立一棵二叉树时,通常为其中"父-子"结点指定一个值的关系(α, β):α 是父结点与左子树上结点之间值的关系;β 是父结点与右子树上结点之间值的关系。对于树上的每个结点 A,这种关系永远成立;任给一个二叉树结点的值 val,A 和 val 只能使 α、β 中的一个成立。在将 val 插入到以 A 为根的二叉树上时,如果 A 和 val 使得 α 成立,则 val 要插在 A 的左子树上;如果 A 和 val 使得 β 成立,则 val 要插在 A 的右子树上。因此,二叉树上结点之间的"父-子"关系,是对元素值之间大小关系的另一种表述形式。通常,如果左子结点的值小于父结点的值,右子结点的值就不小于父结点的值;如果左子结点的值大于父结点的值,右子结点的值就不大于父结点的值。同样一组元素,插入的顺序也相同,如果采用不同的"父-子"关系约定,得到的二叉树的形状也将不同。例如,要建立一棵二叉树,存储 6 个整数:2、4、7、8、12、20。按照 8、12、4、7、2、20 的顺序插入,使用不同的"父-子"关系约定,将得到不同形状的二叉树,如图 12-5 所示。

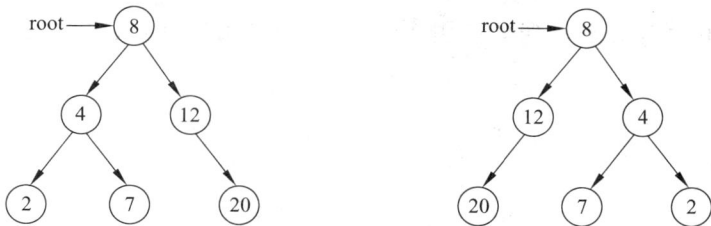

(a) α: 左子结点的值小于等于父结点的值   (b) α: 左子结点的值大于父结点的值
　　β: 右子结点的值大于父结点的值   　　β: 右子结点的值小于等于父结点的值

图 12-5   二叉树的形状与结点"父-子"关系的约定

对二叉树来说,最重要的是根。从根出发,沿着左指针、右指针,可以访问到树的全部结点。

二叉树占用的存储空间是程序在插入结点时动态分配的,在退出程序前,要删除其中的全部结点。在删除一个结点之前,一定要先删除它的全部子树。

12.2　基于递归的二叉树遍历

在数组中,使用元素的下标可以查看每个元素的值。在链表中,从链表的首结点开始,沿着同一个方向,也可以通过结点的指针查看到每个元素的值。二叉树是一种非线性的存储结构,每个结点有两个指针。从根出发,沿着其中任何一个方向,都查看不到另一个指针所指向的子树的结点。

本节介绍一种对二叉树进行遍历的方法:深度优先法。这种方法基于递归的思想,先查看完一棵子树上的全部结点后,再查看另一棵子树上的结点。按照对左子树、根结点、右子树的查看顺序,划分了 4 种不同的遍历顺序:先根顺序、后根顺序、左子树优先、右子树优先。下面以如图 12-6 所示的二叉树来说明 4 种遍历顺序各自的访问过程。

(1) 先根顺序遍历

① 访问根结点;

② 遍历左子树;

③ 遍历右子树。

采用先根顺序遍历如图 12-6 所示的二叉树,结点的访问顺序是:8、4、2、7、12、20。

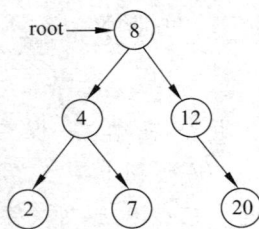

图 12-6　二叉树的遍历

(2) 后根顺序遍历

① 遍历左子树;

② 遍历右子树;

③ 访问根结点。

采用后根顺序遍历如图 12-6 所示的二叉树,结点的访问顺序是:2、7、4、20、12、8。

(3) 左子树优先

① 遍历左子树;

② 访问根结点;

③ 遍历右子树。

采用左子树优先的顺序遍历如图 12-6 所示的二叉树,结点的访问顺序是:2、4、7、8、12、20。

(4) 右子树优先

① 遍历右子树;

② 访问根结点;

③ 遍历左子树。

采用右子树优先的顺序遍历如图 12-6 所示的二叉树,结点的访问顺序是:20、12、8、7、4、2。

下面的程序演示了采用先根顺序、左子树优先的顺序遍历二叉树的过程。

```
1.    #include<stdio.h>
2.    #include<stdlib.h>
3.
4.    struct TreeNode{          //二叉树结点的数据类型
```

```
5.        //数据域
6.        int val;
7.        //指针域
8.        TreeNode * left, * right;
9.    };
10.
11.   TreeNode * insertTree(TreeNode * root, int val) {      //向二叉树中添加新的结点
12.       TreeNode * newNode;
13.       if(root==NULL) {
14.           newNode=new TreeNode;
15.           newNode->val=val;
16.           newNode->left=NULL;
17.           newNode->right=NULL;
18.           return(newNode);
19.       }
20.
21.       if(val<=root->val)
22.           root->left=insertTree(root->left, val);
23.       else
24.           root->right=insertTree(root->right, val);
25.
26.       return(root);
27.   }
28.
29.   void delTree(TreeNode * root) {          //删除二叉树占用的存储空间
30.       if(root->left!=NULL) delTree(root->left);
31.       if(root->right!=NULL) delTree(root->right);
32.       delete root;
33.       return;
34.   }
35.
36.   void LFRTraverse(TreeNode * root) {
37.   //采用左子树优先的顺序遍历二叉树,每访问一个结点时,就输出该结点的值
38.       if(root->left!=NULL) LFRTraverse(root->left);
39.       printf("%d ", root->val);
40.       if(root->right!=NULL) LFRTraverse(root->right);
41.       return;
42.   }
43.
44.   void FLRTraverse(TreeNode * root) {
45.   //采用先根顺序遍历二叉树,每访问一个结点时,就输出该结点的值
46.       printf("%d ", root->val);
47.       if(root->left!=NULL) FLRTraverse(root->left);
48.       if(root->right!=NULL) FLRTraverse(root->right);
49.       return;
```

```
50.  }
51.
52.  void main()
53.  {
54.      FILE * fin;
55.      TreeNode * root;
56.      int val;
57.      char inFile[30];
58.
59.      printf("input the data file's name: ");
60.      scanf("%s", inFile);
61.      fin=fopen("data.txt", "r");
62.      //从输入文件中读入数据,建立一棵二叉树
63.      root=NULL;
64.      while (fscanf(fin,"%d", &val)!=EOF) root=insertTree(root, val);
65.      fclose(fin);
66.      //采用左子树优先的顺序遍历二叉树
67.      printf("traversing left sub-tree firstly, then root, and right sub-tree
             lastly: \n");
68.      LFRTraverse(root); printf("\n");
69.      //采用先根顺序遍历二叉树
70.      printf("traversing root firstly, then left sub-tree, and right sub-tree
             lastly: \n");
71.      FLRTraverse(root); printf("\n");
72.      //删除二叉树
73.      delTree(root);
74.
75.      return;
76.  }
```

程序的第 4～9 行首先定义了二叉树结点的数据类型。第 11～27 行定义了一个递归函数 insertTree(TreeNode * root,int val),向 root 所指向的二叉树添加新的结点。每次添加一个结点,存储元素值 val。第 29～34 行是用来删除一棵二叉树的递归函数 delTree(TreeNode * root)。

第 36～42 行定义了一个递归函数 LFRTraverse(TreeNode * root),采用左子树优先的顺序遍历 root 所指向的二叉树。每访问一个结点,就输出该结点的值。

第 44～50 行定义了一个递归函数 FLRTraverse(TreeNode * root),采用先根顺序遍历 root 所指向的二叉树。每访问一个结点,就输出该结点的值。

遍历二叉树的目的是为了对二叉树进行操作:插入新的结点、查找符合条件的结点、按结点值的大小顺序输出全部元素、删除二叉树。上面讲的 4 种遍历顺序,分别适合不同的操作。在一些操作中,也不需要遍历整个的二叉树。

在插入新的结点时,一般采用先根顺序遍历二叉树,查找新结点的插入位置,例如本节示例程序中的 insertTree(TreeNode * root,int val)函数。一旦找到了新结点的插入位置,就终止遍历过程。

在查找符合条件的结点时,一般也采用先根顺序遍历二叉树。可以分两种情况分别考虑。

(1) 查找的条件与二叉树的"父-子"结点关系的约定一致。

这种情况下查找的效率很高,一般不需要遍历整棵二叉树。例如,通过本节示例程序中的 insertTree(TreeNode * root,int val)函数建立了右图所示的一棵二叉树。现在要搜索该树上位于区间[13 22]内的值,搜索范围如图 12-7 中的虚线所示。这里有两点需要特别注意:

① 遍历到值为 8 的结点时,没有必要再遍历它的左子树,因为左子树上的值不比 8 大,肯定不满足搜索条件。但是右子树上的值比 8 大,可能会满足搜索的条件,因此要继续遍历。

② 遍历到值为 39 的结点时,没有必要再遍历它的右子树,因为右子树上的值比 39 还大,肯定不满足搜索条件。但是,左子树上的值不比 39 大,可能会满足搜索的条,要继续遍历。搜索到值为 24 的结点时也是如此。

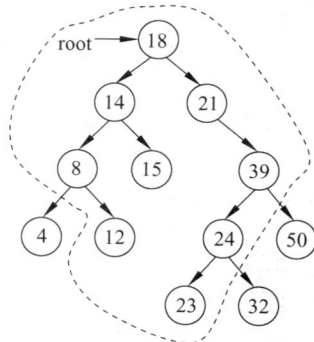

图 12-7　二叉树的搜索

(2) 查找的条件与二叉树的"父-子"结点关系的约定不一致。

此时需要依次访问树上的每个结点,看看相应的元素是否满足搜索的条件。如果只要找到一个符合条件的元素即可,那么找到一个满足条件的元素就可以终止遍历的过程;否则,要遍历完整棵树。

使用二叉树进行元素集合的排序非常方便。首先建立一棵二叉树,存储要排序的元素。在二叉树上约定:父结点的值不小于左子数上的值、小于右子树上的值。然后按照左子树优先的顺序遍历整棵树,就得到了一个元素集合的升序序列;按照右子树优先的顺序遍历整棵树,就得到了一个元素集合的降序序列。或者在二叉树上约定:父结点的值不大于左子数上的值、大于右子树上的值。然后按照左子树优先的顺序遍历整棵树,就得到了一个元素集合的降序序列;按照右子树优先的顺序遍历整棵树,就得到了一个元素集合的升序序列。

删除一棵二叉树时,也需要遍历整棵树。此时对一个结点的操作不是访问它的元素值,而是释放它占用的存储空间。一般如本节的示例程序演示的那样,采用后根顺序遍历。

12.3　平衡二叉树

在二叉树上查找一个元素时,如果查找的条件与二叉树的"父-子"结点关系的约定一致,查找的效率通常很高。采用先根顺序遍历的办法,查找一个元素需要的比较次数不超过树的深度。但是,在一个存储 N 个元素的二叉树上,最大深度可达 $N-1$。因此,在存储的元素数量固定时,降低二叉树的深度成为提高元素查找效率的关键。在一棵二叉树上,如果每个结点的左子树的深度与右子树的深度相差不超过 1,则称这棵二叉树是"平衡二叉树"。本节介绍如何维护一棵平衡二叉树。

一棵空的二叉树、只有一个结点的二叉树都是平衡二叉树。一棵二叉树如果是平衡二叉树,则它的左子树、右子树也是平衡二叉树。而在一棵原本是平衡的二叉树树上插入、删除结点时,都可能导致二叉树不平衡。维护平衡二叉树的关键是:当一棵平衡二叉树因为插入、删除结点而变得不平衡时,如何改变它的形状、重新恢复平衡。

下面的程序演示了在二叉树建立过程中,如何维护二叉树的平衡。

```c
1.   #include<stdio.h>
2.   #include<stdlib.h>
3.
4.   struct TreeNode{
5.       int val;
6.       int depth;
7.       TreeNode * left, * right;
8.   };
9.
10.  void computeDepth(TreeNode * root){
11.      int depth;
12.
13.      if(root->left!=NULL)
14.          depth=root->left->depth;
15.      else
16.          depth=0;
17.      if(root->right!=NULL && root->right->depth>depth)
18.          depth=root->right->depth;
19.      root->depth=depth+1;
20.      return;
21.  }
22.
23.  TreeNode * balance(TreeNode * root){
24.      int leftD, rightD;
25.      TreeNode * newRoot;
26.      if(root->left!=NULL)
27.          leftD=root->left->depth;
28.      else
29.          leftD=0;
30.      if(root->right!=NULL)
31.          rightD=root->right->depth;
32.      else
33.          rightD=0;
34.      if(abs(leftD-rightD)<2) return(root);
35.
36.      if(leftD>rightD)
37.          if(root->left->right!=NULL) {
38.          newRoot=root->left->right;
39.          root->left->right=newRoot->left;
40.          newRoot->left=balance(root->left);
41.          root->left=newRoot->right;
```

```
42.              newRoot->right=balance(root);
43.          }
44.          else {
45.              newRoot=root->left;
46.              root->left=newRoot->right;
47.              newRoot->right=root;
48.          }
49.
50.      if(leftD<rightD)
51.          if(root->right->left!=NULL) {
52.              newRoot=root->right->left;
53.              root->right->left=newRoot->right;
54.              newRoot->right=balance(root->right);
55.              root->right=newRoot->left;
56.              newRoot->left=balance(root);
57.          }
58.          else {
59.              newRoot=root->right;
60.              root->right=NULL;
61.              newRoot->left=root;
62.          }
63.
64.      computeDepth(newRoot->left);
65.      computeDepth(newRoot->right);
66.
67.      return(newRoot);
68.
69.  }
70.
71.  TreeNode * insertBTree(TreeNode * root, int val) {
72.      TreeNode * newNode, * newRoot;
73.
74.      if(root==NULL) {
75.          newNode=new TreeNode;
76.          newNode->val=val;
77.          newNode->depth=1;
78.          newNode->left=NULL;
79.          newNode->right=NULL;
80.          return(newNode);
81.      }
82.
83.      if(val<=root->val)
84.          root->left=insertBTree(root->left, val);
85.      else
86.          root->right=insertBTree(root->right, val);
```

```
87.
88.        newRoot=balance(root);
89.        computeDepth(newRoot);
90.
91.        return(newRoot);
92.  }
93.
94.  void save_delTree(TreeNode * root, FILE * fout) {
95.        char result[20];
96.
97.        sprintf(result, "%d\n", root->val);
98.        fputs(result, fout);
99.
100.       if(root->left!=NULL)
101.           saveTree(root->left, fout);
102.       else
103.           fputs(" $\n", fout);
104.
105.       if(root->right!=NULL)
106.           saveTree(root->right, fout);
107.       else
108.           fputs("$\n", fout);
109.
110.       delete root;
111.
112.       return;
113.  }
114.
115.  void main()
116.  {
117.       FILE * fin, * fout;
118.       TreeNode * root;
119.       int val;
120.       char inFile[30], outFile[30];
121.
122.       printf("input the data file's name: ");
123.       scanf("%s", inFile);
124.       printf("input the file name for saving results: ");
125.       scanf("%s", outFile);
126.
127.       root=NULL;
128.       fin=fopen(inFile, "r");
129.       while (fscanf(fin,"%d", &val)!=EOF)     root=insertBTree(root, val);
130.       fclose(fin);
131.
```

```
132.        fout=fopen(outFile,"w");
133.        save_delTree(root, fout);
134.        fclose(fout);
135.
136.        return;
137. }
```

二叉树的每个结点存储一个整型元素,每个结点的值不小于它的左子树上的值、不大于右子树上的值。每插入一个新的结点 newNode,当二叉树非空时,newNode 总是作为某个结点 father 的一个叶子结点。记 father 的两棵子树分别是 son$_1$ 和 son$_2$,newNode 在 son$_1$ 上。因此,插入 newNode 之前,son$_1$ 一定是 NULL。而 newNode 要改变二叉树的平衡性,一定要使其中某棵子树的深度增加。下列两种情况下,插入 newNode 不影响整个二叉树的平衡性:

- son$_2$ 是非空的。因为插入 newNode 将不改变 father 所指向子树的深度。
- father 为 NULL 或者是整个二叉树的根。因为少于 3 个结点的二叉树不可能是不平衡的。

因此,只有当 son$_2$ 为空且 father 的父结点 grandfather 为非空的情况下,插入新结点时才有可能导致二叉树不平衡:导致 grandfather 自己不平衡,导致 grandfather 的祖先结点不平衡。

为维护二叉树的平衡,在每个结点上,除记录所保存元素的值外,用一个专门的变量 depth 记录以该结点为根的子树的深度。每插入一个新的结点 newNode,都采用递归的办法维护二叉树的平衡:从 newNode 的父结点 father 开始,检查 father 为根的二叉树是否平衡,如果不平衡就将其调整成平衡二叉树;然后继续检查 father 的父结点,如此递归至整棵二叉树的根为止。因此,每次检查到一个结点的左、右子树不平衡时,它们的深度一定相差 2。此时分 4 种情形分别处理。

情形 1:右子树为空、左子树的深度为 2(如图 12-8 所示)。

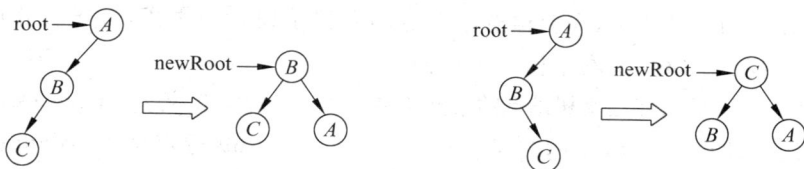

图 12-8　调整情形 1 成平衡二叉树二

C 为新插入的结点,它导致 grandfather(即结点 A)自己不平衡。

情形 2:右子树非空、左子树的深度比右子树的深度大 2(如图 12-9 所示)。

新结点插入到 B 的某棵子树上,使得 B 的深度增加,导致 A 不平衡。记树 T 的深度为 depth(T),则 depth$(R_0)-2 \leqslant$ depth$(R_2) \leqslant$ depth(R_0),depth$(L_1)-2 \leqslant$ depth$(L_2) \leqslant$ depth(L_1)。在新的二叉树中,需要检查根结点的两棵子树是否平衡,并进行相应调整。但这种调整不影响新二叉树左、右子树的平衡性。

情形 3:左子树为空、右子树的深度为 2(如图 12-10 所示)。

C 为新插入的结点,它导致 grandfather(即结点 A)自己不平衡。

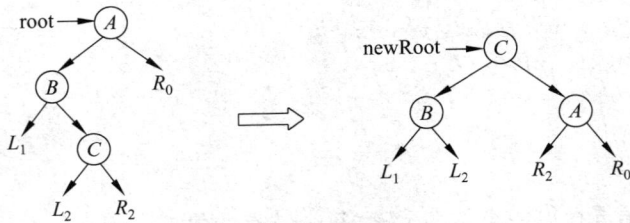

图 12-9　调整情形 2 成平衡二叉树

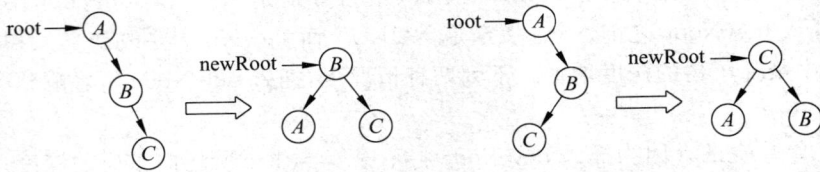

图 12-10　调整情形 3 成平衡二叉树

情形 4：左子树非空、右子树的深度比左子树的深度大 2(如图 12-11 所示)。

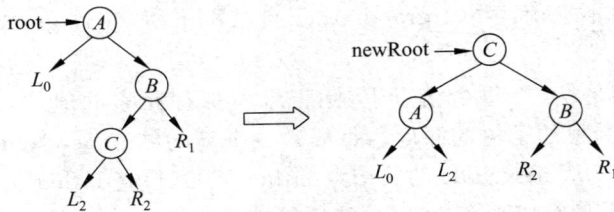

图 12-11　调整情形 4 成平衡二叉树

新结点插入到 B 的某棵子树上,使得 B 的深度增加,导致 A 不平衡。记树 T 的深度为 $\mathrm{depth}(T)$,则 $\mathrm{depth}(L_0)-2\leqslant\mathrm{depth}(L_2)\leqslant\mathrm{depth}(L_0)$,$\mathrm{depth}(R_1)-2\leqslant\mathrm{depth}(R_2)\leqslant\mathrm{depth}(R_1)$。在新的二叉树中,需要检查根结点的两棵子树是否平衡,并进行相应调整。但这种调整不影响新二叉树左、右子树的平衡性。

程序的第 4~8 行定义了二叉树结点的数据结构。第 10~21 行定义了 computeDepth(TreeNode * root)函数,用来计算 root 所指向二叉树的深度。第 23~69 行定义了 balance(TreeNode * root)函数:当 root 所指向二叉树不平衡时,将其调整为平衡二叉树。

程序的第 71~92 行定义了递归函数 insertBTree(TreeNode * root,int val),向 root 所指向的平衡二叉树添加新的结点,并保持新结点插入后二叉树的平衡性。与普通二叉树不同,向一棵平衡二叉树插入一个新的结点后,可能会引起二叉树根结点的改变。

程序的第 94~113 行定义了一个递归函数 save_delTree(TreeNode * root,FILE * fout),用来将二叉树存储到数据文件中,同时删除各个结点占用的资源。在存储二叉树时采用先根顺序遍历二叉树。每个结点占一行,输出一个结点之后,接着输出它的左子树,再输出它的右子树。如果一棵子树为空,则在对应的行输出一个'＄'字符。在删除二叉树的结点时,采用后根顺序遍历二叉树。

练 习 题

1. 平衡二叉树

编写一个程序,将 12.3 节示例程序输出的数据文件中的平衡二叉树重新读到内存中,要求恢复到输出之前的二叉树形状。然后分别将二叉树上的元素按升序、降序输出到一个文本文件中。输出文件包括两行,具体格式如下:

① 第一行按升序输出各个元素,每个元素之间用一个空格分开。

② 第二行按降序输出各个元素,每个元素之间用一个空格分开。

2. 建立二叉树并完成相应功能

编写一个程序:

① 从输入文件 1 中读入一组学生的成绩,建立一棵二叉树。每个结点分别存储一个学生的姓名、学号、成绩。输入文件 1 是一个文本文件,每个学生的信息占一行。每一行包括三个字段:姓名、学号、成绩。其中,姓名是一个由字母和下划线组成的字符串,长度不超过 50;学号是由'0'~'9'组成的定长字符串,长度为 6;成绩是一个非负整数。字段之间用空格分开。

② 对学生的成绩从高到低排序,输出到输出文件 1 中。输出文件 1 也是文本文件,每个学生的信息占一行,分别是:姓名、学号、成绩。要求姓名占 50 个字符位置、学号占 10 个字符位置、成绩占 2 个字符位置。字段之间用两个空格隔开。

③ 从输入文件 2 中读入一组学生的学号。每个学号是由'0'~'9'组成的定长字符串,长度为 6。每读到一个学号,就到所建立的二叉树上查该学生成绩,并将结果保存在输出文件 2 中。输出文件 2 是个文本文件,每个结果占一行,有三个字段:学号、查找过程共访问了多少个结点的值、查询结果。要求学号占 10 个字符位置、成绩占 2 个字符位置。如果在二查树上找到了这个学生,查询结果是该学生的成绩,否则是字符串"NOT FOUND"。在输出文件 2 中,按照学号顺序排列结果。

附录A

北京大学程序在线评测系统介绍

本书的一个重要特色就是书上的所有例题、练习题和作业题都已经放在北京大学在线评测系统(POJ)的题库中,读者在阅读了书中的内容后,可以到 openjudge. cn 加入"百练"小组上进行练习,及时了解自己的掌握程度。POJ 是一个基于万维网的服务系统,其主要功能包括:用户注册和管理、题库管理、在线提交和实时评测、网上考试、讨论、邮件服务等。POJ 全天 24 小时向全球提供服务,目前有题目 2000 多道。用户在练习某个题目时,只需要将源程序通过网页提交,在几秒钟之内就会得到正确与否的回答。使用本书配合 POJ 系统进行程序设计类相关课程的教学时,一方面可以在网上布置作业题目,学生随时完成作业并提交获得评测,减轻了教师批改作业的负担,同时增强了批改的准确性;另一方面教师也可在网上监督学生作业完成情况,并就存在的问题进行解答。网上实时的编程考试,更能考察出学生的动手能力,同时有助于威慑和杜绝作弊现象。下面就 POJ 的基本使用情况、主要功能,以及结合本书在程序设计类课程中如何使用 POJ 系统增强教学效果进行简要介绍。

A. 1 POJ 的使用情况

POJ 系统中目前有题目 2229 道,注册用户 39 000 个,总提交量为 1 804 183 个,日均提交量 2200 个。到目前为止,在 POJ 上共组织网上比赛 485 场。其中,有代表性的比赛包括:①2004 年 ACM 国际大学生程序设计竞赛亚洲区预选赛网上预赛(来自全国 70 个大学的 361 支代表队同时比赛);②2005 年 ACM 国际大学生程序设计竞赛亚洲区预选赛网上预赛(来自全国 93 个大学的 476 支代表队同时比赛);③北京大学程序设计竞赛/2003 年(80 人)/2004 年(80 人)/2005 年(400 人)/2006 年(500 人)。

POJ 系统主要支撑的课程包括:①计算概论(必修课——信息学院 340 人,医学部 300人,化学学院 200 人,心理系/管理系 100 人);②程序设计实习(必修课——信息学院 370人);③数据结构(必修课——信息学院 370 人)。

POJ 系统目前是国际知名的在线评测系统,与 POJ 齐名的国内外的类似网站还有:

- Ural State University Problem Set Archive with Online Judge System(http://acm. timus. ru)
- Universidad de Valladolid Problem Set Archive(http://acm. uva. es/problemset)

- Zhejiang Unversity Online Judge(http：//acm. zju. edu. cn)

另外,还有国内学校直接采用 POJ 系统建立了学校自己的教学训练网站,例如：

- Huazhong University of Science and Technology (http：//acm. hust. edu. cn/ JudgeOnline)

- Xiamen University(http：//acm. xmu. edu. cn/JudgeOnline)

- Hefei University of Technology(http：//acm. tdzl. net：83/JudgeOnline)

- 一些其他学校内部教学使用,例如：中国人民大学,清华大学等。

POJ 系统的特色主要表现在：强有力的搜索工具可以方便用户找到有用的信息,用户提交过的程序全部备份并可以向用户再现(类似于存储服务),网上组织有奖月赛以吸引优秀选手共同切磋技艺等。另外,POJ 系统的程序在线评测系统提供免费软件下载,供有兴趣的学校和个人提供自己的在线评测系统。图 A-1 给出了 POJ 系统在全球的用户分布情况,图片来自 google,图中的圆点代表有 POJ 用户存在的位置。

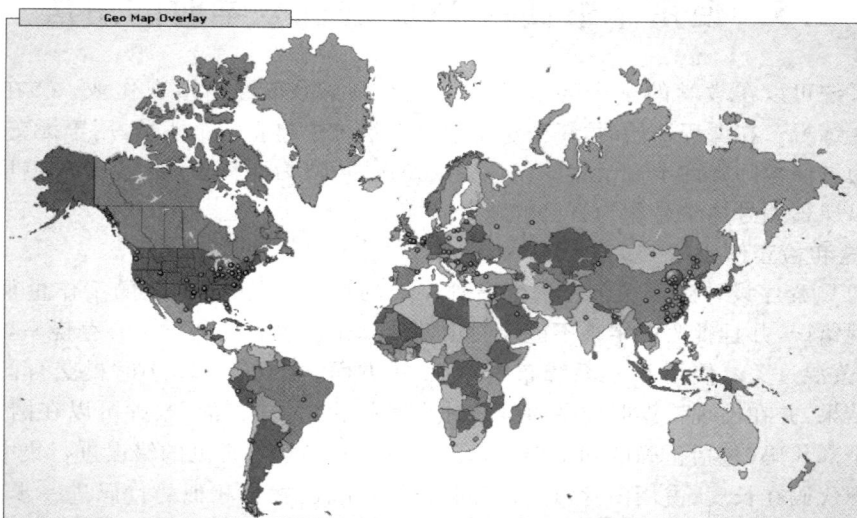

图 A-1　POJ 系统的用户在全球的分布情况

A. 2　POJ 的主要功能

POJ 系统面向全球提供全天 24 小时服务,其主要功能包括用户管理和用户排名、题库管理和答案提交、在线比赛及成绩列表、在线讨论区、邮件管理系统等五大功能模块。

1. 用户管理

系统提供了注册新用户及更改用户信息的功能,并为每个用户维护提交的源程序。按通过程序数目和提交次数与通过题目数的比率,给所有用户排名。

2. 题库管理及程序提交

系统目前有练习题 2229 道,用户可以在任意时间对任意题目提交。每次提交的结果可能是 Accepted(通过)、Compile Error(编译错)、Run Time Error(运行错)、Time Limit Exceeded(超时)、Memory Limit Exceeded(超内存)、Wrong Answer(答案错)、Format

Error(格式错)。用户可根据不同的系统反馈进一步修改程序直至通过。

3. 在线比赛及成绩列表

POJ 提供网上实时比赛功能,并不定期安排练习赛,定期安排有奖月赛。比赛排名规则与国际大学生程序设计竞赛排名规则相同,即先按通过的题目数排名,题目数相同的按通过题目所用的时间总数排名。该比赛系统也被用来进行程序设计课程的考试。

4. 在线讨论区

用户可以在 POJ 上针对每个题目进行讨论,也可以将令自己困惑的源代码贴出来请人帮忙解释说明。

5. 邮件管理

在 POJ 上为每个用户建立了一个邮箱,用户之间可以互通邮件,只要知道他人的 ID,就可以发邮件请教或切磋。

A.3 使用本书结合 POJ 进行教学时的用法

POJ 系统可以在教学的三个环节发挥重要作用:①布置和检查作业;②在线考试;③学生自主练习。在课程开始时,每个学生应该在系统中建立一个账号,用于提交作业和参加考试。为方便教师查询本班学生的作业完成情况,可以为课程制定一个缩写编号,然后让每个学生以课程编号加学号作为自己的账号。

1. 布置和检查作业

传统的 C 程序设计课程在布置学生写程序类的作业时,批改作业的工作量很大,有时难免会出现错误,并且批改的结果不能及时反馈给学生。也有一些学生心存侥幸,复制他人作业,希求蒙混过关。使用 POJ 系统布置作业,一方面学生可以 24 小时提交自己的作业,获得评测结果,并在出现错误时能及时修改并重复提交;另一方面,教师可以在网上看到学生提交的全部代码(包括正确的和错误的),因而可以总结学生常见的错误进行集中讲解,也可以通过源代码在长度、占用内存、运行时间上进行比较,找出相似的代码进一步确认抄袭的作业。

2. 在线考试

在 POJ 上提供了在线考试功能,可以设定考试题目、考试时间和允许参加考试的账号及 IP 地址。参加考试的学生可以即时看到考试排名。在考试开始前,题目是不公开的,考试开始题目自动公开,考试结束时刻,系统不再将新的提交记入排名。教师在开始一结束就可以得到学生的考试分数,既考察了学生的动手能力,防止了考试作弊,又节省了阅卷时间。

3. 学生自主练习和教师共享题库

POJ 上提供了大量优秀的题目,供有兴趣的学生做练习,提高自己的编程水平。同时,在网上也可以看到其他讲授类似课程的老师加入题库的习题和例题,有助于互相切磋,共同提高。

附录B

本书题目在 openjudge.cn"百练"上的编号

章节/题号	类 型	题 目 名 称	"百练"习题编号
第 2 章			
2.1	例题	鸡兔同笼	2750
2.2	例题	棋盘上的距离	1657
2.3	例题	校门外的树	2808
2.4	例题	填词	2801
2.5	例题	装箱问题	1017
1	练习题	平均年龄	2714
2	练习题	数字求和	2796
3	练习题	两倍	2807
4	练习题	肿瘤面积	2713
5	练习题	肿瘤检测	2677
6	练习题	垂直直方图	2800
7	练习题	谁拿了最多的奖学金	2715
8	练习题	简单密码	2767
9	练习题	化验诊断	2680
10	练习题	密码	2818
第 3 章			
3.1	例题	确定进制	2972
3.2	例题	skew 数	2973
1	练习题	十进制到八进制	2734
2	练习题	八进制到十进制	2735
3	练习题	二进制转化为十六进制	2798
4	练习题	八进制小数	2765

致　　谢

　　这本教材所依托的北京大学在线程序评测系统(POJ)最初是由应甫臣同学设计,并由应甫臣和徐鹏程同学开发的。之后应甫臣同学用了三年时间进行维护、改进和完善。2006年应甫臣毕业离校后,系统由谢迪同学维护和改进。李鑫和赵静同学在 POJ 系统上先后组织了 20 余场网上比赛,目前 POJ 上的网上比赛是由司徒应冲翀同学组织的。没有这些同学的辛勤付出,就没有这本书最大的特色——网上同步程序设计练习。

　　本书的内容是对北京大学信息科学技术学院"程序设计实习"课程程序设计部分教学内容的总结。这些内容在过去三年的教学中不断地被修改和完善,其中有一部分例题是由助教李鑫和李瑞超同学挑选、编写或翻译的,非常感谢他们为此付出的辛勤努力。

　　另外,在过去几年的教学中,有一大批北京大学的助教、北京大学 ACM 代表队的队员以及上课的学生为本书的成书提供了宝贵的解题思路和代码片断,在此向这些同学表示最诚挚的感谢。

　　李晓明教授仔细审阅了本书,并提出了关键性的修改意见,我们在此由衷感谢李老师对本书的关心、支持、鼓励和修改建议。